普通高等教育"十三五"规划教材(网络工程专业)

Linux 操作系统基础及实验指导教程

主　编　黄卫东　张　岳　史士英

副主编　刘　丽　亓江涛

中国水利水电出版社
www.waterpub.com.cn
·北京·

内 容 提 要

本书采用 Ubuntu-16.10 为讲解平台，列举大量实例，提供大量实验指导，内容简洁紧凑，循序渐进地向读者介绍了 Linux 的基础应用、系统管理、网络应用、服务器配置和程序开发等。

本书分为两大部分：基础知识部分和实验部分。基础知识部分分为 19 章：Linux 概述、Linux 系统安装与启动、Linux 的桌面管理、Linux 常用命令、Linux 文件系统管理、系统用户账号管理、Linux 磁盘管理、Linux 进程管理、文本编辑工具、文件的压缩/解压缩与打包、软件包管理、Shell 编程、Linux 网络基础、NFS 服务配置、Samba 服务器配置、FTP 服务器配置、DNS 服务器配置、Apache 的安装与配置、Linux 下的 C 语言编程；实验部分编写了 15 个实验方案。

本书可供高等院校学生、广大 Linux 入门爱好者及中级用户阅读和使用。

本书配有免费电子教案，读者可以从中国水利水电出版社网站以及万水书苑下载，网址为 http://www.waterpub.com.cn/softdown/或 http://www.wsbookshow.com。

图书在版编目（ＣＩＰ）数据

Linux操作系统基础及实验指导教程 / 黄卫东，张岳，史士英主编. -- 北京：中国水利水电出版社，2018.6（2021.6 重印）
　　普通高等教育"十三五"规划教材. 网络工程专业
　　ISBN 978-7-5170-6535-7

Ⅰ. ①L… Ⅱ. ①黄… ②张… ③史… Ⅲ. ①Linux操作系统－高等学校－教材 Ⅳ. ①TP316.85

中国版本图书馆CIP数据核字(2018)第129974号

策划编辑：石永峰　责任编辑：封　裕　加工编辑：张溯源　封面设计：梁　燕

书　　名	普通高等教育"十三五"规划教材（网络工程专业） Linux 操作系统基础及实验指导教程 LINUX CAOZUO XITONG JICHU JI SHIYAN ZHIDAO JIAOCHENG
作　　者	主　编　黄卫东　张　岳　史士英 副主编　刘　丽　亓江涛
出版发行	中国水利水电出版社 （北京市海淀区玉渊潭南路 1 号 D 座　100038） 网址：www.waterpub.com.cn E-mail：mchannel@263.net（万水） 　　　　sales@waterpub.com.cn 电话：(010) 68367658（营销中心）、82562819（万水）
经　　售	全国各地新华书店和相关出版物销售网点
排　　版	北京万水电子信息有限公司
印　　刷	三河市鑫金马印装有限公司
规　　格	184mm×260mm　16 开本　18 印张　440 千字
版　　次	2018 年 6 月第 1 版　　2021 年 6 月第 2 次印刷
印　　数	3001—5000 册
定　　价	38.00 元

前　　言

简捷而高效地学到 Linux 的入门知识是我编写这本教材的主要目的。

Linux 操作系统，对了解它的人来说十分熟悉，不了解它的人却一脸茫然。人们大都知道中国的超级计算机在世界 500 强中独领风骚，却不知道 2017 年的世界 Top 500 超级计算机中有 498 台都在运行 Linux。人们都在享受云计算与大数据带来的搜索、购物、数据存储等好处，却少有人知道大多数数据中心都是由 Linux 操作系统支撑的，如谷歌、Facebook、亚马逊、中国的 BAT 等互联网企业。还有很多人使用的 Android 手机，多数人只知道它的操作系统叫 Android，却不知道 Android 的底层核心是 Linux。

促使我编写这本教材的另一个原因是，我给学生讲授 Linux 操作系统的应用已有十余年，教材也已更换了五六本，但总感觉这些教材没能达到我期望的标准：简洁易懂、注重操作、结构紧凑。我对教材的要求基于以下原因：

（1）现在学习计算机专业的学生，绝大多数熟悉的是 Windows 系统，对 Linux 系统多以命令操作的形式不感兴趣，因此 Linux 应用教材更应简洁易懂，减少理论叙述；以常用命令为主，注重操作；多举实例，引导入门。

（2）学生精力有限、学时有限，因此教材结构要紧凑，内容要瘦身；简单的留给学生自学，复杂的留给有能力的学生去拓展。

基于我对 Linux 教学的理解，我将本教材分为两大部分：基础知识部分和实验部分。基础知识部分分为 19 章，实验部分编写了 15 个实验方案。

第 1 章主要介绍 Linux 的发展历史、Linux 与 UNIX 的关系及 GNU 计划、Linux 的结构和特点。

第 2 章介绍虚拟机技术及虚拟机软件的安装。

第 3 章主要介绍什么是 X Window System（窗口系统），并以 Ubuntu 默认安装的 Unity 为例讲解了它的主要使用功能。

第 4 章是学习 Linux 最为重要的章节之一，选取了常用的文件、目录操作命令进行讲解。

第 5 章讲解 Linux 文件系统的类型和特点、权限和权限设置命令、改变拥有者和组的命令。

第 6 章主要讲解如何生成用户、删除用户，如何管理用户密码，如何管理用户组以及与用户相关的几个文件（如/etc/passwd、/etc/shadow 等）。

第 7 章讲解 Linux 磁盘管理常用命令（包括 fdisk、mkfs、df、du 等）、挂载的理念，以及如何挂载不同的存储对象。

第 8 章简单介绍进程的相关知识，包括创建进程、查看进程的运行状态、终止进程的一系列命令，以及如何使用 crontab 命令安排周期性任务。

第 9 章主要讲解 vi 编辑器的使用方法。

第 10 章举例讲解 gzip 和 bzip2 压缩与解压缩命令、tar 与 gzip 的联合使用。

第 11 章通过举例详细讲解 APT、Yum、RPM 软件包管理工具在安装、删除等方面的操作。

第 12 章主要讲述 Shell 的常用变量、赋值和访问，以及三种语句结构。

第 13 章讲解 Linux 网络的相关知识和网络管理的常用命令。

第 14 章讲解 NFS 服务器的设置过程及客户端的挂载使用。

第 15 章主要讲解 Samba 服务器的设置过程、客户端如何使用服务器提供的资源。

第 16 章讲解 FTP 服务器的设置过程、客户端如何访问 FTP 服务器，以及上传和下载的相关命令。

第 17 章主要讲解 DNS 服务器的设置，并在虚拟机上进行测试。

第 18 章讲解 Web 服务器基础知识，介绍了几种常见的 Web 服务器，重点放在 Apache Web 服务器的安装过程和如何高效配置上。

第 19 章重点讲解如何使用 GCC 编译器和如何编写 makefile 文件。

本书主要由黄卫东主笔，在编写过程中得到了各方的大力帮助，山东交通学院信电学院院长张广渊教授给予了政策支持，张岳副教授编写了第 1 章，史士英教授编写了第 2 章并审读全书，刘丽教授编写了第 3 章，亓江涛老师编写了第 19 章；出版社也多次提出宝贵的修改意见；还有刘宇、杨士图、刘玉颖、赵俊等同志也提供了协助，在此一并表示感谢。

由于编者水平有限，加之时间仓促，书中疏漏甚至错误之处在所难免，恳请读者批评指正。

编　者

2018 年 4 月

目　　录

前言

第一部分　基础知识

第1章　Linux 概述 ……………………… 1
1.1　Linux 的起源和发展 ……………… 2
1.2　Linux 的结构与特点 ……………… 2
1.2.1　Linux 的结构 ………………… 2
1.2.2　Linux 的一些重要特点 ……… 3
1.3　Linux 的版本类别 ………………… 4
1.3.1　Red Hat Enterprise Linux …… 5
1.3.2　CentOS ………………………… 5
1.3.3　Ubuntu ………………………… 5
1.3.4　SUSE Linux Enterprise Desktop …… 6
1.3.5　Back Track …………………… 6
1.4　Linux 的应用和发展方向 ………… 7
本章小结 ……………………………… 7
习题 …………………………………… 8
第2章　Linux 系统安装与启动 ………… 9
2.1　Windows 下 VMware 的安装 …… 9
2.2　在 VMware Workstation 12 Pro 虚拟主机
上安装 Ubuntu ……………………… 13
2.2.1　VMware Workstation 12 Pro 创建
虚拟机 ……………………… 13
2.2.2　安装 Ubuntu 操作系统 …… 16
2.3　启动系统 ………………………… 21
本章小结 ……………………………… 22
习题 …………………………………… 22
第3章　Linux 的桌面管理 …………… 23
3.1　窗口系统 ………………………… 23
3.2　面板和桌面 ……………………… 25
3.3　主程序面板 ……………………… 26
3.4　文件管理器 ……………………… 26
3.5　系统设置 ………………………… 27
3.6　终端 ……………………………… 28

3.7　软件中心 ………………………… 29
3.8　gedit 文本编辑器 ………………… 30
3.9　GNOME 与 KDE 简介 …………… 31
本章小结 ……………………………… 31
习题 …………………………………… 32
第4章　Linux 常用命令 ……………… 33
4.1　Linux 的终端与工作区 …………… 33
4.2　用户登录与身份切换 …………… 33
4.3　文件、目录操作命令 …………… 35
4.3.1　显示当前目录的完整路径命令 pwd … 35
4.3.2　改变当前路径命令 cd ……… 36
4.3.3　建立目录命令 mkdir ……… 36
4.3.4　删除目录命令 rmdir ……… 37
4.3.5　列出当前目录的内容命令 ls … 37
4.3.6　复制文件或目录命令 cp …… 38
4.3.7　删除文件或目录命令 rm …… 39
4.3.8　移动文件或将文件改名命令 mv … 39
4.3.9　查看文件内容、创建文件、文件
合并命令 cat ……………… 40
4.3.10　显示文件内容或输出查看
命令 more ………………… 41
4.3.11　查看文件内容命令 less …… 42
4.3.12　显示文件内容的前几行命令 head … 43
4.3.13　显示文件内容的最后几行命令 tail … 44
4.3.14　建立一个空文件命令 touch … 44
4.3.15　建立链接文件命令 ln …… 44
4.4　信息显示命令 …………………… 45
4.4.1　查找文件内容命令 grep …… 45
4.4.2　显示文件的类型信息命令 file … 46
4.4.3　定位文件命令 locate ……… 46
4.4.4　查找目录命令 find ………… 47

4.5　Shell 语言解释器 ·················· 48
　　4.5.1　什么是 Shell ················· 48
　　4.5.2　Bash 的几种特性 ············· 49
　本章小结 ························· 53
　习题 ··························· 54
第 5 章　Linux 文件系统管理 ············· 55
　5.1　文件系统 ····················· 55
　　5.1.1　Linux 文件系统的类型及特点 ········ 55
　　5.1.2　Linux 文件系统的结构 ·········· 58
　　5.1.3　Linux 系统目录介绍 ··········· 58
　5.2　Linux 文件及目录的访问权限设置 ······· 59
　　5.2.1　一般权限 ················ 60
　　5.2.2　字符权限与数字权限的转换 ········· 61
　　5.2.3　特殊权限 ················ 61
　　5.2.4　改变访问权限——chmod 命令 ······· 63
　　5.2.5　改变文件/目录的拥有者——
　　　　　chown 命令 ··············· 65
　5.3　文件管理器改变文件/目录的权限 ······· 66
　本章小结 ························· 67
　习题 ··························· 68
第 6 章　系统用户账户管理 ··············· 69
　6.1　root 账户管理 ·················· 69
　6.2　普通用户账户管理 ················ 71
　　6.2.1　添加新用户账户 ············· 71
　　6.2.2　删除用户账户 ·············· 74
　　6.2.3　修改用户账户 ·············· 75
　　6.2.4　用户口令管理 ·············· 76
　6.3　用户组管理 ··················· 76
　　6.3.1　用户组的添加命令 groupadd ········ 76
　　6.3.2　用户组的删除命令 groupdel ········ 77
　　6.3.3　用户组的修改命令 groupmod ········ 77
　6.4　与账户相关的系统文件 ············· 77
　　6.4.1　/etc/passwd 文件 ············ 77
　　6.4.2　/etc/shadow 文件 ············ 79
　6.5　用户管理器 ··················· 80
　本章小结 ························· 80
　习题 ··························· 81
第 7 章　Linux 磁盘管理 ··············· 82
　7.1　Linux 磁盘管理常用命令 ············ 83

　　7.1.1　Linux 磁盘管理命令 fdisk ········· 83
　　7.1.2　Linux 磁盘格式化命令 mkfs ········ 87
　　7.1.3　Linux 磁盘检验命令 fsck、df 和 du ··· 91
　7.2　Linux 的磁盘挂载与卸载 ········· 92
　本章小结 ························· 98
　习题 ··························· 98
第 8 章　Linux 进程管理 ··············· 99
　8.1　Linux 系统进程概述 ··············· 99
　8.2　Linux 进程管理命令 ·············· 100
　　8.2.1　创建进程 ··············· 100
　　8.2.2　查看进程的运行状态 ··········· 101
　　8.2.3　终止进程 ··············· 105
　8.3　守护进程 ···················· 107
　　8.3.1　xinetd 简介 ·············· 107
　　8.3.2　守护进程管理 ············· 107
　8.4　安排周期性任务 ················ 110
　　8.4.1　crond 守护进程 ············ 110
　　8.4.2　系统任务调度和用户任务调度 ······· 110
　　8.4.3　crontab 文件的含义 ··········· 111
　　8.4.4　crontab 的使用格式 ··········· 111
　　8.4.5　crontab 文件举例 ············ 112
　8.5　cron 服务的启动与停止 ············ 112
　本章小结 ························· 113
　习题 ··························· 113
第 9 章　文本编辑工具 ················ 114
　9.1　vim 编辑器的执行与退出 ············ 116
　9.2　vim 编辑器的操作模式 ············· 116
　9.3　Command Mode 命令 ·············· 117
　9.4　Last Line Mode 命令 ·············· 121
　本章小结 ························· 122
　习题 ··························· 122
第 10 章　文件的压缩、解压缩与打包 ········· 123
　10.1　Linux 文件压缩简介 ·············· 123
　10.2　gzip 压缩与解压缩命令 ············ 124
　10.3　bzip2 压缩与解压缩命令 ··········· 125
　10.4　tar 打包命令 ················· 126
　本章小结 ························· 128
　习题 ··························· 128
第 11 章　软件包管理 ················· 129

11.1　RPM 基本概念 ……………… 130

11.2　RPM 的使用 ………………… 130

　11.2.1　安装 ………………… 132

　11.2.2　删除安装 …………… 132

　11.2.3　升级 ………………… 133

　11.2.4　查询 ………………… 133

11.3　YUM 软件包管理工具 ……… 134

11.4　APT 工作原理 ……………… 139

11.5　dpkg 软件包管理 …………… 143

本章小结 …………………………… 144

习题 ………………………………… 144

第 12 章　Shell 编程 ……………… 145

12.1　Shell 基本概念 ……………… 145

12.2　Shell 功能介绍 ……………… 145

12.3　Shell 变量 …………………… 146

　12.3.1　变量赋值 …………… 146

　12.3.2　变量访问 …………… 148

　12.3.3　变量输出 …………… 148

12.4　Shell 脚本参数 ……………… 150

12.5　条件语句 …………………… 151

　12.5.1　if 语句 ……………… 151

　12.5.2　case 语句 …………… 154

12.6　循环语句 …………………… 155

　12.6.1　固定循环语句 for …… 155

　12.6.2　不定循环语句 ……… 156

12.7　创建和执行 Shell 程序 …… 157

本章小结 …………………………… 158

习题 ………………………………… 159

第 13 章　Linux 网络基础 ………… 160

13.1　TCP/IP 基础 ………………… 160

13.2　TCP/IP 配置文件 …………… 161

　13.2.1　/etc/hosts 文件 ……… 162

　13.2.2　/etc/services 文件 …… 163

　13.2.3　/etc/hostname 文件 … 164

　13.2.4　/etc/network/interfaces 和

　　　　　/etc/resolv.conf 文件 … 164

13.3　常用网络管理命令 ………… 166

　13.3.1　ifconfig 命令 ……… 166

　13.3.2　route 命令 ………… 168

13.3.3　netstat 命令 ………… 169

13.3.4　ping 命令 …………… 170

13.3.5　traceroute 命令 ……… 171

13.4　Telnet 远程登录 …………… 172

13.5　SSH 远程登录 ……………… 173

　13.5.1　安装 OpenSSH ……… 173

　13.5.2　Windows 客户端登录 … 174

本章小结 …………………………… 175

习题 ………………………………… 176

第 14 章　NFS 服务器配置 ………… 177

14.1　NFS 的功能 ………………… 177

14.2　安装和启动 NFS 服务器 …… 178

　14.2.1　确认 NFS 已经安装 … 178

　14.2.2　启动 NFS 服务器 …… 178

14.3　设置 NFS 服务器 …………… 179

　14.3.1　设置共享目录 ……… 179

　14.3.2　设置共享目录实例讲解 … 180

14.4　客户端挂载 NFS 目录 ……… 182

　14.4.1　查看 NFS 服务器共享的目录 … 182

　14.4.2　挂载共享目录到本机文件系统 … 182

本章小结 …………………………… 183

习题 ………………………………… 183

第 15 章　Samba 服务器配置 ……… 184

15.1　Samba 简介 ………………… 184

15.2　安装与启动 Samba ………… 185

15.3　Samba 服务器的配置文件 … 186

　15.3.1　全局选项 …………… 187

　15.3.2　共享选项 …………… 188

　15.3.3　Samba 设置举例 …… 189

15.4　Samba 的相关命令 ………… 190

　15.4.1　检查配置文件正确性命令

　　　　　testparm ………… 190

　15.4.2　查看服务器共享目录命令

　　　　　smbclient ………… 190

　15.4.3　在 Linux 客户端挂载共享目录 … 191

15.5　Windows 客户端访问共享目录 … 191

15.6　图形界面配置 Samba ……… 192

　15.6.1　启动配置 Samba 的图形配置工具 … 192

　15.6.2　设置全局参数 ……… 192

15.6.3　添加 Samba 用户 ………… 193
15.6.4　添加共享目录 ………… 193
15.6.5　添加允许访问的用户 ………… 194
本章小结 ………… 194
习题 ………… 194
第 16 章　FTP 服务器配置 ………… 195
16.1　FTP 概述 ………… 195
16.2　安装与启动 FTP ………… 196
16.3　FTP 相关配置文件 ………… 196
16.3.1　/etc/vsftpd.conf ………… 197
16.3.2　/etc/ftpusers ………… 197
16.3.3　/etc/user_list ………… 198
16.4　匿名账户服务器配置 ………… 198
16.5　真实账户服务器配置 ………… 200
16.5.1　Linux 客户端访问 FTP 服务器 …… 200
16.5.2　Windows 客户端访问 FTP 服务器 · 201
16.6　主要命令介绍 ………… 204
本章小结 ………… 204
习题 ………… 204
第 17 章　DNS 服务器配置 ………… 205
17.1　DNS 简介 ………… 205
17.2　BIND 的安装与启动 ………… 206
17.3　DNS 服务器配置举例 ………… 208
17.3.1　配置文件/etc/named.conf.local …… 208
17.3.2　配置正向解析文件
　　　　/etc/bind/db.example.com ………… 209

17.3.3　配置反向解析文件
　　　　/etc/bind/db.192.168.1 ………… 209
17.3.4　启动 DNS 服务 ………… 209
17.4　客户端测试 ………… 209
17.4.1　本机测试 ………… 209
17.4.2　Red Hat 客户端测试 ………… 210
17.4.3　在 Windows 客户端测试 ………… 210
本章小结 ………… 210
习题 ………… 210
第 18 章　Apache 的安装与配置 ………… 211
18.1　Web 简介 ………… 211
18.2　Ubuntu 安装和配置 Apache ………… 212
本章小结 ………… 214
习题 ………… 214
第 19 章　Linux 下的 C 语言编程 ………… 215
19.1　GCC 编译器 ………… 215
19.2　GNU make ………… 218
19.2.1　GNU make 简介 ………… 218
19.2.2　makefile 基本结构 ………… 218
19.2.3　运行 makefile ………… 219
19.3　创建一个 C 程序实例 ………… 219
19.4　调试工具 GDB ………… 221
19.4.1　启动 GDB ………… 221
19.4.2　GDB 基本命令 ………… 221
本章小结 ………… 224
习题 ………… 225

第二部分　实验

实验 1　Linux 操作系统的安装 ………… 226
实验 2　Linux 基本命令 ………… 228
实验 3　文件权限管理 ………… 230
实验 4　用户和组的管理 ………… 234
实验 5　磁盘管理 ………… 238
实验 6　进程管理命令 ………… 244
实验 7　vim 编辑器 ………… 246
实验 8　文件的压缩与打包 ………… 248
实验 9　Shell 编程 ………… 252

实验 10　Linux 网络配置 ………… 254
实验 11　NFS 的配置 ………… 258
实验 12　Samba 的配置 ………… 260
实验 13　FTP 的配置 ………… 263
实验 14　DNS 的配置 ………… 268
实验 15　Linux 下的 C 语言编程 ………… 271
附录 ………… 277
参考文献 ………… 278

第一部分　基础知识

第 1 章　Linux 概述

本章导读

本章首先介绍 Linux 的发展历史、Linux 与 UNIX 的关系和 GNU 计划。然后讲解 Linux 的结构和特点，分内核、Shell、文件结构和实用工具四部分来介绍。对于当今流行的众多 Linux 版本，本章挑选主流的几种进行介绍，解决了选择哪一款 Linux 作为学习和使用目标的问题。最后归纳总结 Linux 的发展趋势及其主流应用的方向问题，即学习 Linux 后能干什么。

本章要点

- Linux 的发展历史
- GNU 计划
- Linux 的结构与特点
- Linux 的版本类别
- Linux 主流应用的方向

对于各种类型的用户（如桌面用户、服务器管理员、图形设计者等）而言，Linux 已经成为一种十分流行的操作系统。Linux 是免费且开源的，任何人都可以建立和编译它的源代码，并将它分发给别人。这就是为什么 Linux 会有很多个版本。如今，从嵌入式系统到超级计算机都在应用 Linux，甚至手机都有以 Linux 为底层的操作系统（Android）。Linux 如此受欢迎是因为其强大的安全性和稳定性。Linux 是一套免费使用和自由传播的类 UNIX 操作系统，是一个基于 POSIX 和 UNIX 的多用户、多任务、支持多线程和多 CPU 的操作系统，能运行主要的 UNIX 工具软件、应用程序和网络协议，支持 32 位和 64 位硬件。Linux 继承了 UNIX 以网络为核心的设计思想，是一个性能稳定的多用户网络操作系统。

Linux 是一套自由加开放源代码的类 UNIX 操作系统，诞生于 1991 年 10 月 5 日（第一次正式向外公布），由芬兰学生 Linus Torvalds 和后来陆续加入的众多爱好者共同开发完成。

Linux 继承了 UNIX 以网络为核心的设计思想，是一个性能稳定的多用户网络操作系统，存在着许多不同的版本，但它们都使用了 Linux 内核。Linux 可安装在各种硬件设备中，比如手机、平板电脑、路由器、视频游戏控制台、台式计算机、大型机和超级计算机。

严格来讲，Linux 这个词本身只表示 Linux 内核，但实际上人们已经习惯了用 Linux 来形容整个基于 Linux 内核并且使用 GNU 工程的各种工具和数据库的操作系统。

1.1　Linux 的起源和发展

1984 年，麻省理工学院开始支持 Richard Stallman 在软件开发团队中发起自由软件运动，自由软件基金会 FSF、通用公共许可协议 GPL 和 GNU 项目就此诞生，掀开了自由软件革命的序章。GPL 是与传统商业软件许可协议 CopyRight 对立的，所以又被戏称为 CopyLeft。GPL 使任何人都有共享和修改自由软件的自由。任何人都有权取得、修改和重新发布自由软件的源代码，并且规定在不增加附加费用的条件下可以得到自由软件的源代码。同时还规定自由软件的衍生作品必须以 GPL 作为它重新发布的许可协议。而 GNU 项目的目标是建立可自由发布的、可移植的类 UNIX 操作系统。

在 1991 年 10 月，Linus Torvalds 写了个小程序，取名为 Linux，放在互联网上。目的是想设计一个操作系统可用于 386、486 或奔腾处理器的个人计算机上，并且具有 UNIX 操作系统的全部功能，从此开始了 Linux 雏形的设计。Linux 在互联网上刚一出现，便受到广大追随者们的欢迎，他们将 Linux 加工成了一个功能完备的操作系统，叫做 GNU Linux。Linux Kernel 的发展是由虚拟团队所达成的，大家都是通过网络取得 Linux 的核心源代码，经过自己精心改造后再回传给 Linux 社群，进而一步一步地发展成完整的 Linux 系统。

1995 年 1 月，Bob Young 创办了 Red Hat 公司，以 GNU Linux 为核心推出了一个有品牌名称的 Linux，即 Red Hat Linux，作为 Linux 发行版在市场上出售。

如今，Linux 凭借优秀的设计、不凡的性能，加上 IBM、Intel、CA、Core、Oracle 等国际知名企业的大力支持，市场份额逐步扩大，逐渐成为主流操作系统。

1.2　Linux 的结构与特点

1.2.1　Linux 的结构

Linux 一般有 4 个主要部分：内核、Shell、文件结构和实用工具。

（1）Linux 内核。

内核是系统的心脏，是运行程序和管理像磁盘和打印机等硬件设备的核心程序。它从用户那里接受命令并把命令送给内核去执行。

（2）Linux Shell。

Shell 是系统的用户界面，提供了用户与内核进行交互操作的一种接口。它接收用户输入的命令并把它送入内核去执行。实际上 Shell 是一个命令解释器，它解释由用户输入的命令并且把它们送到内核。不仅如此，Shell 有自己的编程语言用于对命令的编辑，它允许用户编写由 Shell 命令组成的程序。Shell 编程语言具有普通编程语言的很多特点，比如它也有循环结构和分支控制结构等，用这种编程语言编写的 Shell 程序与其他应用程序具有同样的效果。Linux 还提供了像 Microsoft Windows 那样可视的命令输入界面——X Window 图形用户界面（GUI）。它提供了很多窗口管理器，其操作就像 Windows 一样，有窗口、图标和菜单，所有的管理都通过鼠标控制。现在比较流行的窗口管理器是 KDE 和 GNOME。每个 Linux 系统的用户可以拥有他自己的用户界面或 Shell，用以满足自己专门的 Shell 需要。

同 Linux 操作系统一样，Shell 也有多种不同的版本，目前主要有以下几种：

- Bourne Shell：由贝尔实验室开发。
- Bash：全称 Bourne Again Shell，是 GNU 操作系统上默认的 Shell。
- Korn Shell：是对 Bourne Shell 的发展，在大部分内容上与 Bourne Shell 兼容。
- C Shell：是 SUN 公司 Shell 的 BSD 版本。

（3）Linux 文件结构。

文件结构是文件存放在磁盘等存储设备上的组织方法，主要体现在对文件和目录的组织上。目录提供了管理文件的一个方便而有效的途径，用户能够从一个目录切换到另一个目录，而且可以设置目录和文件的权限，设置文件的共享程度。

使用 Linux，用户可以设置目录和文件的权限，以便允许或拒绝其他人对其进行访问。Linux 目录采用多级树型结构，图 1.1 表示了这种树型等级结构。用户可以浏览整个系统，也可以进入任何一个已授权进入的目录，访问那里的文件。文件结构的相互关联性使共享数据变得容易，几个用户可以访问同一个文件。Linux 是一个多用户系统，操作系统本身的驻留程序存放在以根目录开始的专用目录中，有时被指定为系统目录。图 1.1 中那些根目录下的目录就是系统目录。

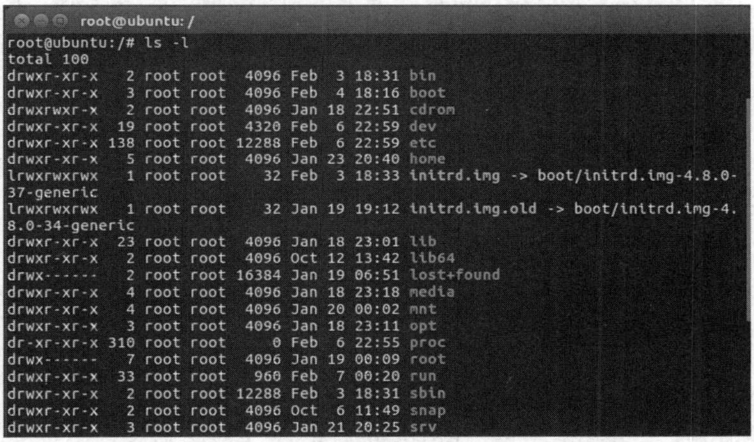
```
root@ubuntu: /
root@ubuntu:/# ls -l
total 100
drwxr-xr-x   2 root root  4096 Feb  3 18:31 bin
drwxr-xr-x   3 root root  4096 Feb  4 18:16 boot
drwxrwxr-x   2 root root  4096 Jan 18 22:51 cdrom
drwxr-xr-x  19 root root  4320 Feb  6 22:59 dev
drwxr-xr-x 138 root root 12288 Feb  6 22:59 etc
drwxr-xr-x   5 root root  4096 Jan 23 20:40 home
lrwxrwxrwx   1 root root    32 Feb  3 18:33 initrd.img -> boot/initrd.img-4.8.0-
37-generic
lrwxrwxrwx   1 root root    32 Jan 19 19:12 initrd.img.old -> boot/initrd.img-4.
8.0-34-generic
drwxr-xr-x  23 root root  4096 Jan 18 23:01 lib
drwxr-xr-x   2 root root  4096 Oct 12 13:42 lib64
drwx------   2 root root 16384 Jan 19 06:51 lost+found
drwxr-xr-x   4 root root  4096 Jan 18 23:18 media
drwxr-xr-x   4 root root  4096 Jan 20 00:02 mnt
drwxr-xr-x   3 root root  4096 Jan 18 23:11 opt
dr-xr-xr-x 310 root root     0 Feb  6 22:55 proc
drwx------   7 root root  4096 Jan 19 00:09 root
drwxr-xr-x  33 root root   960 Feb  7 00:20 run
drwxr-xr-x   2 root root 12288 Feb  3 18:31 sbin
drwxr-xr-x   2 root root  4096 Oct  6 11:49 snap
drwxr-xr-x   3 root root  4096 Jan 21 20:25 srv
```

图 1.1　Linux 系统目录

内核、Shell 和文件结构一起形成了基本的操作系统结构。它们使得用户可以运行程序、管理文件和使用系统。此外，Linux 操作系统还有许多被称为实用工具的程序，用来辅助用户完成一些特定的任务。

（4）Linux 实用工具。

标准的 Linux 系统都有一套叫做实用工具的程序，它们是专门的程序，例如编辑器、执行标准计算操作的计算器等。用户也可以产生自己的工具。

1.2.2　Linux 的一些重要特点

（1）开放性。

Linux 是一个免费软件，其系统遵循世界标准规范，特别是遵循开放系统互连（OSI）国际标准。

（2）多用户、多任务系统。

多用户是指每个用户都对自己的文件设备有相应独立的权利，相互之间不受影响。多任务是指多个程序可以独立地运行。

（3）良好的用户界面。

Linux 为用户提供了两种界面：文本用户界面和图形用户界面。其中，图形用户界面利用鼠标、菜单、窗口、滚动条等设施，给用户呈现一个直观、易操作、交互性强的友好的图形化界面。

（4）支持多种文件系统。

Linux 操作系统使用虚拟文件系统（VFS），可以支持十多种文件系统类型，如 Btrfs、JFS、ReiserFS、Ext、Ext2、Ext3、Ext4、ISO9660、XFS、Mint、MS-DOS、UMS-DOS、VFAT、NTFS、HPFS、NFS、SMB、SysV、PROC 等。

（5）丰富的网络功能。

完善的内置网络支持防火墙、路由器、代理服务器 VPN 以及各种网络服务。极其完善的内置网络功能是 Linux 领先于其他 OS（Operating System）的一大优势。

（6）可靠的系统安全性。

Linux 采取了许多安全技术措施，包括对读写控制、带保护的子系统、审计跟踪、核心授权等，这为网络多用户环境中的用户提供了必要的安全保障。

（7）良好的可移植性。

Linux 可以在从微型计算机到大型计算机的任何环境和任何平台上运行。Linux 内核可免费获得，并可根据实际需要自由修改，这符合嵌入式产品根据需要定制的要求。

（8）设备独立性。

Linux 操作系统把所有外部设备统一当作文件来看待，只要安装它们的驱动程序，任何用户都可以像使用文件一样操纵和使用这些设备，而不必知道它们的具体存在形式。

（9）支持多种开发语言。

Linux 在不同的领域使用不同的开发语言：接近系统的软件开发使用 C 语言，与系统关联不大的应用开发可以用 C++或 Java，动态网页方面可以用 Perl、Python 或 PHP，做 GUI 界面开发可以用 GTK 和 Qt。当然也支持新涌现出来的语言，如 Go 和 Ruby，还有一些轻量级的出色语言如 Lua。

1.3　Linux 的版本类别

Linux 发行版本众多。对初学者来说，要确定哪些发行版本是最好的确实不容易。在选择使用某个版本之前，首先要确定你是什么类型的用户。Linux 针对每种不同的用户都有不同类型的版本与之对应。有些发行版具有强大的安全性和支持性（如 Red Hat），有些是最好的服务器操作系统（如 CentOS、Red Hat），有些作为桌面版非常好（如 Open SUSE，Linux Mint、Ubuntu），有些只需要占用很少的系统资源并能运行在小型的硬件上（如 Puppy Linux）。下面对几种典型版本进行具体介绍。

1.3.1　Red Hat Enterprise Linux

Red Hat Enterprise Linux 是一个强大的服务器操作系统，拥有企业级的支持系统，系统标识如图 1.2 所示。

图 1.2　Red Hat Enterprise Linux 系统标识

Red Hat Enterprise Linux 支持所有领先的硬件架构平台（具有跨平台的兼容性），并支撑 10 年以上生命周期的升级和技术支持。如果用户认为升级、安全和支持非常重要，那么 Red Hat 是最适合的版本。Red Hat 拥有强大的资源管理系统、稳定的应用开发、集成的虚拟化操作（KVM）和企业级的管理性能，是一个商业的操作系统。

1.3.2　CentOS

CentOS 是一个为专家级用户制定的操作平台，系统标识如图 1.3 所示。

图 1.3　CentOS 系统标识

CentOS 是一个社区企业级操作系统，其基础架构与 Red Hat 基本相同，只是 license 与 Red Hat 不同。CentOS 是一个免费且开源的发行版。如果需要一个免费企业级的服务器版本，同时不需要技术支持，那么 CentOS 是一个非常好的选择。CentOS 具有非常好的社区支持，并有大量丰富的文档，这就是它日益流行起来的原因。当 Red Hat 发布更新时，CentOS 也会同步更新，一般更新能够在 72 小时内提供。

1.3.3　Ubuntu

Ubuntu 是一个简单但强大的操作系统，适合初级用户，系统标识如图 1.4 所示。

图 1.4　Ubuntu 系统标识

Ubuntu 安装简单，有极棒的桌面界面，支持多种软件，还可以运行 Windows 软件，是初级用户的最佳选择。Ubuntu 在互联网上有一个庞大的社区，在文档区可以找到各种问题的解决方案。Ubuntu 是一个基于 Debian 发行版的系统，它既有桌面版也有服务器版。用户可以使用 Windows 的安装方法来安装 Ubuntu。Ubuntu 的一个最好的特性是：在其他操作系统中完成的事情同样能够在 Ubuntu 中用更快、更安全的方式完成。Ubuntu 中充满了各种免费的软件，可以很容易地进行日常工作，例如创建文件、编辑图片、播放音乐和视频、用最流行的浏览器（如 Mozilla、Chrome 等）浏览互联网等。

1.3.4　SUSE Linux Enterprise Desktop

SUSE Linux Enterprise 是一个非常好的桌面操作系统，拥有其他付费操作系统的所有功能，系统标识如图 1.5 所示。它基于开源平台，安全、稳定，并且由 Novel 提供企业级的系统支持。SUSE Linux Enterprise 桌面操作系统是目前最流行的可交互操作系统，是为与 Windows、UNIX、Mac 和其他操作系统交互共存而设计的。它支持各类文件格式、如 MS Office 格式、音频/视频格式等。目前 SUSE 团队为所有用户提供 60 天的试用期。

图 1.5　SUSE 系统标识

1.3.5　Back Track

对于与安全相关的测试，Back Track 是最佳选择，系统标识如图 1.6 所示。它具有非常多的内置工具和插件，可以用来测试网站和网络安全。Back Track 是一个基于 Debian 的操作系统，它能提供一种渗透测试的方法模型，这种方法能够在安全专家遇到黑客攻击时，提供一种原生环境的估计能力。

图 1.6　Back Track 系统标识

以上介绍的 Linux 的每个发布版都有自己的独特功能，用户一定要根据自己的需要选择合适的版本。Linux 的版本号分为两部分：内核版本和发行版本。Linux 的内核版本号由 3 个数字组成，一般表示为 X.Y.Z 形式，如 2.4.18，具体含义如下：

X：表示主版本号，通常在一段时间内比较稳定。

Y：表示次版本号。如果是偶数，则代表这个内核版本是正式版本（或称稳定的核心版本），可以用于实际的产品中；如果是奇数，则代表这个内核版本是测试版本，目前还不太稳定，功能也不完善，仅供测试。

Z：表示补丁的版本号。这个数字越大，表明修改的次数越多，版本相对更完善。

Linux 的发行版本就是 Linux 内核与其外围的实用程序组成的一个大软件包。发行版本的版本号随发布者的不同而不同，与 Linux 系统内核的版本号是相对独立的，例如 Red Hat Enterprise Linux 5.2 的操作系统内核的版本是 Linux 2.6.18。

Linux 的发行版本大体可以分为两类：一类是商业公司维护的发行版本，一类是社区组织维护的发行版本。前者以著名的 Red Hat Linux 为代表，后者以 Debian 为代表。

1.4　Linux 的应用和发展方向

（1）Linux 在系统、网络、服务、集群、网站、网络应用方向：

- Web 应用服务器，如新浪、百度等大型网站。
- Mail 应用服务器，如 163 或外企 mail 系统等。
- 中间件或 J2EE 服务器，如为 JBoss Web Logic 做平台。
- 网络应用。

（2）Linux 在嵌入式开发、UNIX/Linux 应用系统开发和 Linux 内核驱动开发方向：

- Linux 平台下的 C/C++系统程序开发。
- Linux 平台下 Java 体系开发和 PHP 开发。
- Linux 平台下的图形界面开发。
- Linux 平台底层内核驱动开发。
- 嵌入式 Linux 开发。

（3）Linux 平台下的数据库，如 MySQL、Oracle 和 Windows 平台下的 SQL Server 和 DB2 等。

本章小结

1984 年，麻省理工学院开始支持 Richard Stallman 在软件开发团队中发起自由软件运动，自由软件基金会 FSF、通用公共许可协议 GPL 和 GNU 项目就此诞生。Linux 是一套自由加开放源代码的类 UNIX 操作系统，诞生于 1991 年 10 月 5 日（第一次正式向外公布），由芬兰学生 Linus Torvalds 和后来陆续加入的众多爱好者共同开发完成。Linux 一般有 4 个主要部分：内核、Shell、文件结构和实用工具。Linux 的一些重要特点：具有开放性，是一个免费软件，是多用户、多任务的系统，有良好的用户界面，支持多种文件系统，有丰富的网络功能，有可靠的系统安全性，有良好的可移植性，具有设备独立性，支持多种开发语言。Linux 发行版本众多。有些发行版具有强大的安全性和支持性（如 Red Hat），有些是最好的服务器操作系统（如 CentOS 和 Red Hat），有一些作为桌面版非常好（如 Open SUSE、Linux Mint、Ubuntu），有些只需要占用很少的系统资源并能运行在小型的硬件上（如 Puppy Linux）。Linux 的应用和发展方向：①Linux 在系统、网络、服务、集群、网站、网络应用方向；②嵌入式开发、UNIX/Linux 应用系统开发和 Linux 内核驱动开发方向；③Linux 平台下的数据库。

习题

1．简述 Linux 的发展史及流行的版本。
2．总结 Linux 的 4 个主要部分的功能。
3．什么是自由软件？
4．Linux 有哪些重要特点？
5．Linux 有哪些发展方向？

第 2 章　Linux 系统安装与启动

本书的内容及例题都是在虚拟机上完成的，为了方便 Linux 的学习，本章介绍虚拟机技术及虚拟机软件的安装。在 VMware Workstation 12 Pro 虚拟主机上安装 Ubuntu 是本章讲解的重点，后期的工作都要在其上展开。其他版本的安装方式都非常类似，请读者最好亲自安装一次。

- 虚拟机技术
- 流行的虚拟机软件
- VMware Workstation 的安装
- 创建虚拟机
- 在虚拟机上安装 Ubuntu

虚拟机（Virtual Machine）指通过软件模拟的具有完整硬件系统功能的、运行在一个完全隔离环境中的完整计算机系统。通俗地讲，在一台物理计算机上通过虚拟机软件可以模拟出来多台虚拟的计算机，也就是逻辑上的计算机。通过虚拟机技术可在同一台 PC 上运行多个操作系统，每个操作系统都有自己一个独立的虚拟机，就如同网络上一个独立的 PC。流行的虚拟机软件有 VMware（VMWare ACE）、Virtual Box 和 Virtual PC，它们都能在 Windows 系统上虚拟出多台计算机。

利用虚拟机技术可以在日常使用的微机上安装多个版本的 Linux 操作系统，这样既可以方便学习和使用 Linux，又不会对物理主机产生影响。从根本上讲，虚拟机以及其上运行的操作系统对物理主机来说就是一款在主机上运行的软件而已。

2.1　Windows 下 VMware 的安装

VMware Workstation 是用来搭建和测试临时环境的，也就是说 Workstation 上面的 Guest OS 通常是为了测试和评估某个软件，或者是为了临时运行某个与当前系统不兼容的应用程序，通常不作为正式的系统特别是服务器系统使用。VMware Workstation 用于个人桌面系统，个人用户推荐使用。

VMware Workstation 有众多版本，本书使用 VMware Workstation 12 Pro。12 Pro 版支持 4K 高清分辨率的显示屏幕，支持 DX10 和 OpenGL 引擎，支持最多 7.1 声道，支持 IPv6 NAT，

支持主机使用多个具有不同 DPI 设置的显示器，在主机关机时立即自动挂起虚拟机，去除了标签，具有超过 39 项新功能特性，支持更多新硬件新技术，是一款强大的虚拟机软件。最新版本已经不再对 32 位系统提供支持，仅用于 64 位系统。如果用户使用的是 32 位系统，请安装 VM10 及以下版本。

官方下载链接：https://download3.vmware.com/software/wkst/file/VMware-workstation-full-12.0.0-2985596.exe。

在安装过程中可以全部单击"下一步"按钮。安装路径可以默认也可以自己设置，如需要设置单击"更改"按钮即可。"检查更新"和其他帮助完善软件的复选项可以去掉选择也可以保留选择，如果不想升级就去掉。

安装过程如下：

（1）如果已经安装过了 VM11，可直接覆盖安装，双击运行软件（在 Windows 10 操作系统下推荐以管理员身份运行）进入向导，单击"下一步"按钮，如图 2.1 和图 2.2 所示。

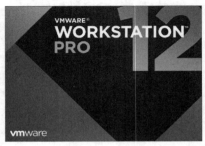

图 2.1　启动 VMware Workstation 12 Pro

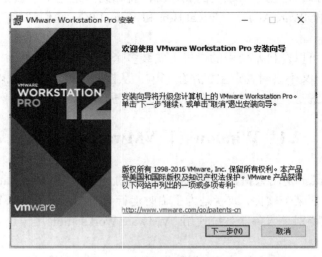

图 2.2　VMware Workstation 12 Pro 安装向导

（2）选中"我接受许可协议中的条款"，单击"下一步"按钮，如图 2.3 所示。

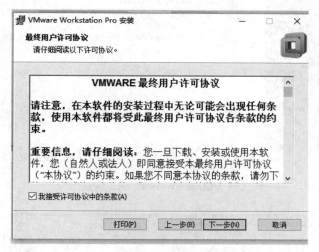

图 2.3　最终用户许可协议

（3）根据自己的需要修改虚拟机的安装目录，推荐默认目录，这只是软件的目录，并非虚拟机的存放目录，单击"下一步"按钮，如图 2.4 所示。

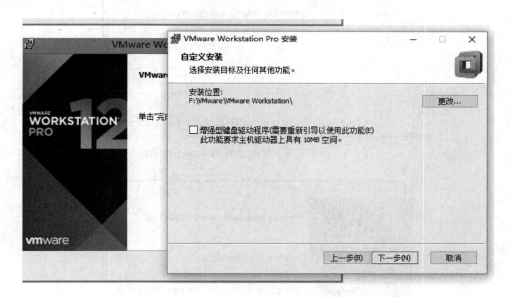

图 2.4　VMware Workstation 12 Pro 版安装界面

（4）如果已经安装过老的版本，可单击"升级"按钮进行升级安装；如果之前没有安装过就直接进行安装，如图 2.5 所示。

安装或者升级过程需要一段时间，请耐心等待片刻，图 2.6 所示为正在安装 VMware Workstation 12 Pro。

（5）单击"完成"按钮完成安装，如图 2.7 所示。

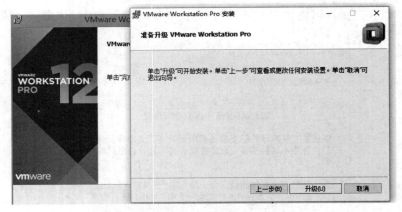

图 2.5　VMware Workstation 12 Pro 升级

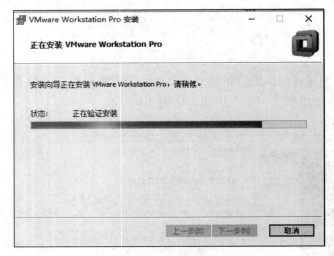

图 2.6　正在安装 VMware Workstation 12 Pro

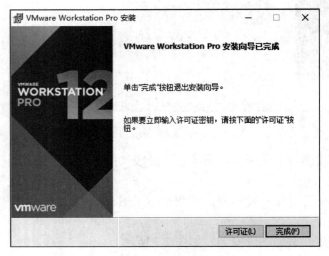

图 2.7　安装向导完成

（6）如果需要长期使用，建议单击"许可证"按钮，输入密钥并单击"输入"按钮，如图 2.8 所示。

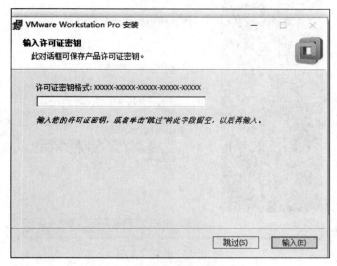

图 2.8　输入许可密钥

至此，VMware Workstation 12 Pro 安装完成。

2.2　在 VMware Workstation 12 Pro 虚拟主机上安装 Ubuntu

可以到 Ubuntu 的官方网站（http://www.ubuntu.org.cn/download）下载需要的 Ubuntu Linux 版本，当然也可以到其他网站下载。下载的文件是以.iso 为扩展名的镜像文件。

2.2.1　VMware Workstation 12 Pro 创建虚拟机

（1）创建虚拟机。在计算机桌面上双击 VMware Workstation 12 Pro 图标运行虚拟机软件，进入到图 2.9 所示的界面，单击"创建新的虚拟机"按钮。

图 2.9　创建虚拟机

（2）向导选择自定义。在创建新虚拟机的配置中建议选择"自定义"选项，单击"下一步"按钮，如图 2.10 所示。

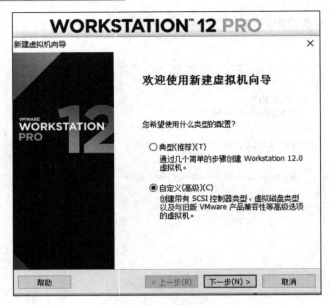

图 2.10　自定义配置

（3）稍后安装操作系统。持续单击"下一步"按钮，直到看到"稍后安装操作系统"单选项，选中它后单击"下一步"按钮，如图 2.11 所示。

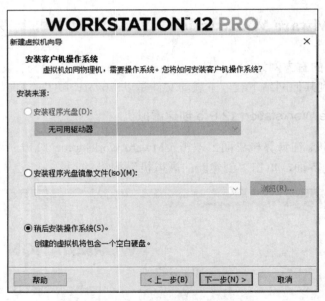

图 2.11　"稍后安装操作系统"单选项

（4）在"选择客户机操作系统"界面中选择 Linux 单选项，在"版本"区域的下拉列表框中选择"Ubuntu 64 位"，如果用户的计算机是 32 位的，选择 Ubuntu 即可，如图 2.12 所示。

（5）选择安装位置。在"位置"文本框中必须输入一个已存在的目录，否则后面会报错，如图 2.13 所示。单击"下一步"按钮，进入到"网络类型"界面，如图 2.14 所示，在此可选择系统默认的网络连接模式，系统安装完毕后可改变网络连接模式。

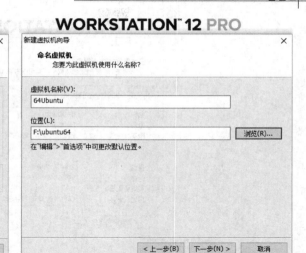

图 2.12　选择操作系统

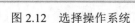

图 2.13　安装目录

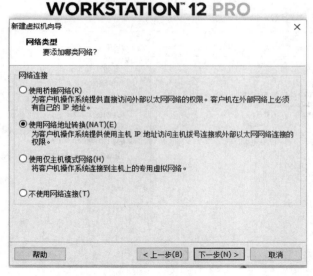

图 2.14　网络选择

（6）设置处理器和内存。如果计算机配置好可以尝试自定义配置，否则采用默认配置，本书采用默认配置。后续的过程都可采用系统默认配置，持续单击"下一步"按钮，直到出现带有"完成"按钮的界面，如图 2.15 所示。

在完成界面中先不要急于单击"完成"按钮，因为还需要告诉虚拟机将要安装的操作系统放在什么地方。

（7）自定义硬件。单击"自定义硬件"按钮，出现图 2.16 所示的"硬件"界面。在此选择配置 CD/DVD，同时在"连接"选项组中选择"使用 ISO 镜像文件"，单击"浏览"按钮，找到已下载的要安装的 Linux 硬件驱动，然后单击"关闭"按钮关闭配置，返回到完成界面，最后单击"完成"按钮，新的虚拟机创建向导设置完成。

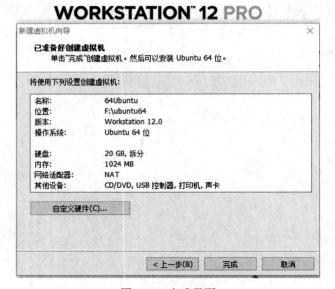

图 2.15　完成界面

图 2.16　自定义硬件

2.2.2　安装 Ubuntu 操作系统

（1）开启虚拟机。虚拟机已经配置完毕，接下来开始安装 Ubuntu 操作系统，在图 2.17 所示的界面中单击"开启此虚拟机"。

（2）安装开始前的一些选择。在单击"开启虚拟机"以后进入图 2.18 所示的字体选择界面，选择"中文（简体）"，单击"安装 Ubuntu"按钮，进入图 2.19 所示的"准备安装 Ubuntu"界面，根据需要可选择"安装 Ubuntu 时下载更新"或"为图形或无线硬件，以及 MP3 和其他媒体安装第三方软件"，这里建议都不选，单击"继续"按钮。

图 2.17　开启虚拟机

图 2.18　字体选择

图 2.19　准备安装

　　如图 2.20 所示，在"安装类型"界面中单击"现在安装"按钮，进入图 2.21 所示的界面，单击"继续"按钮，进入图 2.22 所示的界面，输入用户所在的位置，如输入 Shanghai，单击"继续"按钮。

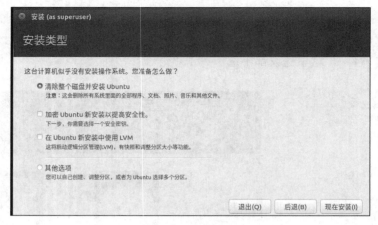

图 2.20　安装类型

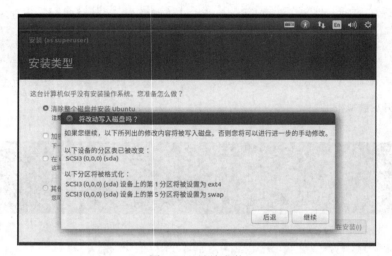

图 2.21　继续安装

图 2.22　输入位置

在"键盘布局"界面中选择 Chinese，单击"继续"按钮，如图 2.23 所示。

图 2.23 键盘布局

在"您是谁？"界面中设置用户名和密码，这里选择密码登录，然后单击"继续"按钮，如图 2.24 所示。

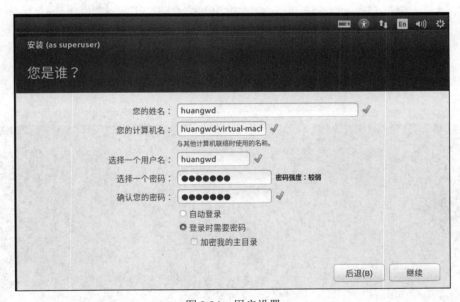

图 2.24 用户设置

（3）开始正式安装。请耐心等候，安装过程在 20 分钟左右，如图 2.25 所示。

安装完成之后，会提示重启，单击"现在重启"按钮重启计算机，如图 2.26 所示。

重启成功之后，会来到 Ubuntu 系统桌面，如图 2.27 所示。至此，安装虚拟机及在虚拟机上安装 Ubuntu 操作系统全部完成。

图 2.25　安装文件

图 2.26　重启

图 2.27　Ubuntu 系统桌面

2.3　启动系统

再次启动 Ubuntu 系统后，会出现图 2.28 所示的登录界面，输入密码即可进入系统。

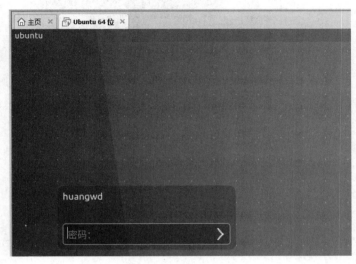

图 2.28　登录界面

在 Ubuntu 系统桌面最右上角有一个齿轮形图标，单击该图标可实现系统的注销、挂起和关机等，如图 2.29 所示。

图 2.29　系统的注销、挂起和关机

另外，在虚拟机操作界面中也可以实现关机等功能，如图 2.30 所示。

图 2.30　虚拟机操作界面

本章小结

　　虚拟机指通过软件模拟的具有完整硬件系统功能的、运行在一个完全隔离环境中的完整计算机系统。通俗地讲，在一台物理计算机上通过虚拟机软件可以模拟出来多台虚拟的计算机，也就是逻辑上的计算机。利用虚拟机技术可以在日常使用的微机上安装多个版本的 Linux 操作系统，这样既可以方便学习和使用 Linux，又不会对物理主机产生影响。从根本上讲，虚拟机以及其上运行的操作系统对物理主机来说就是一款在主机上运行的软件而已。

　　VMware Workstation 用于个人桌面系统，个人用户推荐使用它。

　　在安装 VMware Workstation 时，如果之前已经安装过老版本，可以进行升级安装，如果之前没有安装过就直接进行安装。

　　可以在 Ubuntu 的官方网站 http://www.ubuntu.org.cn/download 下载需要的 Ubuntu Linux 版本，当然也可以到其他网站下载。下载的文件是以.iso 为扩展名的镜像文件。

　　注意，下载的 Ubuntu 版本要与系统匹配，还要注意用户名和密码的保存。

习题

1. 什么是虚拟机？虚拟机有什么功能、有哪些流行的版本？
2. 自己完成一个 CentOS 的安装。

第 3 章　Linux 的桌面管理

本章导读

　　本章首先介绍 X Window System（窗口系统）及其用途和结构、各种版本的 Linux 都使用什么样的桌面系统；然后以 Ubuntu 默认安装的 Unity 为例讲解一些主要的使用功能，比如文件管理器、系统设置、终端、软件中心、gedit 文本编辑器等，为快速入门使用建立基础；最后对当下流行的 GNOME 和 KDE 两个桌面系统各自的优点和不同进行简单介绍。

本章要点

- X Window System
- X Window System 的结构
- 文件管理器、系统设置、软件中心
- 终端、gedit 文本编辑器
- GNOME 与 KDE 的区别

　　Linux 系统图形界面类似于 Windows 系统的操作界面，主要是为不习惯使用 Linux 命令操作系统的人而准备的。正因为有了图形界面，Linux 向普通用户的普及才又迈进了一步。Linux 发行版提供了相应的桌面系统以方便用户使用，用户可以利用鼠标来操作系统，而且 GUI 也很友好。Linux 桌面环境有很多，例如 GNOME、KDE、MATE、Cinnamon、Unity 等，其中 GNOME 和 KDE 最为常见。

3.1　窗口系统

　　X Window System 是 1984 年由麻省理工学院（MIT）和 DEC 公司共同研究开发的，是运行在 UNIX 系统上的视窗系统。严格地说，X Window System 并不是一个软件，而是一个协议，这个协议定义一个系统成品所必须具备的功能（就如同 TCP/IP、DECnet 或 IBM 的 SNA，这些也都是协议，定义软件所应具备的功能）。能满足此协议及符合 X 协议其他规范的系统便可称为 X。X Window System 独有的网络通透性（Network Transparency）使其成为 UNIX 平台上的工业标准，如今 UNIX 的工作站或大型主机几乎都执行着 X Window。X Window 是非常巧妙的设计，很多时候它在概念上比其他窗口系统更先进，以至于经过了很多年它仍然是工作站上的工业标准。许多其他窗口系统的概念都是从 X Window 学来的。

　　X Window System 本身是一个非常复杂的图形化工作环境，它可以分成 3 个部分：X Server、X Client 和 X Protocol。X Server 主要处理输入输出的信息，X Client 主要负责执行大部分应用程序的运算功能，X Protocol 则负责建立 X Server 和 X Client 的沟通管道。

（1）X Server。

X Server 主要负责处理输入输出的信息，并且维护字体、颜色等相关资源。它接收输入设备（如键盘、鼠标）的信息，将这些信息交给 X Client 处理，而 X Client 所传来的信息就由 X Server 负责输出到输出设备（如显卡、屏幕）上。X Server 传给 X Client 的信息称为 Events（事件），X Client 传给 X Server 的信息称为 Request（要求）。Events 主要包括键盘的输入和鼠标的移动、按下等动作，而 Request 主要是 X Client 要求对显卡及屏幕的输出进行调整。

（2）X Client。

X Client 主要负责应用程序的运算处理部分，它将 X Server 传来的 Events 进行运算处理后，再将结果以 Request 的方式去要求 X Server 显示在屏幕上的图形视窗中。在 X Window System 的结构中，X Server 和 X Client 所负责的部分是分开的，所以 X Client 和硬件无关，只和程序运算有关。这样有一个好处，例如更换显卡时，X Client 部分不需要重新编写；因为 X Server 和 X Client 是分开的，所以可以将两者分别安装在不同的计算机上，这样就可以利用本地端的屏幕、键盘和鼠标来操作远端的 X Client 程序。常见的 X Client 有大家熟悉的 gdm、xterm、xeyes 等。

（3）X Protocol。

X Protocol 就是 X Server 与 X Client 之间进行通信的协议。X Protocol 支持现在常用的网络通信协议。例如测试 TCP/IP，可以看到 X Server 侦听在 TCP 6000 端口上。那么 X Protocol 则位于传输层以上，应该属于应用层。通常 X Server 和 X Client 在两台机器上时，它们之间一般使用 TCP/IP 协议通信；若在同一台机器上，则使用高效的操作系统内部通信协议。

（4）X Library、X Toolkit 和 Widget。

X Client 主要是应用程序，而开发程序大多会提供函数库，以方便开发人员开发，在 X Window System 中，X Library 主要提供 X 协议的存取能力，由于 X Server 只是根据 X Client 所给的 Request 去显示画面，因此所有的图形使用界面都交由 X Client 负责。用户没有必要每写一个应用程序都得从头再开发一个界面，所以产生了图形界面库 X Toolkit 和 Widget。开发者可以使用 Toolkit 和 Widget 来创建按钮、对话框、轴、窗口等视窗结构，从而可以更容易地开发各种程序。

总结运行过程如下：

（1）用户通过鼠标和键盘对 X Server 下达操作命令。

（2）X Server 利用 Event 传递用户的操作信息给 X Client。

（3）X Client 进行程序运算。

（4）X Client 利用 Request 传回所要显示的结果。

（5）X Server 将结果显示在屏幕上。

可以看出，X Window 的工作方式跟 Microsoft Windows 有着本质的区别。Microsoft Windows 的图形用户界面（GUI）是跟系统紧密相联的，而 X Window 则不是，它实际上是在系统核心（Kernel）上运行的一个应用程序。

X Window 的运行分为 4 层。最底层是 X Server，它提供图形界面的驱动，为 X Window 提供服务。上面一层是用于网络通信的网络协议，即 X 网络协议，这部分使远程运行 X Window 成为可能。用户只需要在服务器上运行一个 X Server，而 X Client 上运行更上一层的程序，则可以实现 X Window 的远程运行。再往上一层是称为 Xlib 的函数接口，介于基础系统和较高层应用程序之间。应用程序是通过调用这一层的函数来实现的。最顶层是窗口管理器，也就是一般所说的 WM（Window Manager），这一层的软件是用户经常接触的，如 FVWM、AfterStep、Enlightment 和 Window Maker 等。

从上面的介绍来看，X Window 的运行是一种客户机/服务器（Client/Server）模式，服务器用于显示客户机运行的应用程序，又被称为显示服务器（Display Server）。显示服务器位于硬件和客户机之间，它跟踪所有来自输入设备（如键盘、鼠标）的输入动作，经过处理后将其送回客户机。这样，用户可以在 Microsoft Windows 的机器上运行 X Client，截取并传送用户的输入，将 X Window 的屏幕输出显示在用户的屏幕上。客户机的输入和输出系统跟 X Server 之间的通信都是遵守 X 协议的。

搞清楚 X Server 与 X Client 的关系很重要。一般 X Server 很简单，就是/usr/bin/X11/X 程序或 Xorg 程序，在 Microsoft Windows 上常用的 X Server 有 Xming、Xmanager、Exceed 和 X-Win32 等。而 X Client 则花样繁多，从高级的 CDE、GNOME、KDE，到低级一点的 TWM、Window Maker、Blackbox 等窗口管理器，再到最简陋的 xterm、rxvt、xeyes 等单个 X 程序。正是由于 X Client 的各种搭配，使得 X Window System 看起来多样化。

Linux 系统图形界面是为不习惯使用 Linux 命令操作系统的人而准备的，其 GUI 也很友好。Linux 桌面环境很多，如 GNOME、KDE、MATE、Cinnamon、Unity 等，其中 GNOME 和 KDE 最为常见。如果想查看所使用的 Linux 正在使用什么桌面系统，可以使用如下命令：

```
#echo $DESKTOP_SESSION
```

现在的 Ubuntu 默认安装的是 Unity，CentOS 默认安装的是 GNOME。用户可以根据个人喜好安装桌面系统，例如在 Ubuntu 中安装 GNOME，命令：#apt-get install gnome。

窗口管理工具是 Linux 桌面环境的重要组成部分，它可以直接影响到用户的窗口外观、行为标示、应用程序运行/关闭等多个常用操作。

3.2　面板和桌面

在计算机启动并完成登录后，整个屏幕显示的就是桌面，它包括面板、工作区和图标等。如图 3.1 所示，桌面的左侧是一个快速启动栏，上面已经默认放了一些按钮，用户也可根据个人需要自行添加。

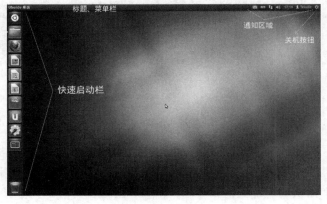

图 3.1　桌面

桌面中间是工作区，默认是空的，用户可以自行创建文件和文件夹，还可以更改桌面背景。常用的关机按钮和回收站按钮分别放在桌面的右上角和左下角。

3.3　主程序面板

单击左上角"搜索您的计算机"主按钮，如图 3.2 所示。在弹出的面板下方选择 █ 标签，在应用程序列表中单击"显示更多程序"，在此可以搜索应用程序，也可以将应用程序拖到左边的快速启动栏里，从而添加一个程序按钮，如图 3.3 所示。

图 3.2　"搜索您的计算机"主按钮

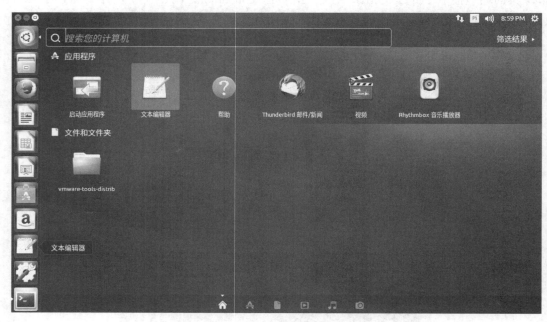

图 3.3　显示更多程序

3.4　文件管理器

单击左侧快速启动栏的主文件夹按钮或者右击选择"新建一个窗口"，打开一个主文件夹窗口，里面包含几个默认的文件夹，如桌面、视频、图片、文档、下载和音乐等，分别存放对应的文件。左侧的导航区中可以快速切换到不同的分区或目录文件夹，U 盘等可移动磁盘的图标也在这里显示，如图 3.4 所示。

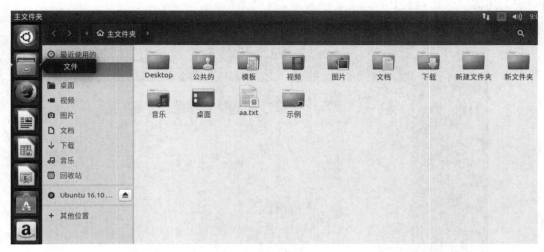

图 3.4　文件管理器

选择快速启动栏中的"文件"→"首选项"，如图 3.5 所示，在弹出的对话框中包含 4 个标签，如图 3.6 所示。单击"行为"标签，可以在该选项卡中勾选"双击打开项目"和"显示永久删除文件或文件夹的动作"，方便永久删除操作。

图 3.5　"文件"→"首选项"

图 3.6　首选项－行为

3.5　系统设置

单击快速启动栏中的系统设置图标 ，打开"系统设置"窗口，如图 3.7 所示。

在"个人"区域中，可以设置屏幕亮度和桌面背景、清除最近访问的文件、设置中文语言等；在"硬件"区域中，可以设置电源、屏幕分辨率和硬件驱动等设备属性；在"系统"区域中，可以备份文件、修改时间、开启屏幕键盘、查看系统信息等。查看完一项设置后，单击窗口左上角的"全部设置"按钮返回主窗口。

图 3.7　系统设置

3.6　终端

单击快速启动栏中的"搜索您的计算机"主按钮，在"搜索"文本框中输入 ter，然后单击工作区中的"终端"图标，如图 3.8 所示。也可以直接使用组合键 Ctrl+Alt+T。打开终端后即可以使用命令。

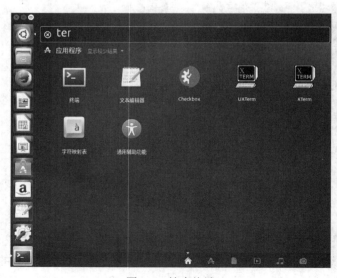

图 3.8　搜索终端

在打开的窗口中有一行命令提示符，冒号左边是用户自己的用户名和计算机名称，冒号右边是当前的主文件夹名称，后面的$表示普通用户，#表示管理员用户。输入 exit 可以退出当前状态，按 Ctrl+Z 组合键可以停止当前运行的程序，按 Ctrl+C 组合键可以终止当前程序，按 Ctrl +D 组合键可以完成输入并关闭窗口，如图 3.9 所示。

图 3.9　终端窗口

3.7　软件中心

单击快速启动栏中的"Ubuntu 软件"图标，打开 Ubuntu 软件中心，如图 3.10 所示。

图 3.10　Ubuntu 软件中心界面

在上方的搜索文本框中输入 synaptic，在下方列表中出现"新立得包管理器"。单击"新立得包管理器"，然后单击右侧出现的"安装"按钮。在弹出的验证框中输入自己的密码，右侧弹出一个安装进度条。安装完成后，右侧出现"卸载"按钮，单击可以卸载该软件。用同样的方法可以安装或卸载其他软件包，还可以在左侧的分组列表中查看软件包，如图 3.11 所示。

图 3.11　新立得包管理器

3.8　gedit 文本编辑器

单击主按钮，在"搜索"文本框中输入 gedit，或者在终端中输入命令#gedit，就会打开 gedit 文本编辑器，如图 3.12 所示。

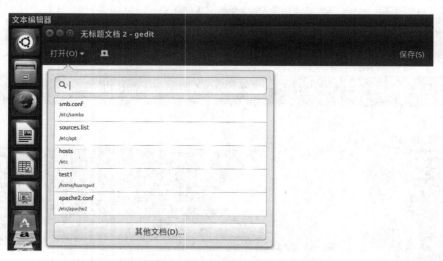

图 3.12　gedit 文本编辑器

按 Ctrl+空格组合键调出中文输入法，输入一句话，然后把鼠标移到桌面最上方，找到"文件"菜单单击"保存"按钮；把鼠标移到屏幕最上方，单击快速启动栏中的"编辑"→"首选项"，在第一个"查看"选项卡中勾选"显示行号、启用自动换行"和"突出显示当前行"复选框；在第二个"编辑器"选项卡中勾选"自动保存间隔"，将时间设短一些，上面的创建备份会保存一名为*.~的隐藏文件；在第三个"字体和颜色"选项卡中去掉勾选"使用系统等宽字体"复选框，并把字号调大些，在配色方案中可以选择 Cobalt 方案；在"插件"选项卡中可以选择一些小工具，以便在各个菜单里找到，详细介绍可以查看帮助。

3.9　GNOME 与 KDE 简介

GNOME 是一种 GNU 网络对象模型环境，是开放源码运动的一个重要组成部分，是一种让使用者容易操作和设定计算机环境的工具。其目标是基于自由软件，为 UNIX 或者类 UNIX 操作系统构造一个功能完善、操作简单、界面友好的桌面环境，是 GNU 计划的正式桌面。GNOME 可以运行在 GNU/Linux（通常叫做 Linux）、Solaris、HP-UX、BSD 和苹果公司的 Darwin 等系统上。GNOME 拥有很多强大的特性，如高质量的平滑文本渲染、首个国际化和可用性支持，并且包括对反向文本的支持等。GNOME 也可移植到 Cygwin 中，使其能运行于 Microsoft Windows。GNOME 还被众多 Linux Live CD 发行版使用，如 Gnoppix、Morphix 和 Ubuntu。

KDE 和 GNOME 拥有相同的目标，就是为 Linux 开发一套高价值的图形操作系统，两者都采用 GPL 发行，不同之处在于 KDE 基于双重授权的 Qt，而 GNOME 采用遵循 GPL 的 GTK 库开发，后者拥有更广泛的支持。不同的基础决定两者不同的形态，KDE 包含大量的应用软件、庞大的项目规模，由于自带软件众多，KDE 比 GNOME 更丰富多彩，操作习惯更接近 Microsoft Windows，更适合初学者快速掌握操作技巧。KDE 的不足之处在于其运行速度相对较慢，且部分程序容易崩溃。GNOME 项目由于专注于桌面环境本身，软件较少、运行速度快，并且具有出色的稳定性，因此 GNOME 受到大公司的青睐，成为多个企业发行版的默认桌面。

本章小结

Linux 系统图形界面类似于 Windows 系统的操作界面，主要是为不习惯使用 Linux 命令操作系统的人而准备的。正因为有了图形界面，Linux 向普通用户的普及才又迈进了一步。Linux 发行版提供了相应的桌面系统以方便用户使用，用户可以利用鼠标来操作系统，而且 GUI 也很友好。Linux 桌面环境有很多，例如 GNOME、KDE、MATE、Cinnamon、Unity 等，其中 GNOME 和 KDE 最为常见。

X Window System 是 1984 年由麻省理工学院（MIT）和 DEC 公司共同研究开发的，是运行在 UNIX 系统上的视窗系统。

X Window System 本身是一个非常复杂的图形化工作环境，它可以分成 3 个部分：X Server、X Client 和 X Protocol。

现在的 Ubuntu 默认安装的是 Unity，CentOS 默认安装的是 GNOME。用户可以根据个人喜好安装桌面系统，例如在 Ubuntu 中安装 GNOME，命令：#apt-get install gnome。

桌面包括面板、工作区和图标等。桌面的左侧是一个快速启动栏，上面已经默认放了一些按钮，用户也可根据个人需要自行添加。

在主程序面板中可以搜索应用程序，也可以将应用程序拖到左边的快速启动栏里，从而添加一个程序按钮。

文件管理器里面包含几个默认的文件夹，如桌面、视频、图片、文档、下载和音乐等，分别存放对应的文件。左侧的导航区中可以快速切换到不同的分区或目录文件夹，U 盘等可移动磁盘的图标也在这里显示。

系统设置可以设置屏幕亮度和桌面背景、清除最近访问的文件、设置中文语言、设置电源、设置屏幕分辨率和硬件驱动等设备属性。

终端的打开方式：单击左上角的"搜索您的计算机"主按钮，在"搜索"文本框中输入 ter，然后单击工作区中的"终端"图标，也可以直接使用组合键 Ctrl+Alt+T。打开终端后即可以使用命令。

gedit 文本编辑器可通过如下方式打开：单击主按钮，在"搜索"文本框中输入 gedit，单击打开程序窗口；或者在终端中输入命令#gedit。

GNOME 和 KDE 都采用 GPL 发行，不同之处在于 KDE 基于双重授权的 Qt，而 GNOME 采用遵循 GPL 的 GTK 库开发，后者拥有更广泛的支持。不同的基础决定两者不同的形态，KDE 包含大量的应用软件、庞大的项目规模，由于自带软件众多，KDE 比 GNOME 更丰富多彩，操作习惯更接近 Microsoft Windows，更适合初学者快速掌握操作技巧。KDE 的不足之处在于其运行速度相对较慢，且部分程序容易崩溃。GNOME 项目由于专注于桌面环境本身，软件较少、运行速度快，并且具有出色的稳定性，因此 GNOME 受到大公司的青睐，成为多个企业发行版的默认桌面。

习题

1. 什么是 X Window System？
2. 不同版本的 Linux 各使用什么桌面系统？
3. GNOME 和 KDE 的区别有哪些？
4. 使用 gedit 文本编辑器编写一段 C 语言代码。

第 4 章   Linux 常用命令

本章导读

本章是学习 Linux 的重点之一，涉及众多命令，这些命令是 Linux 系统操作的基础。Linux 的终端与工作区是 Linux 操作的主要平台，同时，读者也要学会不同用户身份的切换。文件、目录操作命令是学习 Linux 的重中之重，它是后续学习的基础。在文件、目录操作命令部分，本章选取常用命令进行讲解。Linux 命令的参数众多，不能一一举例，需要多练习才能熟练掌握。

本章要点

- 终端与工作区
- 用户身份切换
- 文件、目录操作命令 cp、mkdir、ls、pwd 等
- 文件信息显示
- 管道、重定向

4.1   Linux 的终端与工作区

Linux 终端也称虚拟控制台。一般地，Linux 发行版提供 7 个终端，1～6 号是命令行控制台终端，第 7 个是图形界面。Linux 可以在各终端之间切换，支持多用户同时登录。在控制台上使用 Alt+Fx 组合键能够切换到第 x 个终端（Fx 为键盘最上面一排 F1～F12 键）。如果需要从图形界面里跳到第 x 个命令行终端，需要使用 Ctrl+Alt+Fx 组合键。在各个控制台终端登录或在图形界面下开启终端，默认都会启动一个 Shell，该 Shell 执行用户键入的命令。

一直以来，多个桌面工作区都是 Linux 图形桌面的一个非常重要的特色。Linux 各发行版本一般默认提供 4 个工作区，用户还可以设置成 6 个或者更多个工作区，各工作区之间互不影响。

4.2   用户登录与身份切换

在操作 Linux 系统的一般工作中，尽量使用普通用户账户操作，当需要 root 权限的时候再通过身份切换的方式切换至 root 管理员身份，这样能保证系统的安全性。使用普通账户的安全性主要体现在以下两个方面：

（1）防止因误操作而删除系统重要文件。

（2）创建一些系统账户专门用来启动某些服务，这样即使该服务出现问题，系统仍然是安全的。

下面介绍两种 Linux 中切换用户身份的方式。

身份切换方式一：su 命令。

该命令可以将身份切换至指定账户，但需要输入该账户的密码。

命令格式：su [-lm] [-c 命令] username

参数：

- -：如果执行 su -，表示该用户想要变换身份成为 root，且使用 root 的环境设置参数文件，如/root/.bash_profile 等。
- -l：后面可以接用户，例如 su -l hwd，这个-l 的好处是可使用变换身份者的所有相关环境设置文件。
- -m：与-p 是一样的，-m 表示"使用当前环境设置，而不重新读取新用户的设置文件。"
- -c：仅进行一次命令，所以-c 后面可以加上命令。
- username：若不加则表示切换至 root。

使用 su 和 su -均能切换至 root 账户，但不加-会使很多变量仍然保持切换前用户的变量，而加了-之后则变量将会完全变成 root 的变量，尤其是环境变量 PATH，从而能够直接使用某些命令，而无需指定绝对路径。

若只想执行一个 root 权限才能执行的命令，可以将命令直接写在 -c 的后面，这样无需切换身份，如：su -c vim /etc/shadow。

注意：如果想切换成为某个身份，建议使用 su -或者 su - username，否则容易造成环境变量的差异。

身份切换方式二：sudo 命令。

使用 su 切换身份需要用到 root 账户的密码，这样并不安全。为了提高安全性，可以使用 sudo 来执行需要 root 权限的功能。

sudo 由 root 指定，指定后用户只需输入自己账户的密码就能申请到 root 权限，而无需告诉任何人 root 密码，因此增加了系统安全性。

sudo 命令格式：[root&Linux ~]# sudo [-u [username | #uid]] command

参数-u 后面可以接用户账户名称或者 UID。例如 UID 是 500，可以输入-u #500 来切换到 UID 为 500 的那位用户。

注意：sudo 的执行权限与/etc/sudoers 文件有关，如果要修改该文件，建议使用 visudo 来编辑，而不要直接以 vi 去编辑它，因为前者可以进行文件内部的语法检查。

普通用户使用 sudo 执行命令时要有 sudo 权限，且在执行时需要输入该普通用户的密码。

在没有 sudo 权限的情况下执行命令如图 4.1 所示。

使用 visudo 修改/etc/sudoers 文件如图 4.2 所示。

命令：#visudo

添加内容：admin ALL=(ALL)　ALL

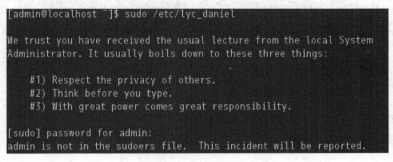

图 4.1　在没有 sudo 权限的情况下执行命令

图 4.2　修改 sudoers 文件

普通用户使用 sudo 的操作如图 4.3 所示。

命令：$sudo touch /root/lyc_daniel

图 4.3　普通用户使用 sudo

4.3　文件、目录操作命令

4.3.1　显示当前目录的完整路径命令 pwd

格式：pwd [--help] [--version]

功能：显示工作目录。

补充说明：执行 pwd 指令可以立刻得知用户目前所在的工作目录的绝对路径名称。

参数说明：

● --help：在线帮助。

● --version：显示版本信息。

实例：

　　root@hwd-virtual-machine:~# pwd

　　/root

一般情况下不带任何参数。如果目录是链接时，格式 "pwd -P" 代表显示出实际路径，而非使用链接（link）路径，如图 4.4 所示。

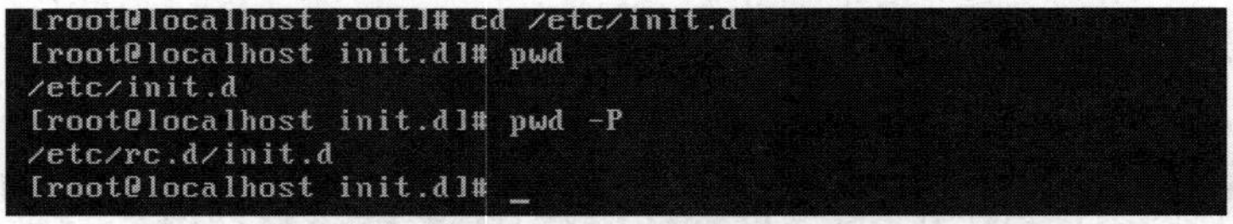

图 4.4　pwd -P　显示出实际路径

4.3.2　改变当前路径命令 cd

格式：cd [dirName]
功能：切换当前目录至 dirName。
参数说明：

- cd ~：进入用户主目录。
- cd -：返回进入此目录之前所在的目录。
- cd ..：返回上级目录（若当前目录为"/"，则执行完后还在"/"目录；".."表示上级目录）。
- cd ../..：返回上两级目录。

实例：

```
root@hwd-virtual-machine:/etc/init.d# cd ..
root@hwd-virtual-machine:/etc# cd /
root@hwd-virtual-machine:/# cd /home
root@hwd-virtual-machine:/home# cd hwd
root@hwd-virtual-machine:/home/hwd# cd ..
root@hwd-virtual-machine:/home# cd ~
root@hwd-virtual-machine:~# cd -
/home
root@hwd-virtual-machine:/home# cd ../..
root@hwd-virtual-machine:/# pwd
/
```

4.3.3　建立目录命令 mkdir

格式：mkdir [参数] <目录名>
功能：建立目录。
参数说明：

- -m：权限值，可指定目录的属性（r、w、x 或 4、2、1）。
- -p：可以是一个路径名称。此时若路径中的某些目录尚不存在，加上此参数后，系统将自动建立好那些尚不存在的目录，即一次可以建立多个目录。

实例：

```
root@hwd-virtual-machine:/home# mkdir d1
root@hwd-virtual-machine:/home# cd d1
root@hwd-virtual-machine:/home/d1# mkdir d2
root@hwd-virtual-machine:/home/d1# mkdir /home/d3 /home/d4
root@hwd-virtual-machine:/home/d1# mkdir -p d5/d6
```

新建目录结构如图 4.5 所示。

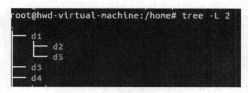

图 4.5　新建目录结构

通过 mkdir 命令可以实现在指定位置创建已命名的目录。要创建目录的用户必须对所创建目录的父目录具有写权限，并且所创建的目录不能与其父目录中的文件名重名，即同一个目录下不能有同名的文件（区分大小写）。

4.3.4　删除目录命令 rmdir

格式：rmdir [参数] <目录名>
功能：删除空目录。
参数说明：

- -p：递归删除目录 dirname。当子目录被删除后，若其父目录为空，则该父目录也一同被删除。如果整个路径被删除或者由于某种原因保留部分路径，则系统会在标准输出上显示相应的信息。
- -v、--verbose：显示指令的执行过程。

rmdir 是常用的命令，该命令删除的目录被删除之前必须是空的（注意，rm -r dir 命令可代替 rmdir，但是有很大危险性）。删除某目录时也必须具有对其父目录的写权限。

实例：

```
root@hwd-virtual-machine:/home# rmdir d3
root@hwd-virtual-machine:/home# rmdir d4
root@hwd-virtual-machine:/home# rmdir d1/d2
root@hwd-virtual-machine:/home# rmdir -p d1/d5/d6
```

4.3.5　列出当前目录的内容命令 ls

格式：ls [参数] [文件名]
功能：查找文件、显示目录中的文件及子目录的名称。
参数说明：

- -a：显示所有文件，包括隐含文件（以"."开头的文件为隐含文件）。
- -l：以长格式显示文件名及目录名（显示文件的详细信息）。
- -F：显示文件名同时显示类型（*表示可执行的普通文件，/表示目录，@表示链接文件，|表示管道文件）。
- -R：递归查找。
- -t：按照修改时间排列显示。

实例：

```
root@hwd-virtual-machine:~# cd /home
root@hwd-virtual-machine:/home# ls
hwd  kb  kk  kl  lost+found
root@hwd-virtual-machine:/home# ls /home/hwd
```

```
examples.desktop    VMwareTools-10.0.10-4301679.tar.gz    模板    图片    下载    桌面
vm                      公共的
root@hwd-virtual-machine:/home# ls -al
总用量 40
drwxr-xr-x    7 root root    4096    1 月  14 13:33 .
drwxr-xr-x  23 root root    4096  12 月   2 11:12 ..
drwxr-xr-x  20 hwd   hwd     4096    1 月  14 12:27 hwd
drwxr-xr-x    2 root root    4096  12 月   6 14:32 kb
drwxr-xr-x    2 root root    4096  12 月   6 14:32 kk
drwxr-xr-x    3 root root    4096  12 月   6 14:32 kl
```

注意：使用 ls 的-l 参数可以较完整的形式显示文件的类型（第一位）和权限（后九位）。其中第一位文件类型的可变字符说明如下：

- -：普通文件。
- b：特殊块文件（存储在/dev）。
- c：特殊字符文件（存储在/dev）。
- d：目录。
- l：软链接。
- p：FIFO（管道文件）。
- s：Socket（套接口文件）。
- w：Whiteout。

4.3.6　复制文件或目录命令 cp

格式：cp [参数]<源路径> <目标路径>
功能：用于自制文件。
参数说明：

- -f：当文件在目录路径中存在时直接覆盖。
- -i：当文件在目录路径中存在时提示是否覆盖。
- -R：递归复制。
- -b：生成覆盖文件的备份。
- -a：保持文件原有属性。

实例：在目录 hwd 下生成 a1.txt 和 a.txt 两个文件。

```
root@hwd-virtual-machine:/home/hwd# touch a.txt
root@hwd-virtual-machine:/home/hwd# touch a1.txt
root@hwd-virtual-machine:/home/hwd# ls
a1.txt                vm                                     模板   文档   桌面
a.txt                 VMwareTools-10.0.10-4301679.tar.gz    视频   下载
examples.desktop   公共的                                    图片   音乐
root@hwd-virtual-machine:/home/hwd# cd ..
root@hwd-virtual-machine:/home# cp hwd/a* hwd1      将目录 hwd 下的 a 开头的文件复制到 hwd1
root@hwd-virtual-machine:/home# ls hwd1
a1.txt    a.txt
```

补充说明：cp 指令用于复制文件或目录，如同时指定两个以上的文件或目录，且最后的目的地是一个已经存在的目录，则它会把前面指定的所有文件或目录复制到该目录中。若同时指定多个文件或目录，而最后的目的地并不是一个已存在的目录，则会出现错误信息。

4.3.7　删除文件或目录命令 rm

格式：rm [参数] <文件名>

功能：删除一个目录中的一个或多个文件或目录，该命令也可以将某个目录及其下的所有文件及子目录均删除。对于链接文件，只是断开了链接，原文件保持不变。

参数说明：

- -d：删除可能仍有数据的目录（只限超级用户）。
- -f：略过不存在的文件，不显示任何信息。
- -i：进行任何删除操作前必须先确认。
- -r/R：递归删除目录下的文件以及子目录下的文件，即删除该目录下的所有目录层。
- -v：详细显示进行的步骤。
- --help：显示此帮助信息并离开。
- --version：显示版本信息并离开。

实例：

```
root@hwd-virtual-machine:/# rm /home/hwd1/*        删除指定目录里的所有文件
root@hwd-virtual-machine:/# rm /home/hwd1
rm: 无法删除"/home/hwd1"：是一个目录
root@hwd-virtual-machine:/# rm -r /home/hwd1        强制删除一个目录
```

4.3.8　移动文件或将文件改名命令 mv

格式：mv [参数] 源文件或目录 目标文件或目录

功能：为文件或目录改名，或将文件由一个目录移入另一个目录中。

参数说明：

- b：若需覆盖文件，则覆盖前先行备份。
- -f：force（强制），即当目标文件（destination）已经存在时，不会询问而直接将其覆盖。
- -i：当目标文件已经存在时，会询问是否将其覆盖。
- -u：当目标文件已经存在且资源（source）比较新时才会更新（update）。

实例：

```
root@hwd-virtual-machine:/home# ls hwd/a*
hwd/a1.txt    hwd/a.txt
root@hwd-virtual-machine:/home# mkdir hwd1
root@hwd-virtual-machine:/home# ls hwd1
root@hwd-virtual-machine:/home# mv hwd/a1.txt hwd1          将 a1.txt 移到 hwd1
root@hwd-virtual-machine:/home# mv hwd/a.txt hwd1/a2.txt    将 a.txt 移到 hwd1
                                                           并改名为 a2.txt
root@hwd-virtual-machine:/home# cd hwd1
root@hwd-virtual-machine:/home/hwd1# ls
a1.txt    a2.txt
root@hwd-virtual-machine:/home/hwd# ls                      hwd 中源文件消失
examples.desktop    VMwareTools-10.0.10-4301679.tar.gz    vm
```

4.3.9　查看文件内容、创建文件、文件合并命令 cat

cat 主要有三大功能：一次显示整个文件、使用键盘创建一个文件、将几个文件合并为一个文件。

功能一：一次显示整个文件内容，但仅能停留在最后一页。

格式：cat [参数]文件

参数说明：n 从 1 开始对所有输出的行数编号。

实例：

```
root@hwd-virtual-machine:/home# cat /etc/profile          查看/etc/目录下的 profile 文件内容
root@hwd-virtual-machine:/home# cat -b /etc/profile       查看/etc/目录下的 profile 文件内容，并且
                                                          对非空白行进行编号，行号从 1 开始
[root@hwd-virtual-machine:/home# cat -n /etc/profile      对/etc/目录下 profile 文件的所有行（包括
                                                          空白行）进行编号输出显示
```

cat 可以同时显示多个文件的内容，比如可以在一个 cat 命令上同时显示两个文件的内容。

```
[root@localhost ~]# cat /etc/fstab /etc/profile
```

cat 对于内容极大的文件来说，可以通过管道命令（|）传送到 more 工具，然后一页一页地查看。

```
[root@localhost ~]# cat /etc/fstab /etc/profile | more
```

功能二：创建文件。创建文件后，要按 Ctrl+Z 组合键结束。

格式：cat><文件名>

实例：

```
root@hwd-virtual-machine:/home/hwd# cat>aa.txt          创建文件，并且为文件输入内容
red hat Linux
centos Linux
ubuntu Linux
^Z                                                      按 Ctrl+Z 组合键结束
[1]+  已停止               cat > aa.txt
root@hwd-virtual-machine:/home/hwd# cat aa.txt
red hat Linux
centos Linux
ubuntu Linux
```

功能三：连接多个文件的内容并且输出到一个新文件中。

格式：cat filename1 filename2 ...>filenamen

创建三个文件 a1.txt、a2.tx 和 a3.txt，具体内容如下：

```
[root@hwd-virtual-machine:/home/hwd# cat>a1.txt
red hat
^Z
[2]+  已停止               cat > a1.txt
root@hwd-virtual-machine:/home/hwd# cat>a2.txt
centos
^Z
[3]+  已停止               cat > a2.txt
root@hwd-virtual-machine:/home/hwd# cat>a3.txt
```

ubuntu

^Z

[4]+　已停止　　　　　　　　　　cat > a3.txt

通过 cat 把 a1.txt、a2.txt 和 a3.txt 三个文件连接在一起（也就是说把这三个文件的内容都接在一起）并输出到一个新的文件 a4.txt 中。

注意：其原理是把三个文件的内容连接起来，然后创建 a4.txt 文件，并且把几个文件的内容同时写入 a4.txt 中。特别值得一提的是，如果把这三个文件输入到一个已经存在的 a4.txt 文件中，就会把 a4.txt 中原来的内容清空。

实例：

root@hwd-virtual-machine:/home/hwd# cat a1.txt a2.txt a3.txt>a4.txt

root@hwd-virtual-machine:/home/hwd# cat a4.txt

red hat

centos

ubuntu

另外，cat 还可以把一个或多个已存在的文件内容追加到一个已存在的文件中。

格式：cat filename1 filename2 ...>>filenamen

实例：

root@hwd-virtual-machine:/home/hwd# cat a1.txt a2.txt a3.txt>>a4.txt

root@hwd-virtual-machine:/home/hwd# cat a4.txt

red hat

centos

ubuntu

red hat

centos

Ubuntu

注意：>的意思是创建，>>的意思是追加。

4.3.10　显示文件内容或输出查看命令 more

more 是 Linux 用户最常用的工具之一，其中最常用的就是显示输出的内容，该命令能根据窗口的大小进行分页显示，还能提示文件的百分比。

格式：more [参数] [文件]

参数说明：

- +num：从第 num 行开始显示。
- -num：定义屏幕大小为 num 行。
- +/pattern：从 pattern 前两行开始显示。
- -c：从顶部清屏然后显示。
- -d：提示"Press space to continue,'q' to quit."（按空格键继续，按 Q 键退出），禁用响铃功能。
- -l：忽略 Ctrl+l（换页）字符。
- -p：通过清除窗口而不是滚屏来对文件进行换页，和-c 参数有些相似。
- -s：把连续的多个空行显示为一行。

● -u：把文件内容中的下划线去掉。

退出 more 的动作指令是 q。

实例：

root@hwd-virtual-machine:/# more -dc /etc/profile	注：显示提示，并从终端或控制台顶部显示
root@hwd-virtual-machine:/#more +4 /etc/profile	注：从 profile 的第 4 行开始显示
root@hwd-virtual-machine:/#more -4 /etc/profile	注：每屏显示 4 行
root@hwd-virtual-machine:/# more +/MAIL /etc/profile	注：从 profile 中的第一个 MAIL 单词的前两行开始显示

more 的动作指令：当查看一个内容较大的文件时，要用到 more 的动作指令，比如按 Ctrl+F（或空格键）组合键是向下滚动一屏，按 Ctrl+B 组合键是返回上一屏，按 Enter 键可以向下滚动显示 n 行（需要定义，默认为 1 行）。

几个常用的 more 的动作指令：

● Enter：向下滚动显示 n 行，需要定义，默认为 1 行。

● Ctrl+F：向下滚动一屏。

● 空格键：向下滚动一屏。

● Ctrl+B：返回上一屏。

● =：输出当前行的行号。

● :f：输出文件名和当前行的行号。

● v：调用 vi 编辑器。

● !：调用 Shell 并执行命令。

● q：退出 more。

其他命令还有通过管道和 more 结合的运用，例如列一个目录下的文件，由于内容太多，可用 more 来分页显示，和管道"|"结合起来使用，具体示例如下：

　　　root@hwd-virtual-machine:/#ls -l /etc |more

4.3.11　查看文件内容命令 less

less 是对文件或其他输出进行分页显示的命令，或者说是 Linux 系统查看文件内容的命令，其功能极其强大。

格式：less [参数] 文件

参数说明：

● -c：从顶部刷新屏幕并显示文件内容，而不是通过底部滚动完成刷新。

● -f：强制打开文件，显示二进制文件时不提示警告。

● -i：搜索时忽略大小写，除非搜索串中包含大写字母。

● -I：搜索时忽略大小写，除非搜索串中包含小写字母。

● -m：显示读取文件的百分比。

● -M：显示读取文件的百分比、行号及总行数。

● -N：在每行前输出行号。

实例：在显示/etc/profile 的内容时，让其显示行号，如图 4.6 所示。

　　　[root@localhost ~]# less -N　 /etc/profile

less 的动作命令：进入 less 后，使用 less 的动作命令更方便查阅文件内容。最应该记住的命令是 q，它能让 less 终止查看文件并退出。

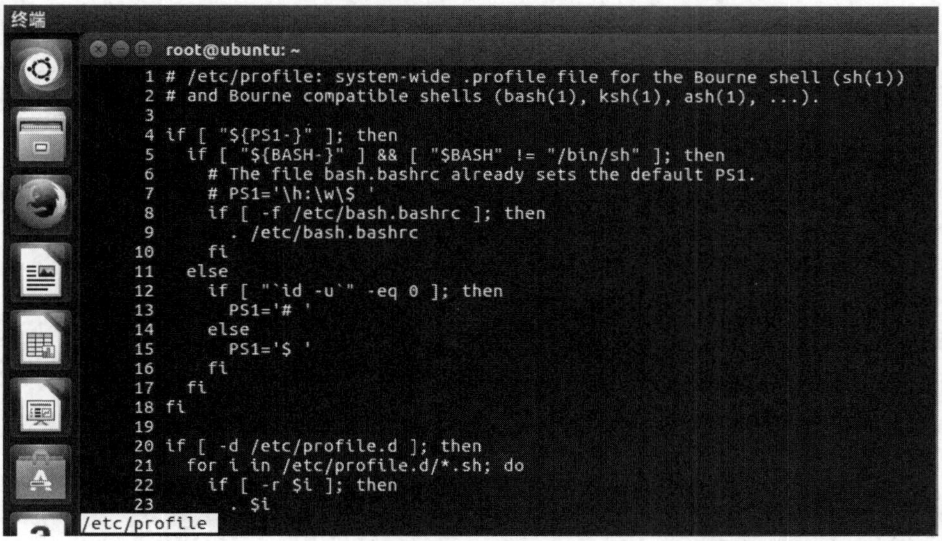

图 4.6　显示行号

- 回车键：向下移动一行。
- y：向上移动一行。
- 空格键：向下滚动一屏。
- b：向上滚动一屏。
- d：向下滚动半屏。
- h：less 的帮助。
- u：向上滚动半屏。
- w：可以指定从哪行开始显示。该命令是从指定数字的下一行开始显示，比如指定的是 6，则从第 7 行开始显示。
- g：跳到第一行。
- G：跳到最后一行。
- p n%：跳到 n%。比如 10%表示从整个文件内容的 10%处开始显示。
- /pattern：搜索 pattern，比如/MAIL 表示在文件中搜索单词 MAIL。
- v：调用 vi 编辑器。
- q：退出 less。
- !command：调用 Shell 可以运行命令，比如!ls 表示显示当前列当前目录下的所有文件。

4.3.12　显示文件内容的前几行命令 head

格式：head -n 行数值　文件名

功能：显示一个文件内容的前多少行，用法比较简单。

实例：

[root@localhost ~]# head -n 10 /etc/profile　　　　　　　显示/etc/profile 的前 10 行内容
/etc/profile: system-wide .profile file for the Bourne shell (sh(1))

```
# and Bourne compatible shells (bash(1),ksh(1),ash(1),...).

if [ "${PS1-}" ]; then
   if [ "${BASH-}" ] && [ "$BASH" != "/bin/sh" ]; then
      # The file bash.bashrc already sets the default PS1.
      # PS1='\h:\w\$ '
      if [ -f /etc/bash.bashrc ]; then
         . /etc/bash.bashrc
      fi
```

4.3.13　显示文件内容的最后几行命令 tail

格式：tail -n 行数值 文件名
功能：显示一个文件内容的后多少行，用法比较简单。
实例：

```
[root@localhost ~]# tail -n 10 /etc/profile              显示/etc/profile 的后 10 行内容
fi

if [ -d /etc/profile.d ]; then
   for i in /etc/profile.d/*.sh; do
      if [ -r $i ]; then
         . $i
      fi
   done
   unset i
fi
```

4.3.14　建立一个空文件命令 touch

格式：touch [选项] 文件
功能：用来修改文件的时间戳或者新建一个不存在的文件。
参数说明：
- -a：只更改存取时间。
- -c：不建立任何文档。
- -d：使用指定的日期时间，而非现在的时间。
- -f：此参数将忽略不予处理，仅负责解决 BSD 版本 touch 指令的兼容性问题。
- -m：只更改变动时间。
- -r：把指定文档或目录的日期时间统统设成与参考文档或目录的日期时间相同。
- -t：使用指定的日期时间，而非现在的时间。
实例：

```
root@hwd-virtual-machine:/home# touch redhat.txt
root@hwd-virtual-machine:/home# ls
hwd  hwd1  kb  kk  kl  lost+found  redhat.txt
```

4.3.15　建立链接文件命令 ln

格式：ln [参数] <源文件> <目标文件>

功能：为某一个文件或目录在另外一个位置建立一个同步的链接，类似 Windows 下的超级链接。

参数说明：

● -s：建立软链接文件。

● -i：提示是否覆盖目标文件。

● -f：直接覆盖已存在的目标文件。

● -d：允许超级用户建立目录的硬链接。

当需要在不同的目录下用到相同的文件时，无需在每一个要用到的目录下都放一个相同的文件，只要在某个固定的目录下放置该文件，在其他目录下用 ln 命令链接它即可，不必重复占用磁盘空间。

注意：

（1）ln 命令会保持每一处链接文件的同步性，也就是说，不论改动了哪一处，其他的文件都会发生相同的变化。

（2）ln 的链接有软链接和硬链接两种，软链接格式为 ln -s ** **，它只会在选定的位置上生成一个文件的镜像，不会占用磁盘空间；硬链接格式为 ln ** **，没有参数-s，它会在选定的位置上生成一个和源文件大小相同的文件。无论是软链接还是硬链接，文件都保持同步变化。建立硬链接时，链接文件和被链接文件必须位于同一个文件系统中，并且不能建立指向目录的硬链接，而对符号链接，则不存在这个问题。默认情况下，ln 产生硬链接。

实例：

```
root@hwd-virtual-machine:/home# ls
hwd  hwd1  kb  kk  kl  lost+found  redhat.txt
root@hwd-virtual-machine:/home# ln redhat.txt redhat.txt.link
root@hwd-virtual-machine:/home# ls -l
-rw-r--r--   2 root root      0  1 月 14 16:09 redhat.txt
-rw-r--r--   2 root root      0  1 月 14 16:09 redhat.txt.link
root@hwd-virtual-machine:/home# ln -s redhat.txt redhat.txt.link1
root@hwd-virtual-machine:/home# ls -l
-rw-r--r--   2 root root      0  1 月 14 16:09 redhat.txt
-rw-r--r--   2 root root      0  1 月 14 16:09 redhat.txt.link
lrwxrwxrwx   1 root root     10  1 月 14 17:12 redhat.txt.link1 -> redhat.txt
```

4.4　信息显示命令

4.4.1　查找文件内容命令 grep

格式：grep [-acinv] [--color=auto] '搜寻字符串' filename

功能：Linux 系统中 grep 命令是一种强大的文本搜索工具，它能使用正则表达式搜索文本，并把匹配的行打印出来。

参数说明：

● -a：将 binary 文件以 text 文件的方式搜寻数据。

- **-c**：计算找到'搜寻字符串'的次数。
- **-i**：忽略大小写的不同，即将大小写视为相同。
- **-n**：顺便输出行号。
- **-v**：反向选择，亦即显示出没有'搜寻字符串'内容的那一行。
- **--color=auto**：可以将找到的关键词部分加上颜色的显示。

实例：将/etc/passwd 文件中有 root 的那行找出来。

```
root@hwd-virtual-machine:/home# grep root /etc/passwd
root:x:0:0:root:/root:/bin/bash
或利用管道也可以
root@hwd-virtual-machine:/home# cat /etc/passwd|grep root
root:x:0:0:root:/root:/bin/bash
将/etc/passwd 中没有出现 root 和 nologin 的行取出来
root@hwd-virtual-machine:/home#grep -v root /etc/passwd | grep -v nologin
root:x:0:0:root:/root:/bin/bash
operator:x:11:0:operator:/root:/sbin/nologin
```

4.4.2 显示文件的类型信息命令 file

格式：file [参数] 文件或目录
功能：检测文件类型。
参数说明：

- **--b**：列出辨识结果时，不显示文件名称。
- **-c**：详细显示指令执行过程，便于排错或分析程序执行的情形。
- **-L**：直接显示符号连接所指向的文件的类别。
- **-v**：显示版本信息。
- **-z**：尝试去解读压缩文件的内容。

[文件或目录...]：要确定类型的文件列表，多个文件之间使用空格分开，可以使用 Shell 通配符匹配多个文件。

实例：

```
root@hwd-virtual-machine:/# file -i initrd.img
initrd.img: inode/symlink; charset=binary
root@hwd-virtual-machine:/# ls -l
lrwxrwxrwx    1 root root    32 12 月  2 11:12 initrd.img -> boot/initrd.img-3.5.0
root@hwd-virtual-machine:/# file initrd.img        显示符号链接的文件类型
initrd.img: symbolic link to `boot/initrd.img-3.5.0-17-generic'
```

4.4.3 定位文件命令 locate

格式：locate 文件名
功能：可以很快速地搜寻文件系统内是否有指定的文件。
方法是先建立一个包括系统内所有文件名称及路径的数据库，之后当寻找时就只需查询这个数据库，而不必实际深入文件系统之中了。
（1）locate 命令的速度比 find 命令快，因为它并不是真的查找文件，而是查数据库。

（2）locate 命令的查找并不是实时的，而是以数据库的更新为准，一般是系统自己维护。手动更新 locate 所在数据库的方法：在命令提示符下直接执行#updatedb 命令。

实例：查找相关字 issue。

```
root@hwd-virtual-machine:/home# locate issue
/etc/issue
/etc/issue.net
/lib/i386-Linux-gnu/security/pam_issue.so
/usr/lib/ssl/misc/c_issuer
/usr/share/app-install/desktop/webissues:webissues.desktop
/usr/share/app-install/icons/webissues.png
/usr/share/man/man5/issue.5.gz
/usr/share/man/man8/pam_issue.8.gz
```

4.4.4　查找目录命令 find

当用 locate 命令无法查找到需要的文件时，可以使用 find 命令。但由于 find 命令是在硬盘上遍历查找，非常消耗硬盘的资源，效率也非常低，因此建议优先使用 locate 命令。

Linux 下的 find 命令功能很强大，提供了相当多的查找条件，所以它的选项也很多，这里不要求一一记住，用时查询即可。

格式：find pathname -options [-print -exec -ok ...]

功能：用于在文件树中查找文件，并作出相应的处理。

参数说明：

- pathname：find 命令所查找的目录路径。例如用"."来表示当前目录，用"/"来表示系统根目录。
- -print：find 命令将匹配的文件输出到标准输出。
- -exec：find 命令对匹配的文件执行该参数所给出的 Shell 命令。相应命令的形式为 command' { } \;，注意{ }和\;之间有空格。
- -ok：和-exec 的作用相同，只是以一种更为安全的模式来执行该参数所给出的 Shell 命令，在执行每一个命令之前都会给出提示，让用户来确定是否执行。

选项说明：

- -name：按照文件名来查找文件。
- -perm：按照文件权限来查找文件。
- -prune：可以使 find 命令不在当前指定的目录中查找，如果同时使用-depth 选项，那么-prune 将被 find 命令忽略。
- -user：按照文件属主来查找文件。
- -group：按照文件所属的组来查找文件。
- -mtime -n +n：按照文件的更改时间来查找文件，-n 表示文件更改时间距现在 n 天以内，+n 表示文件更改时间距现在 n 天以前。find 命令还有-atime 和-ctime 选项，但它们都和-mtime 选项用法相似。
- -nogroup：查找无有效所属组的文件，即该文件所属的组在/etc/groups 中不存在。
- -nouser：查找无有效属主的文件，即该文件的属主在/etc/passwd 中不存在。

- -newer file1 ! file2：查找更改时间比文件 file1 新但比文件 file2 旧的文件。

实例：在/etc/中所有以 host 开头的文件中，"host*"表示所有以 host 开头的文件。

```
root@hwd-virtual-machine:/# find /etc -name "host*" -print
/etc/init/hostname.conf
/etc/hostname
/etc/init.d/hostname
/etc/avahi/hosts
/etc/hosts
/etc/hosts.deny
/etc/hosts.allow
/etc/host.conf
```

4.5　Shell 语言解释器

4.5.1　什么是 Shell

在学习 Linux 系统的过程中经常会看到 Shell 这个词，很多新用户并不清楚它的确切含义。Shell 是用户和 Linux（更准确地说是 Linux 内核）之间的接口程序。在提示符下输入的每个命令都由 Shell 先解释然后传给 Linux 内核。因此，Shell 是一个命令语言解释器（Command-Language Interpreter），并且拥有自己内建的 Shell 命令集。Shell 在成功登录系统后启动，并始终作为用户与系统内核的交互媒界直至退出系统。系统上的每位用户都有一个默认的 Shell。每个用户的默认 Shell 都在系统的 passwd 文件里被指定，该文件的路径是/etc/passwd。

每当键入一个命令时，它都会被 Linux Shell 所解释。Shell 解析的过程如下：Shell 首先检查命令是否是内部命令，如果不是则再检查它是否是一个应用程序，这里的应用程序可以是 Linux 本身的实用程序，也可以是安装的其他应用程序；然后 Shell 试着在搜索路径里寻找这些应用程序，如果键入的命令不是一个内部命令，并且在路径里没有找到这个可执行文件，系统将会显示一条错误信息；而如果命令被成功找到的话，该内部命令或应用程序将被分解为系统调用并传给 Linux 内核执行。

Shell 自身还是一个解释型的程序设计语言，Shell 程序设计语言支持在高级语言里所能见到的绝大多数程序控制结构，如循环、函数、变量和数组，这一部分将在第 12 章讲解。

在 Linux 系统里可以使用多种不同的 Shell。最常用的 3 种是 Bourne Shell（sh）、C Shell（Csh）和 Korn Shell（Ksh）。这 3 种 Shell 都有各自的优点和缺点。

Bourne Shell 的作者是 Steven Bourne。它是 UNIX 最初使用的 Shell，并且在每种 UNIX 上都可以使用。Bourne Shell 在 Shell 编程方面相当优秀，但在处理与用户的交互方面做得不如其他两种 Shell 好。

C Shell 由 Bill Joy 所写。它更多地考虑了用户界面的友好性，支持像命令补全（command-line completion）等一些 Bourne Shell 所不支持的特性。普遍认为 C Shell 的编程接口做得不如 Bourne Shell，但 C Shell 被很多 C 语言程序员使用，因为 C Shell 的语法和 C 语言的很相似，这也是 C Shell 名称的由来。

Korn Shell 由 Dave Korn 所写。它集合了 C Shell 和 Bourne Shell 的优点并且和 Bourne Shell 完全兼容。

Bourne Again Shell（Bash，sh 的扩展）是大多数 Linux 系统的默认 Shell。

4.5.2　Bash 的几种特性

Bash 准备了几种特性使命令的输入变得更容易。

（1）命令自动补全。

在 Linux 系统中，输入一个命令，按一次 Tab 键会补全命令，连续按两次 Tab 键，就会列出所有以输入字符开头的可用命令，这个功能被称为命令自动补全。默认情况下，Bash 命令行可以自动补全文件或目录名称。

实例：

```
root@ubuntu:/# hi              按两次 Tab 键
hipercdecode    hipstopgm      history              history-daemon
root@ubuntu:/# his             按一次 Tab 键
root@ubuntu:/# history
```

（2）命令历史记录。

Bash 支持命令历史记录。这表明 Bash 保留了一定数目的用户先前已经在 Shell 里输入过的命令，用 Bash 的内部命令 history 命令来显示。

格式：history [参数]

参数说明：

- n：数字，即要列出最近的 n 笔命令。
- -c：将目前 Shell 中的所有 history 内容全部清除。

当 history 命令没有参数时，整个命令历史的内容将被显示出来。下面是一个命令历史的例子。

实例：

```
root@ubuntu:/# history
    1  apt-get update
    2  apt-cache show nfs
    3  cd /
    4  ls
    5  cd home
    6  ls
    7  cd huangwd
    8  ls
    9  cd Desktop
   10  ls
   11  gunzip    VMwareTools-10.0.10-4301679.tar.gz
   12  ls
   13  tar -x    VMwareTools-10.0.10-4301679.tar
   14  tar -zxvf    VMwareTools-10.0.10-4301679.tar.gz
   15  tar -xvf    VMwareTools10.0.10-4301679.tar
   16  ls
    …
```

用!N 的形式可以重复执行第 N 条指令。例如#!12 为重复执行第 12 条指令。

注意：符号!与 N 之间没有空格。

（3）别名。

Bash 的一个使用户的工作变得轻松的方法是命令别名 alias。命令别名通常是其他命令的缩写，用来减少键盘输入。

格式：alias 自定义名='实际命令'

例如，如果经常要键入如下命令：

  root@ubuntu:/# cd /home/hwd/hwd1/hwd2

可以为它建立一个别名来减少工作量：

  root@ubuntu:/home/hwd/hwd1/hwd2#

在 Bash 提示符下键入如下命令：

  root@ubuntu:/home/hwd/hwd1/hwd2# cd /

  root@ubuntu:/# alias hwd2='cd /home/hwd/hwd1/hwd2'

  root@ubuntu:/# hwd2

  root@ubuntu:/home/hwd/hwd1/hwd2#

现在，除非退出 Bash，否则键入 hwd2 将和原来的长命令有同样的作用。如果想取消别名，可以使用如下命令：

  unalias hwd2

以下是一些多数用户认为有用的别名，可以把它们写入用户的.profile 文件中来提高工作效率：

  alias ll='ls -l'

  alias log='logout'

  alias ls='ls -F'

  alias md='mkdir'

  alias rd='rmdir'

注意：在定义别名时，等号的两侧不能有空格。

如果键入不带任何参数的 alias 命令，将显示所有已定义的别名。

实例：

  root@ubuntu:/# alias

  alias egrep='egrep --color=auto'

  alias fgrep='fgrep --color=auto'

  alias grep='grep --color=auto'

  alias hwd2='cd /home/hwd/hwd1/hwd2'

  alias l='ls -CF'

  alias la='ls -A'

  alias ll='ls -alF'

  alias ls='ls --color=auto'

（4）输入输出重定向。

执行一个 Shell 命令行时通常会自动打开 3 个标准文件：标准输入文件（stdin），通常对应终端的键盘；标准输出文件（stdout）和标准错误输出文件（stderr），这两个文件都对应终端的屏幕。进程将从标准输入文件中得到输入数据，将正常输出数据输出到标准输出文件中，而将错误信息送到标准错误文件中。

　　输入重定向是指把命令（或可执行程序）的标准输入重定向到指定文件中。也就是说，输入可以不来自键盘，而来自一个指定的文件。所以说，输入重定向主要用于改变一个命令的输入源，特别是改变那些需要大量输入的输入源。

　　输出重定向是指把命令（或可执行程序）的标准输出或标准错误输出重新定向到指定文件中。这样，该命令的输出就不显示在屏幕上，而是写入到指定文件中。输出重定向使用>（覆盖）或>>（追加）。

　　输入重定向实例：

```
root@ubuntu:/home# cat</home/hwd/file
bin
boot
cdrom
dev
etc
home
initrd.img
initrd.img.old
lib
lib64
lost+found
media
…
```

　　输出重定向实例：

```
root@ubuntu:/# ls                       显示当前目录内容（用于和后面的命令对比）
bin     dev   initrd.img      lib64        mnt   root  snap  tmp  vmlinuz
boot    etc   initrd.img.old  lost+found   opt   run   srv   usr  vmlinuz.old
cdrom   home  lib             media        proc  sbin  sys   var
root@ubuntu:/# ls >/home/hwd/file       将显示的当前目录内容输出到文件中
root@ubuntu:/# cat /home/hwd/file       显示文件内容，和上面一致
bin
boot
cdrom
dev
etc
home
initrd.img
initrd.img.old
lib
lib64
lost+found
media
mnt
opt
proc
root
```

```
run
sbin
snap
srv
sys
tmp
usr
var
vmlinuz
vmlinuz.old
```

（5）管道。

管道就是前一个命令的输出作为后一个命令的输入。管道可以把一系列命令连接起来，这意味着第一个命令的输出会通过管道传给第二个命令而作为第二个命令的输入，第二个命令的输出又会作为第三个命令的输入，依此类推。而管道行中最后一个命令的输出才会显示在屏幕上。例如：

```
root@ubuntu:/home# cat /home/hwd/file|grep "mg"
initrd.img
initrd.img.old
```

这个管道将把 cat 命令（列出一个文件的内容）的输出送给 grep 命令。grep 命令在输入里查找单词 mg，grep 命令的输出则是所有包含单词 mg 的行。再如：

```
root@ubuntu:/home# cat /home/hwd/file|grep "mg"|wc -l
2
```

这个管道将把 cat 命令（列出一个文件的内容）的输出送给 grep 命令。grep 命令在输入里查找单词 mg，grep 命令的输出则是所有包含单词 mg 的行，这个输出又被送给 wc 命令。带-l 选项的 wc 命令将统计输入里的行数（本例中行数为 2）。

（6）顺序连接多个命令。

实例：

```
# ls; cd   / ; mount   /dev/cdrom; init 0
```

（7）通配符。

Bash 支持以下 3 种通配符：

● *：匹配任何字符和任何数目的字符。

● ?：匹配任何单字符。

● [...]：匹配任何包含在括号里的单字符。

* 通配符的使用有些像命令补全。例如，假设当前目录包含以下文件：

```
News/  bin/  games/  mail/  samplefile  test/
```

如果想进入 test 目录，则键入下列命令：

```
#cd   t*
```

因为*表示匹配任何字符和任何数目的字符，所以 Shell 将把 t*替换为 test（当前目录里唯一和通配方案匹配的文件）。通配符*的一个更实际的用途是通配你要执行的命令中的多个名字相似的文件。例如，假设当前目录里包含以下文件：

```
ch1.doc  ch2.doc  ch3.doc  chimp  config  mail/  test/  tools/
```

如果需要显示所有扩展名是.doc 的文件，可以使用如下简化的命令：

```
#ls   *.doc
```

通配符?除了只能匹配单个字符外，其他功能都与通配符*相同。

通配符[...]能匹配中括号中给出的字符或字符范围。同样以上面的目录为例，显示该目录中所有扩展名是.doc 的文件，可以键入下列命令：

```
#ls   ch[123].doc
```

或者

```
#ls   ch[1-3].doc
```

本章小结

Linux 各发行版本一般默认提供 4 个工作区，还可以设置成 6 个或者更多个工作区，各工作区之间互不影响。

在操作 Linux 系统的一般工作中，尽量使用普通用户账户操作，当需要 root 权限的时候再通过身份切换的方式切换至 root 管理员身份，这样能保证系统的安全性。

文件、目录操作命令包括：

（1）显示当前目录的完整路径命令 pwd。

（2）改变当前路径命令 cd。

（3）建立目录命令 mkdir。

（4）删除目录命令 rmdir。

（5）列出当前目录的内容命令 ls。

（6）复制文件或目录命令 cp。

（7）删除文件或目录命令 rm。

（8）移动文件或将文件改名命令 mv。

（9）查看文件内容、创建文件、文件合并命令 cat（切记>的意思是创建，>>的意思是追加）。

（10）显示文件内容或输出查看命令 more。

（11）查看文件内容命令 less。

（12）显示文件内容的前几行命令 head。

（13）显示文件内容的最后几行命令 tail。

（14）建立一个空文件命令 touch。

（15）建立链接文件命令 ln。

（16）查找文件内容命令 grep。

（17）显示文件的类型信息命令 file。

（18）定位文件命令 locate。

（19）查找目录命令 find。

以上命令的众多参数，记住常用的即可，需要时可查阅资料。

Bash 的几种特性：命令自动补全、命令历史记录 history、别名 alias、输入输出重定向、管道、顺序连接多个命令、通配符。

习题

1．什么是重定向？什么是管道？

2．完成以下操作：

（1）显示系统时间，并将系统时间修改为 2017 年 10 月 1 日。

（2）查看 ls 命令中-s 选项的帮助信息。

（3）查看/etc 目录下所有文件和子目录的详细信息。

（4）用 cat 命令在用户主目录下创建一个名为 f1 的文本文件，内容为"Linux is useful for us all. You can never imagine how great it is."。

（5）向文件 f1 中添加内容"Why not have a try?"。

（6）统计 f1 文件的行数、单词数和字符数，并将统计结果存放在 countf1 文件中。

（7）将 f1 文件和 countf1 文件合并为 f 文件。

（8）显示/bin/目录中所有以 c 为首字母、文件名只有 3 个字符的文件和目录。

3．完成以下操作：

（1）用 ls 命令列出当前目录下的内容，同时列出该文件或目录的大小。

（2）用 sort 命令将当前目录下的文件按照大小排序。

（3）用 head 和 tail 命令分别查看文件的前几行和后几行记录。

（4）用 find 命令查找当前目录下名为 number 的文件。

第 5 章　Linux 文件系统管理

本章内容是 Linux 操作系统的精华部分，也是学习 Linux 的重要一章。Linux 文件系统与我们常见的 Windows 文件系统有很大的区别。本章首先讲解 Linux 文件系统的类型和特点及其与 Windows 的区别，便于读者区别学习；然后对 Linux 文件系统的目录结构及功能逐一介绍，为后续学习打好基础；最后讲解 Linux 文件及目录的访问权限问题，这是一个关系到系统安全的重要内容，对权限的理解和对访问权限的设置要在实践中多体会。对拥有者和组的改变也要充分理解。

- Linux 文件系统的类型及特点
- Linux 下的文件命名规范
- Linux 系统目录介绍
- Linux 文件及目录的访问权限设置
- 改变文件/目录的拥有者——chown 命令
- 文件管理器改变权限

5.1　文件系统

文件系统是操作系统用于明确磁盘或分区上文件的方法和数据结构，即在磁盘上组织文件的方法。文件系统是整个操作系统中重要的组成部分，是操作系统正常运行的基本条件。了解 Linux 文件系统对深入学习和研究 Linux 是非常重要的。

5.1.1　Linux 文件系统的类型及特点

在系统中，每个分区都是一个文件系统，都有自己的目录层次结构。Linux 最重要的特征之一就是支持多种文件系统，因此它更加灵活，并可以和其他许多种操作系统共存。虚拟文件系统（Virtual File System）使得 Linux 可以支持多个不同的文件系统。由于系统已将 Linux 文件系统的所有细节进行了转换，所以 Linux 核心的其他部分及系统中运行的程序将看到统一的文件系统。Linux 的虚拟文件系统允许用户同时能透明地安装许多不同的文件系统。虚拟文件系统是为给 Linux 用户提供快速且高效的文件访问服务而设计的。

Linux 文件系统与常见的 Windows 文件系统的一些明显差异如下：

（1）Linux 只有一个单独的顶级目录结构。

　　所有一切都从根目录开始，用斜杠"/"代表根，并且延伸到子目录。Windows 文件系统有不同的分区，同时目录都存于分区上（有盘符如 C:、D:）。Linux 文件系统则通过加载的方式把所有分区都放置在根下指定的目录里。Windows 文件系统下最接近根的是 C:盘。简单地说，Windows 的目录结构属于分区，而 Linux 的分区加载于目录结构。Linux 使用斜杠"/"作为目录分隔符，而 Windows 使用反斜杠"\"作为目录分隔符。

　　（2）权限上的差异。

　　Windows 用户分为两类：超级用户和普通用户。在安装一些软件的时候才有用户的限制。而 Linux 用户分为 4 类：超级管理员（也就是有 root 权限的用户，简称"root 用户"）、普通用户、同组用户和其他用户。root 用户可以拥有任何操作。普通用户拥有自己的主目录和文件，并拥有文件分配权限，可以对其他用户授权，权限分为读、写和运行。Linux 可以对每一个文件进行授权，而用户只能对自己有权限的文件进行授权。Linux 通过文件访问权限来判断文件是否为可执行文件。任何一个文件都可以被赋予可执行权限，这样程序和脚本的创建者或管理员可以将它们识别为可执行文件，这样做有利于系统安全。保存到系统上的可执行文件不能自动执行，这样就可以防止脚本病毒。

　　（3）Linux 下的文件命名规范。

　　Linux 不使用文件扩展名来识别文件的类型，而是根据文件的头内容来识别类型。虽然为了提高文件可读性仍可以使用文件扩展名，但这对 Linux 系统来说没有任何作用。不过有一些应用程序，如 Web 服务器，可能使用命名约定来识别文件类型，但这只是特定的应用程序的要求，而不是 Linux 系统本身的要求。

　　Linux 文件系统分类如下：

　　Ext2：早期 Linux 中常用的文件系统。

　　Ext3：Ext2 的升级版，带日志功能。

　　Ext4：Ext3 的升级版，有大幅度改动。

　　RAMFS：内存文件系统，速度很快。

　　NFS：网络文件系统，由 SUN 公司研发，主要用于远程文件共享。

　　MS-DOS：MS-DOS 文件系统。

　　VFAT：Windows 95/98 操作系统采用的文件系统。

　　FAT：Windows XP 操作系统采用的文件系统。

　　NTFS：Windows NT/XP 操作系统采用的文件系统。

　　HPFS：OS/2 操作系统采用的文件系统。

　　PROC：虚拟的进程文件系统。

　　ISO9660：大部分光盘采用的文件系统。

　　ufsSun：OS 采用的文件系统。

　　NCPFS：Novell 服务器采用的文件系统。

　　SMBFS：Samba 的共享文件系统。

　　XFS：由 SGI 开发的先进的日志文件系统，支持超大容量文件。

　　JFS：IBM 的 AIX 使用的日志文件系统。

　　ReiserFS：基于平衡树结构的文件系统。

　　udf：可擦写的数据光盘文件系统。

　　Ext4 文件系统是一种针对 Ext3 系统的扩展日志式文件系统，是 Linux 开发的原始扩展文件系统（Ext 或 ExtFS）的第四版。Linux Kernel 自 2.6.28 版开始正式支持新的文件系统 Ext4。Ext4 可以提供更好的性能和可靠性，以及更为丰富的功能。相对于 Ext3，Ext4 的特点如下：

　　1）与 Ext3 兼容。只须执行若干条命令，就能从 Ext3 在线迁移到 Ext4，而无须重新格式化磁盘或重新安装系统。原有 Ext3 的数据结构照样保留，Ext4 作用于新数据，因此整个文件系统也就获得了 Ext4 所支持的更大容量。

　　2）更大的文件系统和更大的文件。较之 Ext3 目前所支持的最大 16TB 文件系统和最大 2TB 文件，Ext4 分别支持 1EB（1EB=1024PB，1PB=1024TB）的文件系统和 16TB 的文件。

　　3）无限数量的子目录。Ext3 目前只支持 32000 个子目录，而 Ext4 支持无限数量的子目录。

　　4）Extents。Ext3 采用间接块映射方式，当操作大文件时，效率极其低下。比如一个 100MB 大小的文件，在 Ext3 中要建立 25600 个数据块（每个数据块大小为 4KB）的映射表。而 Ext4 引入了现代文件系统中流行的 Extents 概念，每个 Extent 为一组连续的数据块，上述文件则表示为"该文件数据保存在接下来的 25600 个数据块中"，极大地提高了效率。

　　5）多块分配。当写入数据到 Ext3 文件系统中时，Ext3 的数据块分配器每次只能分配一个 4KB 的块，写一个 100MB 文件就要调用 25600 次数据块分配器，而 Ext4 的多块分配器（Multiblock Allocator，mballoc）则支持一次调用分配多个数据块。

　　6）延迟分配。Ext3 的数据块分配策略是尽快分配，而 Ext4 和其他现代文件操作系统的策略是尽可能地延迟分配，直到文件在 Cache 中写完才开始分配数据块并写入磁盘，这样就能优化整个文件的数据块分配，与（4）（5）中的两种特性搭配起来可以显著地提高性能。

　　7）提高 fsck 命令速度。以前执行 fsck 命令时第一步就会很慢，因为它要检查所有的索引节点（inode），而现在 Ext4 给每个组的 inode 表中都添加了一份未使用的 inode 的列表，之后 fsck Ext4 文件系统就可以跳过它们而只去检查那些在用的 inode 了。

　　8）日志校验。日志是最常用的部分，也是极易导致磁盘硬件故障的部分，而从损坏的日志中恢复数据会导致更多的数据损坏。Ext4 的日志校验功能可以很方便地判断日志数据是否损坏，它将 Ext3 的两阶段日志机制合并成一个阶段，在增加安全性的同时提高了性能。

　　9）无日志（No Journaling）模式。日志总归会有一些开销，Ext4 允许关闭日志，以便某些有特殊需求的用户可以借此提高性能。

　　10）在线碎片整理功能。尽管 Extents、多块分配和延迟分配能有效减少文件系统碎片，但碎片还是不可避免会产生。Ext4 支持在线碎片整理功能，并将提供 e4defrag 工具进行个别文件或整个文件系统的碎片整理。

　　11）inode 相关特性。Ext4 支持更大的 inode，较之 Ext3 默认的 inode 为 128 字节，为了在 inode 中容纳更多的扩展属性（如纳秒时间戳或 inode 版本），Ext4 默认 inode 大小为 256 字节。Ext4 还支持快速扩展属性（Fast Extended Attributes）和 inode 保留属性。

　　12）持久预分配（Persistent Preallocation）。P2P 软件为了保证下载文件有足够的空间存放，常常会预先创建一个与所下载文件大小相同的空文件，以免未来的数小时或数天之内由于磁盘空间不足导致下载失败。Ext4 在文件系统层面实现了持久预分配并提供相应的 API（libc 中的 posix_fallocate()），比应用软件自身实现更有效率。

　　13）默认启用 barrier 属性。磁盘上配有内部缓存，以便重新调整批量数据的写操作顺序，优化写入性能，因此文件系统必须在日志数据写入磁盘之后才能写 commit 记录，若 commit

记录写入在先，而日志有可能损坏，那么就会影响数据完整性。Ext4 默认启用 barrier，只有当 barrier 之前的数据全部写入磁盘，才能写 barrier 之后的数据。可通过"mount -o barrier=0"命令禁用该特性。

5.1.2　Linux 文件系统的结构

Linux 文件系统就是一个树型的分层组织结构，根"/"作为整个文件系统的唯一起点，其他所有目录都从该点出发。Linux 的全部文件都按照一定的用途归类，合理地挂载到这棵"大树"的"树枝"或"树叶"上，而这些全不用考虑文件的实际存储位置是在硬盘上还是在 CD-ROM 或 USB 存储器中，甚至是在某一网络终端里。

在 Linux 中，将所有硬件都视为文件来处理，包括硬盘分区、CD-ROM、软驱以及其他 USB 移动设备等。为了能够按照统一的方式和方法访问文件资源，Linux 提供了每种硬件设备相应的设备文件。一旦 Linux 系统访问到某种硬件，就将该硬件上的文件系统挂载到目录树中的一个子目录中。例如，用户插入 U 盘，Ubuntu Linux 系统自动识别 U 盘后将其挂载到/media/disk 目录下，而不像 Windows 系统将 U 盘作为新驱动器并表示为 F:盘。

5.1.3　Linux 系统目录介绍

（1）/：根目录。一般根目录下只存放目录，不要存放文件，/etc、/bin、/dev、/lib、/sbin 目录应该和根目录放置在一个分区中。

（2）/bin 和/usr/bin：可执行二进制文件的目录，常用的命令如 ls、tar、mv、cat 等。

（3）/boot：放置 Linux 系统启动时用到的一些文件。/boot/vmlinuz 和/boot/gurb 为 Linux 的内核文件。建议将该目录单独分区，分区大小为 100MB。

（4）/dev：存放 Linux 系统下的设备文件。访问该目录下某个文件相当于访问某个设备，常用的是挂载光驱 mount/dev/cdrom/mnt。

（5）/etc：系统配置文件存放的目录。不建议在此目录下存放可执行文件，重要的配置如 etc/inittab、/etc/fstab、/etc/init.d、/etc/X11、/etc/sysconfig、/etc/xinetd.d 在修改配置文件之前记得备份。注意，/etc/X11 存放与 X Window System 有关的设置。

（6）/home：系统默认的用户家目录。新增用户账户时，用户的家目录都存放在此目录下，~表示当前用户的私有目录，~test 表示用户 test 的私有目录。建议将该目录单独分区，并设置较大的磁盘空间，方便用户存放数据。

（7）/lib、/usr/lib 和/usr/local/lib：系统使用的函数库的目录。程序在执行过程中，需要调用一些额外的参数时需要函数库的协助，比较重要的目录为/lib/modules。

（8）/lost+fount：系统异常产生错误时会将一些遗失的片段放置于此目录下，通常这个目录会自动出现在装置目录下。例如加载硬盘于/disk 中，此目录下就会自动产生目录/disk/lost+found。

（9）/mnt 和/media：光盘默认挂载点。通常光盘挂载于/mnt/cdrom 下，也可以选择任意位置进行挂载。

（10）/opt：给主机额外安装软件所存放的目录。如自行安装新的 KDE 桌面软件，可以将该软件安装在该目录下。在以前的 Linux 系统中，习惯放置在/usr/local 目录下。

（11）/proc：这是一个虚拟目录，它是内存的映射，包括系统信息和进程信息等，目录的数据都在内存中，如系统核心、外部设备和网络状态。由于数据都存放于内存中，所以不占用磁盘空间。

（12）/root：系统管理员 root 的家目录，系统第一个启动的分区为/，所以最好将/root 和/放置在一个分区下。

（13）/sbin、/usr/sbin 和/usr/local/sbin：放置系统管理员使用的可执行命令，如 fdisk、shutdown、mount 等。与/bin 不同的是，这几个目录中是给系统管理员 root 使用的命令，一般用户只能查看而不能设置和使用。

（14）/tmp：一般用户或正在执行的程序临时存放文件的目录，任何人都可以访问，重要数据不可以放置在此目录下。

（15）/srv：服务启动之后需要访问的数据目录，如 WWW 服务需要访问的网页数据存放在/srv/www 内。

（16）/usr：应用程序存放目录。具体目录和存放内容如下：

- /usr/bin：存放应用程序。
- /usr/share：存放共享数据。
- /usr/lib：存放不能直接运行却是许多程序运行所必需的一些函数库文件。
- /usr/local：存放软件升级包。
- /usr/share/doc：存放系统说明文件。
- /usr/share/man：存放程序说明文件，使用 man ls 时会查询/usr/share/man/man1/ls.1.gz 的内容，建议将该目录单独分区，设置较大的磁盘空间。

（17）/var：放置系统执行过程中经常变化的文件，如随时更改的日志文件/var/log。具体目录和存放内容如下：

- /var/log/message：存放所有的登录文件。
- /var/spool/mail：存放邮件。
- /var/run：程序或服务启动后，其 PID 存放在该目录下。建议将该目录单独分区，设置较大的磁盘空间。

5.2　Linux 文件及目录的访问权限设置

Linux 中的每一个文件或目录都包含访问权限，这些访问权限决定了谁能访问和如何访问这些文件和目录。

可以通过设定以下 3 种访问方式来限制访问权限：只允许用户自己访问、允许一个预先指定的用户组中的用户访问、允许系统中的任何用户访问。用户还能够控制一个给定的文件或目录的访问程度。一个文件或目录可能有读、写及执行权限。当创建一个文件时，系统会自动赋予文件所有者读和写的权限，这样可以允许所有者显示和修改文件内容。文件所有者可以将这些权限改变为任何他想指定的权限。一个文件可能只有读权限，禁止任何修改；也可能只有执行权限，允许它像一个程序一样执行。

以下 3 种不同类型的用户能够访问一个目录或者文件：所有者、用户组和其他用户。所有者就是创建文件的用户，用户是其创建的文件的所有者，用户可以允许所在的用户组访问用户的文件。通常，若干用户可以合并成一个用户组，例如，某一类或某一项目中的所有用户都能够被系统管理员归为一个用户组，一个用户能够授予所在用户组的其他成员的文件访问权限。用户也可将自己的文件向系统内的所有用户开放，在这种情况下，系统内的所有用户都能够访问该用户的目录或文件。在这种意义上，系统内的其他所有用户就是其他用户类。

每一个用户都有它自身的读、写和执行权限。第一套权限控制访问自己的文件权限，即所有者权限；第二套权限控制用户组访问其中一个用户的文件的权限；第三套权限控制其他所有用户访问一个用户的文件的权限，这三套赋予不同类型的用户（即所有者、用户组和其他用户）的读、写及执行的权限就构成了一个有 9 种类型的权限组。

5.2.1 一般权限

可以用 ls -l 命令显示文件的详细信息，其中包括权限，如下：

```
root@hwd-virtual-machine:/# ls -l
总用量 96
drwxr-xr-x     2 root root     4096    12 月    2 11:13 bin
drwxr-xr-x     3 root root     4096    1 月     14 12:26 boot
drwxr-xr-x     2 root root     4096    12 月    2 11:10 cdrom
drwxr-xr-x    15 root root     4260    1 月     14 12:30 dev
drwxr-xr-x   134 root root    12288    1 月     14 12:27 etc
drwxr-xr-x     8 root root     4096    1 月     14 17:12 home
lrwxrwxrwx     1 root root       32    12 月    2 11:12 initrd.img -> boot/initrd.img-3.5.0
```

使用 ls 的-l 选项可以较完整的形式显示文件的类型（第一位）和权限（后九位）。其中第一位文件类型的可变字符如下：

- -：普通文件。
- B：特殊块文件（存储在/dev 目录下）。
- C：特殊字符文件（存储在/dev 目录下）。
- d：目录。
- L：软链接。
- P：FIFO（管道文件）。
- S：Socket（套接字文件）。

第 2～10 个字符用来表示权限。

下面详细介绍一下权限的种类和设置权限的方法。一般权限第 2～10 个字符当中的每 3 个为一组，左边 3 个字符表示所有者权限，中间 3 个字符表示与所有者同一组的用户的权限，右边 3 个字符表示其他用户的权限。这 3 个一组共 9 个字符，代表的意义如下：

（1）r（read，读取）：对文件而言，具有读取文件内容的权限；对目录来说，具有浏览目录的权限。

（2）w（write，写入）：对文件而言，具有新增、修改文件内容的权限；对目录来说，具有删除和移动目录内文件的权限。

（3）x（execute，执行）：对文件而言，具有执行文件的权限；对目录来说，该用户具有进入目录的权限。

（4）-：表示不具有该项权限。

下面举例进行说明。

-rwx------：文件所有者对文件具有读取、写入和执行的权限。

-rwxr--r--：文件所有者具有读取、写入与执行的权限，其他用户则具有读取的权限。

-rw-rw-r-x：文件所有者与同组用户对文件具有读取和写入的权限，而其他用户仅具有读取和执行的权限。

drwx--x--x：目录所有者具有读写与进入目录的权限，其他用户只能进入该目录，却无法读取任何数据。

Drwx------：除了目录所有者具有完整的权限之外，其他用户对该目录完全没有任何权限。每个用户都拥有自己的专属目录，通常集中放置在/home 目录下，这些专属目录的默认权限为 rwx------，表示目录所有者本身具有所有权限，其他用户无法进入该目录。执行 mkdir 命令所创建的目录时，其默认权限为 rwxr-xr-x，用户可以根据需要修改该目录的权限。

5.2.2　字符权限与数字权限的转换

有时候，使用字符来表示权限似乎过于麻烦，这时可使用另外一种方法——以数字来表示权限，而且仅需 4 个数字：r 对应数值 4，w 对应数值 2，x 对应数值 1，-对应数值 0。

若要具备多个权限，把相应的 4、2、1、0 相加即可，例如：

- 若要具备 rwx 权限，则 4+2+1=7。
- 若要具备 rw-权限，则 4+2+0=6。
- 若要具备 r-x 权限，则 4+0+1=5。
- 若要具备 r--权限，则 4+0+0=4。
- 若要具备-wx 权限，则 0+2+1=3。
- 若要具备-w-权限，则 0+2+0=2。
- 若要具备--x 权限，则 0+0+1=1。
- 若要具备---权限，则 0+0+0=0。

或者将 rwx 看成二进制数，如果相应位上有代表权限的字母，则用 1 表示，没有则用 0 表示，那么 rwx r-x r--则可以表示成为 111 101 100，再将其每三位转换成为一个八进制数，就是 754，例如：

- -rwx------所表示的八进制数字为 700。
- -rwxr--r--所表示的八进制数字为 744。
- -rw-rw-r-x 所表示的八进制数字为 665。
- Drwx--x--x 所表示的八进制数字为 711。
- Drwx---r--所表示的八进制数字为 704。

5.2.3　特殊权限

除上述权限外，文件与目录的设置权限还有特殊权限。由于特殊权限会拥有一些特权，因此用户若无特殊需求，不要启用这些权限，以避免安全方面出现严重漏洞。每个文件都有一个所有者，表示该文件是谁创建的，同时该文件还有一个组编号，表示其所属的组，一般为文件所有者所属的组。如果是一个可执行文件，那么在执行时，一般该文件只拥有调用该文件的用户所具有的权限，而 setuid 和 setgid 可以改变这种设置。

（1）s 或 S（SUID，Set UID）。

当 s 出现在文件所有者的 x 权限位上时（例如文件权限状态为-rwsr-xr-x）就称为 Set UID。

该位是让普通用户可以以 root 用户的身份运行只有 root 账户才能运行的程序或命令。比如用普通用户身份运行 passwd 命令来更改自己的口令时，实际上最终更改的是/etc/passwd 文件，而/etc/passwd 文件是用户管理的配置文件，只有 root 权限的用户才能更改。

        root@ubuntu:/# ls -l /etc/passwd
        -rw-r--r-- 1 root root 2621 Feb   6 00:32 /etc/passwd

普通用户不能通过修改/etc/passwd 文件来修改自己的口令。但是普通用户可以通过 passwd 命令来修改自己的口令。passwd 命令的权限如下：

        root@ubuntu:/# ls -l /usr/bin/passwd
        -rwsr-xr-x 1 root root 54256 Sep 20 00:43 /usr/bin/passwd

因为/usr/bin/passwd 文件已经设置了 setuid 权限位（也就是-rwsr-xr-x 中的 s），所以普通用户能临时变成 root 用户，间接修改/etc/passwd，以达到修改自己口令的目的。

SUID 的限制和功能如下：

- SUID 权限仅对二进制程序有效。
- 执行者对该程序需要具有 x 的可执行权限。
- 本权限仅在执行该程序的过程中有效。
- 执行者将具有该程序所有者的权限。
- SUID 只能用在文件上，不能用在目录。

（2）s 或 S（SGID，Set GID）。

当 s 出现在用户组的 x 权限位上时称为 SGID，该权限只对目录有效。使用者若有此目录的 x 和 w 权限，则可进入和修改此目录。目录被设置该位后，任何用户在此目录下创建的文件都具有和该目录所属的组相同的组。

SGID 功能如下：

- SGID 对二进制程序有效。
- 程序执行者对该程序需要具有 x 权限。
- 执行者在执行过程中会获得该程序用户组的支持。

（3）t 或 T（Sticky 粘滞位）。

t 出现在文件其他用户的 x 权限位上时，该位可以理解为防删除位。一个文件是否可以被某用户删除，主要取决于该文件所属的组是否对该用户具有写入权限。如果没有写入权限，则这个目录下的所有文件都不能被删除，同时也不能添加新的文件。如果希望用户能够添加文件但同时不能删除文件，则可以对文件使用 Sticky Bit（粘滞位）。设置该位后，就算用户对目录具有写入权限，也不能删除该文件。

例如，/tmp 是系统的临时文件目录，所有的用户在该目录下拥有所有的权限，即所有用户都可以在该目录下任意创建、修改和删除文件。如果某用户 W 在该目录下创建了一个文件，而另外一个用户 V 将该文件删除了，这种情况是不能允许的。为了防止这种情况，就出现了粘滞位的概念。它是针对目录来说的，如果该目录设置了粘滞位，则该目录下的文件除了该文件的创建者和 root 用户外，别的用户都不可以删除和修改，这就是粘滞位的作用。

因为 SUID、SGID、Sticky 占用 x 的位置来表示，所以在表示上会有大小写之分。如果同时开启执行权限 SUID、SGID、Sticky，则权限表示字符是小写的：

        -rwsr-sr-t 1 root root 4096 6 月 23 08:17 conf

如果关闭执行权限，则表示字符会变成大写：

-rwSr-Sr-T 1 root root 4096 6 月　23 08:17 conf

采用八进制：对一般文件通过三组八进制数字来设置标志，如 666、777、644 等。如果设置这些特殊标志，则在这组数字之外再另加一组八进制数字，如 4666、2777 等。这组八进制数字三位的意义如下：

　　　　abc

- a：setuid 位，如果该位为 1，则表示设置 setuid 4---。
- b：setgid 位，如果该位为 1，则表示设置 setgid 2---。
- c：sticky 位，如果该位为 1，则表示设置 sticky 1---。

设置完这些标志后，可以用 ls -l 来查看。如果有这些标志，则会在原来的执行标志位置上显示。例如：

- rwsrw-r--：表示有 setuid 标志。
- rwxrwsrw-：表示有 setgid 标志。
- rwxrw-rwt：表示有 sticky 标志。

那么原来的执行标志 x 到哪里去了？系统是这样规定的：如果本来在该位上有 x，则这些特殊标志显示为小写字母（s，s，t），否则显示为大写字母（S，S，T）。有时会发现设置了 s 或 t 权限，但却变成了 S 或 T，这是因为在那个位上没有给它 x（可执行）的权限，这样的设置是不会有效的。可以先给它赋上 x 的权限，然后再设置 s 或 t 权限。

注意：使用 setuid 和 setgid 会面临风险，所以尽量少用。

5.2.4　改变访问权限——chmod 命令

chmod 命令是非常重要的，用于改变文件或目录的访问权限。只有文件属主或特权用户才能使用该功能来改变文件存取模式。该命令有两种用法：一种是包含字母和操作符表达式的文字设定法，另一种是包含数字的数字设定法。

（1）文字设定法。

格式：chmod [who] [+ | - | =] [mode] 文件名

操作对象 who 可以是下述字母中的任一个或者它们的组合：

- u：表示用户（user），即文件或目录的所有者。
- g：表示同组（group）用户，即与文件属主有相同组 ID 的所有用户。
- o：表示其他（others）用户。
- a：表示所有（all）用户，它是系统默认值。

操作符号可以是如下字符：

- +：添加某个权限。
- -：取消某个权限。
- =：赋予给定权限并取消其他所有权限（如果有的话）。

设置 mode 所表示的权限可用下述字母的任意组合：

- r：可读。
- w：可写。
- x：可执行。
- X：只有目标文件对某些用户是可执行的或该目标文件是目录时才追加 x 属性。

- s：在文件执行时把进程的属主或组 ID 置为该文件的文件属主。方式"u+s"设置文件的用户 ID 位，"g+s"设置组 ID 位。
- t：将程序的文本保存到交换设备上。
- u：与文件属主拥有一样的权限。
- g：与和文件属主同组的用户拥有一样的权限。
- o：与其他用户拥有一样的权限。

文件名是以空格分开的要改变权限的文件列表，支持通配符。

在一个命令行中可给出多个权限方式，其间用逗号隔开。例如"chmod g+r,o+r example"表示使同组和其他用户对文件 example 有读权限。

（2）数字设定法。

先来了解用数字表示的属性的含义：0 表示没有权限，1 表示可执行权限（x），2 表示可写权限（w），4 表示可读权限（r），然后将其相加。所以数字属性的格式应为 3 个 0～7 的八进制数，其顺序是所有者权限（u）、组权限（g）和其他用户权限（o）。

例如，如果想让某个文件的属主有读和写两种权限，需要表示为 4（可读）+2（可写）=6（读/写）。

格式：chmod [mode] 文件名

（3）实例。

1）文字设定法。

例 1   root@ubuntu:/home/huangwd# ls -l aa.txt   显示 aa.txt 的权限信息，为修改后作对比

       -rw-r--r-- 1 root root 0 Jan 24 04:43 aa.txt

       root@ubuntu:/home/huangwd# chmod a+x aa.txt

       root@ubuntu:/home/huangwd# ls -l aa.txt

       -rwxr-xr-x 1 root root 0 Jan 24 04:43 aa.txt

本实例修改文件 aa.txt 的属性：文件属主（u）增加执行权限，与文件属主同组用户（g）增加执行权限，其他用户（o）增加执行权限。

例 2   root@ubuntu:/home/huangwd# chmod ug+w,o-w aa.txt

       root@ubuntu:/home/huangwd# ls -l aa.txt

       -rwxrwxr-x 1 root root 0 Jan 24 04:43 aa.txt

将文件 aa.txt 的权限修改为文件属主（u）增加写权限，与文件属主同组用户（g）增加写权限，其他用户（o）删除执行权限。

例 3   #chmod a-x aa.txt

       #chmod -x aa.txt

       #chmod ugo-x aa.txt

以上这 3 个命令都是将文件 aa.txt 的执行权限删除，它设定的对象为所有使用者。

2）数字设定法。

例 1   root@ubuntu:/home/huangwd# chmod 664 aa.txt

       root@ubuntu:/home/huangwd# ls -l aa.txt

       -rw-rw-r-- 1 root root 0 Jan 24 04:43 aa.txt

文件属主（u）root 用户拥有读写权限，与文件属主同组的用户（g）拥有读写权限，其他用户（o）拥有读权限。

例 2　root@ubuntu:/home/huangwd# chmod 750 aa.txt

　　　　root@ubuntu:/home/huangwd# ls -l aa.txt

　　　　-rwxr-x--- 1 root root 0 Jan 24 04:43 aa.txt

文件 aa.txt 的属性：文件属主本人（u）root 用户拥有读写和执行权，与文件属主同组人（g）拥有读和执行权，其他用户（o）没有任何权限。

5.2.5　改变文件/目录的拥有者——chown 命令

chown 命令将指定文件的拥有者改为指定的用户或组，被指定的用户可以是用户名或者用户 ID；被指定的组可以是组名或者组 ID；文件是以空格分开的要改变权限的文件列表，支持通配符。系统管理员经常使用 chown 命令，在将文件拷贝到另一个用户的目录下之后，让用户拥有使用该文件的权限。

格式：chown [参数]... [所有者][:[组]]　文件...

命令功能：通过 chown 改变文件的拥有者和群组。在更改文件的所有者或所属群组时，可以使用用户名称和用户识别码设置。普通用户不能将自己的文件改变成其他的拥有者，其操作权限一般为管理员。

必要参数说明：

- -c：显示更改部分的信息。
- -f：忽略错误信息。
- -h：修复符号链接。
- -R：处理指定目录及其子目录下的所有文件。
- -v：显示详细的处理信息。
- -deference：作用于符号链接的指向而不是链接文件本身。

选择参数说明：

- --reference=<目录或文件>：把指定的目录或文件作为参考，使被操作的目录或文件与参考的目录或文件有相同的拥有者和群组。
- --from=<当前用户:当前群组>：只有当前用户和群组与指定的用户和群组相同时才进行改变。
- --help：显示帮助信息。
- --version：显示版本信息。

实例：改变拥有者和群组。

改变之前查看：

root@ubuntu:/home/huangwd# ls -l

total 60

-rwxr-x--- 1 root　　　root　　　　0 Jan 24 04:43 aa.txt

drwxr-xr-x 4 huangwd huangwd 4096 Jan 21 18:31 Desktop

-rw-r--r-- 1 huangwd huangwd 8980 Jan 18 22:55 examples.desktop

drwxr-xr-x 2 huangwd huangwd 4096 Jan 19 00:52　下载

drwxr-xr-x 2 huangwd huangwd 4096 Jan 19 00:52　公共的

drwxr-xr-x 2 huangwd huangwd 4096 Jan 19 00:52　图片

drwxr-xr-x 2 huangwd huangwd 4096 Jan 19 00:52　文档

drwxr-xr-x 2 huangwd huangwd 4096 Jan 21 18:28　新建文件夹

```
drwxr-xr-x 2 huangwd huangwd 4096 Jan 19 00:52 桌面
drwxr-xr-x 2 huangwd huangwd 4096 Jan 19 00:52 模板
drwxr-xr-x 2 huangwd huangwd 4096 Jan 19 00:52 视频
drwxr-xr-x 2 huangwd huangwd 4096 Jan 19 00:52 音乐
root@ubuntu:/home/huangwd# chown root:root examples.desktop
```

改变之后查看：

```
root@ubuntu:/home/huangwd# ls -l
total 60
-rwxr-x--- 1 root     root        0 Jan 24 04:43 aa.txt
drwxr-xr-x 4 huangwd huangwd 4096 Jan 21 18:31 Desktop
-rw-r--r-- 1 root     root     8980 Jan 18 22:55 examples.desktop
drwxr-xr-x 2 huangwd huangwd 4096 Jan 19 00:52 下载
drwxr-xr-x 2 huangwd huangwd 4096 Jan 19 00:52 公共的
drwxr-xr-x 2 huangwd huangwd 4096 Jan 19 00:52 图片
drwxr-xr-x 2 huangwd huangwd 4096 Jan 19 00:52 文档
drwxr-xr-x 2 huangwd huangwd 4096 Jan 21 18:28 新建文件夹
drwxr-xr-x 2 huangwd huangwd 4096 Jan 19 00:52 桌面
drwxr-xr-x 2 huangwd huangwd 4096 Jan 19 00:52 模板
drwxr-xr-x 2 huangwd huangwd 4096 Jan 19 00:52 视频
drwxr-xr-x 2 huangwd huangwd 4096 Jan 19 00:52 音乐
```

5.3　文件管理器改变文件/目录的权限

　　本书采用 Ubuntu Linux 系统演示，所以文件管理器打开后，以图 5.1 中的 huangwd 文件夹为例，右击鼠标选中"属性"选项，在"属性"对话框中选择"权限"选项卡。

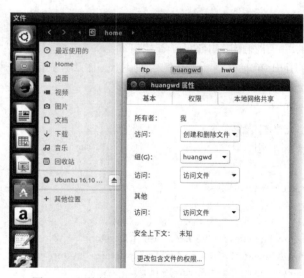

图 5.1　文件管理器改变 huangwd 文件夹的权限

　　将所有者的访问权限修改为"只能列出文件"，其他用户的访问权限也改为"只能列出文件"，如图 5.2 所示。

图 5.2　修改访问权限

本章小结

文件系统是操作系统用于明确磁盘或分区上文件的方法和数据结构，即在磁盘上组织文件的方法。

Linux 只有一个单独的顶级目录结构。所有一切都从根目录开始，用"/"代表根，并且延伸到子目录。Linux 分区加载于目录结构。

Linux 用户分为 4 类：超级管理员（也就是 root 用户）、普通用户、同组用户和其他用户。root 用户可以拥有任何操作。普通用户拥有自己的主目录和文件，并拥有文件分配权限，可以对其他用户授权，权限分为读、写和执行。

要将 Linux 系统目录了解清楚，不同目录存放着不同功能的系统文件，这些系统文件对后续学习很重要。

Linux 中的每一个文件或目录都包含访问权限，这些访问权限决定了谁能访问和如何访问这些文件和目录。

每一个用户都有它自身的读、写和执行权限。第一套权限控制访问自己的文件权限，即所有者权限；第二套权限控制用户组访问其中一个用户的文件的权限；第三套权限控制其他所有用户访问一个用户的文件的权限，这三套权限赋予用户不同类型（即所有者、用户组和其他用户）的读、写及执行权限就构成了一个有 9 种类型的权限组。

字符权限与数字权限的转换仅需 4 个数字：r 对应数值 4，w 对应数值 2，x 对应数值 1，

-对应数值 0，若要具有多个权限，把相应的 4、2、1、0 相加即可。

　　chmod 命令用于改变访问权限。

　　chown 命令将指定文件的拥有者改为指定的用户或组。

　　文件管理器可以改变文件或目录的权限。

习题

　　1．总结 Linux 文件系统的特点及与 Windows 文件系统的区别。

　　2．总结 Linux 文件或目录都包含哪些访问权限。

　　3．将下列数字权限转换成文字权限：

　　　　234　　543　　657　　312　　532　　367

　　4．解释下列命令的功能：

　　　　$ chmod u+x file

　　　　$ chmod 751 file

　　　　$ chmod u=rwx,g=rx,o=x file

　　　　$ chmod =r file

　　　　$ chmod 444 file

　　　　$ chmod a-wx,a+r file

　　　　$ chmod -R u+r directory

　　　　$ chmod 4755

　　5．完成下列要求：

　　（1）将文件 file1.txt 设置为所有者均可读取。

　　（2）将文件 file1.txt 与 file2.txt 设置为该文件所有者及其所属同一个群组均可写入，但其他用户不可写入。

　　（3）将 text 设置为只有该文件所有者才可以执行。

　　（4）将目前目录下的所有文件与子目录都设置为任何人均可读取。

　　6．写出能完成下列要求的命令：

　　（1）将目录/usr/meng 及其下面的所有文件和子目录的文件主改成 user1。

　　（2）将文件 hh.c 的所有者修改为 user2 用户。

第6章 系统用户账户管理

本章讲解 Linux 作为一个多用户多任务的操作系统，如何生成用户和删除用户，如何管理用户密码，如何管理用户组，并介绍与用户相关的两个文件/etc/passwd 和/etc/shadow。用户是使用系统的主体，任何一个要使用系统资源的用户，都必须先向系统管理员申请一个账户，然后以这个账户的身份进入系统。因此，管理好用户并为用户分配合理的资源和使用权限至关重要。

- root 账户管理
- 普通用户账户管理
- useradd、userdel、usermod
- 组的管理
- 与账户相关的系统文件
- 用户管理器

Linux 是一个多用户多任务的操作系统，任何一个要使用系统资源的用户，都必须先向系统管理员申请一个账户，然后以这个账户的身份进入系统。用户的账户一方面可以帮助系统管理员对使用系统的用户进行跟踪，并控制他们对系统资源的访问；另一方面也可以帮助用户组织文件，并为用户提供安全性保护。

和 Windows 一样，Linux 中的每个用户账户都拥有一个唯一的用户名和密码。用户在登录时键入正确的用户名和密码后，就能够进入系统和自己的主目录。

在介绍用户账户的管理时，"账户"也被称为"账号"或"用户"。在使用 Linux 时，不必将命令所附带的参数全部记住，大多数的设置保持系统默认即可，在需要使用特殊命令参数进行操作时，可以从网上获取信息或者查阅相关专业书籍。

6.1 root 账户管理

root 用户是 Linux 系统中默认的第一个超级用户，它对整个计算机系统具有最高的权限，所有的系统设置都需要以 root 用户的权限来完成，包括安装软件及设备、添加和删除用户、启动或关闭网络服务、关闭系统等。root 用户甚至可以直接删除系统文件，导致系统崩溃损坏，所以最好不要轻易将其权限授予其他用户。但是，有些程序的安装和维护工作要求必须有超级用户的权限，在这种情况下，可以利用一些工具让这类用户有部分超级用户的权限或者切换到 root 用户下，下面介绍有关 root 用户的管理命令。

（1）修改 root 用户的密码。

在终端中输入：

```
huangwd@ubuntu:~$ sudo passwd root
```

[sudo] huangwd 的密码：

输入新的 UNIX 密码：

重新输入新的 UNIX 密码：

passwd：已成功更新密码

```
huangwd@ubuntu:~$
```

根据提示依次输入原密码和新密码即可修改 root 用户的密码，需要注意的是，如果操作终端时已经使用 root 用户，则只需要输入新密码即可更改。

```
root@ubuntu:~# passwd root
Enter new UNIX password:
Retype new UNIX password:
passwd: password updated successfully
root@ubuntu:~#
```

（2）从其他用户切换到 root 用户。

在终端中输入：

```
$ su
huangwd@ubuntu:~$ su
```

密码：

```
root@ubuntu:/home/huangwd#
```

或者

```
$ su root
huangwd@ubuntu:~$ su root
```

密码：

```
root@ubuntu:/home/huangwd#
```

或者

```
$ sudo su
huangwd@ubuntu:~$ sudo su
root@ubuntu:/home/huangwd#
```

执行以上任意一条命令，按照提示输入 root 用户的密码后可以发现命令行由$变成#，#代表拥有了 root 权限，也可以认为是切换到了 root 用户，这样便可执行一些普通用户无法执行的操作。

（3）切换回普通用户。

在终端中输入：

```
# exit
```

执行后会发现命令行由#变成$，即切换到普通用户。

实例：

```
huangwd@ubuntu:/$ su
```

密码：

    root@ubuntu:/# exit

    exit

    huangwd@ubuntu:/$

（4）在普通用户状态下使用 root 权限执行命令。

在终端中输入：

    $ sudo　~

~代表需要使用 root 权限执行的命令，在执行完整条命令后，系统会提示输入 root 账户的密码，验证成功后此命令就可临时以最高权限运行了。

实例：

    huangwd@ubuntu:/$ sudo ls /etc

[sudo] huangwd 的密码：

acpi	hostname	protocols
adduser.conf	hosts	pulse
alternatives	hosts.allow	python
anacrontab	hosts.deny	python2.7
apache2	hp	python3
…		

6.2　普通用户账户管理

上一节绍了 Linux 系统里的超级用户 root，它对于整个系统具有至高无上的权力，但这也导致了用户使用 root 账户时可能对系统带来不可预知的风险，所以在使用 Linux 时不建议直接使用 root 账户，而是使用普通用户账户进行操作，每个普通用户账户都由超级用户指定权限，从而保证系统的安全性。本节讲解如何对普通用户账户进行管理。

6.2.1　添加新用户账户

1. 使用图形化方式操作

（1）打开"系统设置"→"用户账户"。

（2）单击右上角的"解锁"按钮，输入 root 密码并确认，然后单击左下角的"+"按钮 ＋，如图 6.1 所示。

（3）在打开的"添加账户"对话框中输入账户全名，Ubuntu 会根据输入的账户全名设置默认用户名，用户也可以自行修改，然后单击"添加"按钮，如图 6.2 所示。

（4）刚添加的账户默认是禁用的，只有为其设置密码后才能启用该账户，在"用户账户"窗口中选中刚添加的用户，单击右侧的"账户已禁用"，在弹出的对话框中设置密码，如图 6.3 所示。需要注意的是，新版本的 Ubuntu 在图形界面下对密码的安全性要求很高，密码需要满足一定的长度和复杂度才能成功设置，可以单击"新密码"文本框右边的小齿轮按钮自动生成强密码，也可单击左下角的"如何选择一个好密码"，然后根据提示进行设置。设置完成后单击"更改"按钮，该用户账户就可以正常登录使用了。

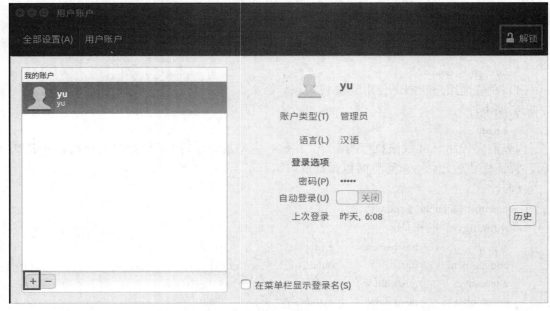

图 6.1 图形用户管理界面

图 6.2 添加用户账户

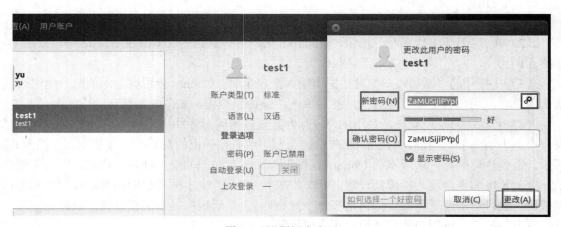

图 6.3 设置用户密码

对于使用图形化方式创建的用户，Ubuntu 会以其用户名自动建立用户主目录，默认路径在根目录的 home 文件夹下，如图 6.4 所示。

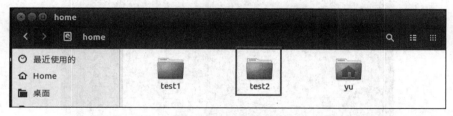

图 6.4 用户根目录

2. 使用命令行方式操作

命令：useradd

部分参数及释义如下：

-d：指定新账户的主目录。

-e：新账户的过期日期。

-h：显示帮助信息。

-m：创建用户的主目录。

-M：不创建用户的主目录。

-r：创建一个系统账户。

-s：指定新账户的登录 Shell。

-U：创建与用户同名的组。

-g：指定用户所属的用户组。

useradd 命令附带有很多参数用于创建账户时改变默认值或默认行为，但在实际使用命令行添加用户时用不到这么多，比较常用的有-g、-m 等，操作示例如下：

　　　　root@ubuntu:~# useradd -g huangwd -m test2
　　　　root@ubuntu:~#

这条命令的含义是建立一个名为 test2 的账户，把它加入到 huangwd 用户组中，并创建用户的主目录，如果不使用-g 和-m 参数，则创建 test2 账户时会自动添加一个名为 test2 的用户组并将其加入该组中，但不会创建该账户的主目录。

使用 useradd 命令创建完新账户后，还需要使用 passwd 命令为它配置一个密码。

命令示例：

　　　　# passwd test2

然后根据提示输入新密码。需要注意的是，在终端中输入密码时屏幕并不会显示，如图 6.5 所示。

图 6.5 更改密码

设置完成后按 Ctrl+Alt+F1 组合键打开一个新终端，可以用 test2 账户成功登录系统，如图 6.6 所示。

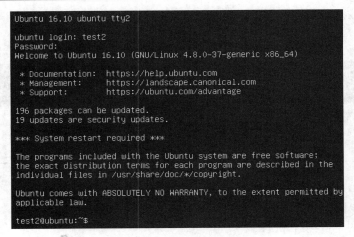

图 6.6 新生成用户登录

6.2.2 删除用户账户

1. 使用图形化方式操作

（1）打开"系统设置"→"用户账户"。

（2）单击右上角的"解锁"按钮，输入 root 密码并确认。

（3）在"用户账户"窗口中选中要删除的账户，单击"-"按钮 ，如图 6.7 所示。

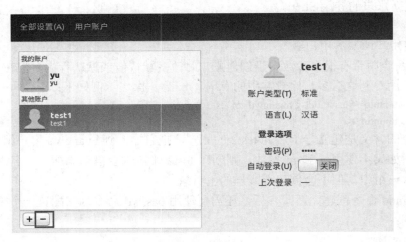

图 6.7 删除用户

（4）在弹出的对话框中可以选择保留或者删除用户的主目录及文件，如图 6.8 所示。

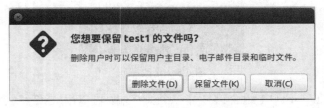

图 6.8 删除用户的主目录及文件

删除完成后再次尝试使用 test2 账户登录系统，可发现系统提示 login incorrect，无法登录系统。

2．使用命令行方式操作

在命令行下使用 userdel 命令操作，实际上删除用户账户就是要将/etc/passwd 等系统文件中对应的用户记录删除。

命令示例：

> #userdel test2

命令执行后 test2 账户会被立即删除，但该用户的主目录还在/home 下，若要在删除账户时同时删除对应的用户主目录，则需要使用-r 参数。

> #userdel -r test2

这样在删除 test2 账户时与其对应的主目录和文件也会被同时删除。需要注意的是，在使用-r 参数删除用户账户时一定要考虑该用户的主目录是否还有用，以防止误删文件。

6.2.3　修改用户账户

使用图形界面或者命令行为 Linux 系统添加用户账户时，Linux 会自动对账户进行一些基本的设置，比如设置用户所属的用户组和该用户登录时所使用的 Shell 等，但 Ubuntu16.04 并没有提供图形化的方式修改这些属性，所以一般会在命令行模式下使用 usermod 命令对用户账户的设置进行修改，而对用户账户进行修改实际上就是对/etc/passwd 文件的更新。下面列举该命令的一些常用参数及释义。

-c：修改用户账户的备注文字。

-d：修改用户登录时的目录。

-e：修改账户的有效期限。

-f：修改在密码过期后多少天即关闭该账户。

-g：修改用户所属的群组。

-l：修改用户账户名称。

-L：锁定用户密码，使密码无效。

-s：修改用户登录后所使用的 Shell。

-u：修改用户 UID。

-U：解除密码锁定。

下面给出部分命令示例。

（1）将 test1 添加到 test 组中。

> # usermod -g users test1

（2）修改 test1 的用户名为 test2。

> # usermod -l test2 test1

（3）锁定账户 test1。

> # usermod -L test1

test1 账户被锁定后尝试使用该账户登录系统，系统提示 login incorrect，无法登录系统。

（4）解除对 test1 的锁定。

> # usermod -U test1

账户解锁后可以使用该账户正常登录系统。

需要注意的是，usermod 不允许改变正在线上的使用者的账户名称。当 usermod 用来改变用户的 UID 时，必须确认该用户没在计算机上执行任何程序。

6.2.4　用户口令管理

在 6.2.1 节中曾提到，从图形界面添加的账户默认是禁用的，只有为其设置密码后才能启用该账户，所以需要为新添加的用户账户设置一个密码，在设置完毕后，还可能会按照用户自己的需要定期修改密码。对于用户账户密码的图形化管理可参考 6.2.1 节，指定和修改用户口令的命令是 passwd。超级用户能为自己和其他用户指定口令，普通用户只能修改自己的口令。

下面是 passwd 常用的部分参数及释义。

-l：锁定口令，即禁用账户。

-u：口令解锁。

-d：使账户无口令（删除密码）。

-k：设置只有在密码过期失效后方能更新。

下面给出部分命令示例。

（1）为 test2 用户设置密码。

```
root@ubuntu:~# passwd test2
Enter new UNIX password:
Retype new UNIX password:
passwd: password updated successfully
root@ubuntu:~#
```

执行命令后根据提示设置密码即可。

（2）删除 test2 用户的密码。

```
root@ubuntu:~# passwd -d test2
passwd: password expiry information changed.
```

（3）锁定 test1 用户，让其无法登录。

```
root@ubuntu:/# passwd -l test1
```

passwd：密码过期信息已更改。

```
root@ubuntu:/# login test1
Password:
Login incorrect
```

6.3　用户组管理

Linux 是一个多用户操作系统，而且每个用户都属于一个用户组，系统能对一个用户组中的用户进行集中管理、统一赋权。不同 Linux 系统对用户组的规定有所不同，如 Ubuntu16.04 的用户默认情况下属于和它同名的用户组，这个用户组在创建用户时同时创建。用户组的管理涉及用户组的添加、删除和修改，实际上就是对/etc/group 文件的更新。

6.3.1　用户组的添加命令 groupadd

基于安全方面的考虑，在 Ubuntu16.04 系统中并没有提供对用户组进行管理的图形化方式，如果要对用户组进行操作，只能使用命令行。添加用户组的命令为 groupadd，下面是其常用参数的说明。

-g：指定组的 GID 号。

-o：允许添加重复 GID 号的用户组。

命令示例：创建名为 test3 的用户组并指定其 GID 为 600。

> root@ubuntu:~# groupadd -g 600 test3

默认情况下在新建用户及用户组时，其 ID 不必手动设置，系统会自动生成。

6.3.2　用户组的删除命令 groupdel

使用 groupdel 命令删除用户组。

命令示例：

> root@ubuntu:~# groupdel test3

该条命令执行后会把 test3 用户组删除。需要注意的是，倘若该组中仍包括某些用户，则必须先删除这些用户，才能删除此用户组。

6.3.3　用户组的修改命令 groupmod

使用 groupmod 命令对用户组的属性进行修改，下面是其常用参数的说明。

-g：为用户组指定新的 GID 号。

-n：给用户组重命名。

命令示例：将 test2 用户组的 GID 修改为 700，并将其重命名为 test3。

> # groupmod -g 700 -n test3 test2

6.4　与账户相关的系统文件

在 Linux 系统中，可以对用户账户进行多种操作，每一种操作实际上都是对有关系统文件进行的修改。与用户和用户组相关的数据都存放在一些系统文件中，这些文件包括/etc/passwd、/etc/shadow 和/etc/group 等，这些文件中记录着用户账户的密码等关键信息，我们甚至可以直接编辑这些文件进行用户管理。

6.4.1　/etc/passwd 文件

先来看一下/etc/passwd（以下简称 passwd）文件的内容，使用命令#cat /etc/passwd。

实例：

> root@ubuntu:~# cat /etc/passwd
>
> root:x:0:0:root:/root:/bin/bash
>
> daemon:x:1:1:daemon:/usr/sbin:/usr/sbin/nologin
>
> bin:x:2:2:bin:/bin:/usr/sbin/nologin
>
> sys:x:3:3:sys:/dev:/usr/sbin/nologin
>
> sync:x:4:65534:sync:/bin:/bin/sync
>
> games:x:5:60:games:/usr/games:/usr/sbin/nologin

man:x:6:12:man:/var/cache/man:/usr/sbin/nologin

lp:x:7:7:lp:/var/spool/lpd:/usr/sbin/nologin

mail:x:8:8:mail:/var/mail:/usr/sbin/nologin

news:x:9:9:news:/var/spool/news:/usr/sbin/nologin

uucp:x:10:10:uucp:/var/spool/uucp:/usr/sbin/nologin

proxy:x:13:13:proxy:/bin:/usr/sbin/nologin

www-data:x:33:33:www-data:/var/www:/usr/sbin/nologin

backup:x:34:34:backup:/var/backups:/usr/sbin/nologin

list:x:38:38:Mailing List Manager:/var/list:/usr/sbin/nologin

…

在该文件中，每一行用户记录的各个数据段用"："分隔，分别定义用户的各方面属性。各字段的顺序：用户名:口令:用户标识号 UID:组标识号 GID:用户的备注信息:用户主目录:用户默认使用的 Shell。

各字段的含义如下：

（1）用户名：用户账户的名字。

（2）口令：用户账户的密码，系统用它来验证用户的合法性。如今的 Linux 系统中，口令不再直接保存在 passwd 文件中，而通常是将 passwd 文件中的口令字段使用一个 x 来代替，将/etc/shadow（以下简称 shadow）作为真正的口令文件，用于加密保存包括个人口令在内的数据。当然 shadow 文件是不能被普通用户读取的，只有超级用户才有权读取。

此外需要注意的是，如果 passwd 字段中的第一个字符是*，就表示该账户被锁定了，系统不允许该用户使用该账户登录。

（3）用户标识号 UID：是一个数值，是 Linux 系统中唯一的用户标识，用于区别不同的用户。在系统内部管理进程和文件保护时使用 UID 字段。在 Linux 系统中，用户名和 UID 都可以用于标识用户，只不过对于系统来说 UID 更为重要，而对于用户来说用户名使用起来更方便。在某些特定目的下，系统中可以存在多个用户名不同但 UID 相同的用户，事实上，这些使用不同用户名的用户实际上是同一个用户。

（4）组标识号 GID：当前用户的默认工作组标识。具有相似属性的多个用户可以被分配到同一个组内，每个组都有自己的组名，且以各自的组标识号相区分。像 UID 一样，用户的组标识号也存放在 passwd 文件中。在如今的 Linux 系统中，一个用户可以同时属于多个组。除了在 passwd 文件中指定其归属的基本组之外，还在/etc/group 文件中指明一个组所包含的用户。

（5）用户的备注信息：包含有关用户的一些信息，如用户的真实姓名、办公室地址、联系电话等。

（6）用户主目录：该字段定义了个人用户的主目录，当用户登录后，他的 Shell 将把该目录作为用户的工作目录。在 Linux 系统中，超级用户 root 的工作目录为/root，而其他个人用户在/home 目录下均有自己独立的工作环境，系统在该目录下为每个用户都配置了自己的主目录。

（7）用户默认使用的 Shell：指定了用户所使用的命令解释器（命令行）接口。

passwd 文件默认禁止用户对其进行修改，但在使用 root 用户修改文件权限后便可以编辑此文件，为了系统的稳定性和安全性，建议不要修改此文件。

6.4.2　/etc/shadow 文件

shadow 是 passwd 的影子文件。在早期的 Linux 中，口令文件加密后直接存放在/etc/passwd 中，但为了安全起见，如今的 Linux 都提供了/etc/shadow 这个影子文件，将密码放在该文件中，并且只有 root 用户可读，它的文件格式与/etc/passwd 类似，即由若干字段组成，字段之间用"："隔开。

先来看一下/etc/shadow 文件的内容，使用命令#cat /etc/shadow。

实例：

```
root@ubuntu:~# cat /etc/shadow
root:$6$VNMJUUwq$SHDIRq2Q4orkBAUXgf6dstNF797O8hovj/KFRk/MHiVvoilJKEd9hYEyDd8/ga
w1MYrb2WnAGMJLvkd9LpDOq1:17205:0:99999:7:::
daemon:*:17086:0:99999:7:::
bin:*:17086:0:99999:7:::
sys:*:17086:0:99999:7:::
sync:*:17086:0:99999:7:::
games:*:17086:0:99999:7:::
man:*:17086:0:99999:7:::
lp:*:17086:0:99999:7:::
mail:*:17086:0:99999:7:::
news:*:17086:0:99999:7:::
uucp:*:17086:0:99999:7:::
proxy:*:17086:0:99999:7:::
www-data:*:17086:0:99999:7:::
backup:*:17086:0:99999:7:::
list:*:17086:0:99999:7:::
…
```

各字段的顺序：用户名:加密后的口令:上一次修改的时间（从 1970 年 1 月 1 日起的天数）:两次修改口令间的最小天数:两次修改口令间的最大天数:提前多少天向用户提醒修改口令:口令过期后多少天禁用该账户:账户过期日期:保留域。

各字段的含义如下：

（1）用户名：与/etc/passwd 文件中的登录名相一致的用户账户。

（2）加密后的口令：字段中存放加密后的用户口令，长度为 13 个字符。如果为空，则对应的用户没有口令，即登录时不需要口令；如果含有不属于集合{./0-9A-Za-z}的字符，则对应的用户不能登录。

加密口令的字符分为 3 类：特殊字符串、星号（*）和双叹号（!!）。其中，特殊字符串就是加密过的密码文件，星号代表账户被锁定，双叹号表示这个密码已经过期了。

如果特殊字符串是以6开头的，则表明该文件是用 SHA-512 加密的，如果以1开头则表明该文件是用 MD5 加密的，如果以2开头则表明该文件是用 Blowfish 加密的，如果以5开头则表明该文件是用 SHA-256 加密的。

（3）上一次修改的时间：从某个时刻起到用户最后一次修改口令时的天数。时间起点对不同的系统可能不一样。一般情况下，该时间起点是 1970 年 1 月 1 日。

（4）两次修改口令间的最小天数：两次修改口令之间所需的最小天数。

（5）两次修改口令间的最大天数：口令保持有效的最大天数。

（6）提前多少天向用户提醒修改口令：从系统开始警告用户到用户密码正式失效之间的天数。

（7）口令过期后多少天禁用该账户：用户没有登录活动但账户仍能保持有效的最大天数。

（8）账户过期日期：该字段给出的是一个绝对的天数，如果使用了这个字段，那么就给出相应账户的生存期。生存期满后，该账户就不再是一个合法的账户，也就不能再用来登录了。

（9）保留域：该字段一般为空，Linux 在以后可以添加新的功能。

shadow 文件默认禁止用户对其进行修改，但在使用 root 用户修改文件权限后便可以编辑此文件，为了系统的稳定性和安全性，建议不要修改此文件。

6.5　用户管理器

在前几节讲述 Linux 的用户管理时，介绍了两种操作方法，一种是使用命令行方式，另一种是使用图形化方式，而图形化方式就是用户管理器，它提供了一种直观的图形化的方式来管理 Linux 用户账户。不同发行版本的 Linux 用户管理器的功能可能不完全一样，本书使用的 Ubuntu16.04 用户管理器可以实现添加和删除用户等基本操作，如果需要对用户账户进行一些高级设置，则必须使用命令行方式。图形化的用户管理器如图 6.9 所示。

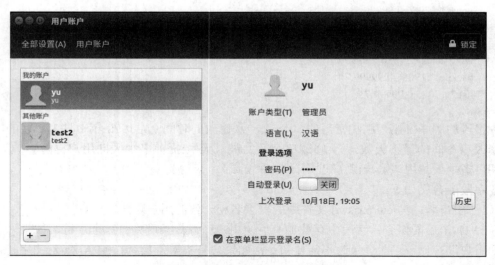

图 6.9　图形化的用户管理器

在用户管理器的主界面中可以查看用户的账户类型等基本信息，解除锁定后可以添加或删除用户，具体操作步骤可以参考前几节内容。

本章小结

Linux 是一个多用户多任务的操作系统，任何一个要使用系统资源的用户，都必须先向系统管理员申请一个账户，然后以这个账户的身份进入系统。

修改 root 用户密码的命令是 sudo passwd root，从其他用户切换到 root 用户的命令是 su。

增加新用户账户的两种方法：①使用图形化方式操作；②使用 useradd 命令。

删除用户账户的两种方法：①使用图形化方式操作；②使用 userdel 命令。

指定和修改用户口令的命令是 passwd。

用户组的管理涉及用户组的添加、删除和修改，实际上就是对/etc/group 文件的更新，可使用以下两种操作方法：①使用图形化方式操作；②使用 groupadd 命令和 groupdel 命令。

与用户和用户组相关的数据都存放在一些系统文件中，这些文件包括/etc/passwd、/etc/shadow 和/etc/group 等，这些文件中记录着用户账户的密码等关键信息，我们可以直接编辑这些文件进行用户管理。

习题

1．使用命令行方式添加一个名为 xiti 的新用户，添加完成后使用该用户登录系统，并确认是否可以成功登录。若不能登录请说明原因并尝试解决该问题。

2．将 xiti 用户重命名为 xiti1，新建一个名为 xiti2 的用户组，将 xiti1 用户加入到该组中。

3．创建一个用户 tom，同时为 tom 产生一个主目录/home/tom。

4．新建一个用户 jack，该用户的登录 Shell 是/bin/sh，它属于 group 用户组，同时又属于 adm 和 root 用户组，其中 group 用户组是其主组。

5．将用户 jack 的登录 Shell 修改为 ksh，主目录改为/home/jack，用户组改为 group1。

6．向系统中增加一个新组 group2，同时指定新组的组标识号是 101。

7．用户和用户组相关的信息都存放在哪些系统文件中？请分别介绍这些文件的内容。

第 7 章　Linux 磁盘管理

本章导读

本章首先讲解磁盘管理的一般概念，包括分区、主分区、扩展分区、逻辑分区；然后举例讲解 Linux 磁盘管理常用命令，包括 fdisk、mkfs、df、du 等，为了便于举例讲解了在虚拟机上添加硬盘等步骤；最后讲解挂载的理念以及如何挂载不同的存储对象。挂载对初学者来说是一个不好理解且麻烦的操作，但又非常有用，后续课程中会经常用到。

本章要点

- 磁盘分区命令 fdisk
- 格式化命令 mkfs
- 挂载的理念
- 挂载命令 mount
- 卸载命令 umount

一个全新的磁盘，首先需要分区。一块磁盘的 MBR 分区表中最多只能包括 4 个分区的记录（主分区或者扩展分区的记录）。如果需要更多的分区，则需要建立一个扩展分区，然后在该扩展分区上建立逻辑分区。一个扩展分区最多可以包括 23 个逻辑分区。每个逻辑分区上都有一个逻辑磁盘驱动器。在操作系统中是看不到扩展分区的，因为扩展分区不能被直接使用且没有盘符，只有在划分逻辑分区后有了盘符，扩展分区才可以使用。盘符的概念类似于 Linux 下面的挂载点，不同的分区（主分区和逻辑分区）会挂载到不同的盘符下。

与 Windows 系统一样，在 Linux 系统中，MBR 存放在第一个主分区的最前面，在一个磁盘中主分区和扩展分区之和不得超过 4 个。在 Linux 系统中每个硬盘最多可有 16 个分区。前 4 个编号用于主分区和扩展分区，第 5～16 个编号用于逻辑分区。Linux 自身带了一个树型结构，可以通过 mkdir 命令来扩展该树型结构，所有的主分区和逻辑分区都是挂载在某个路径下的，例如/和/root，这里/并非包含/root，这两个路径只是一个标识符，就好像 Windows 下面的 C:/标识符一样。在 Linux 中，输入 cd/root 就进入了/root 这个路径对应的分区，输入 cd/则进入了/所对应的另一个分区。虽然表面上看好像/包含/root，但是实际不然，/和/root 只是两个不同的路径，进入不同的路径就进入了不同路径下分区中的文件系统，/和/root 只是这些分区的挂载点。在 Linux 中无论有几个分区，也无论分给哪一目录使用，它归根结底就只有一个目录结构，即 Linux 有一个独立且唯一的目录结构系统。

Linux 系统中最多可以有 3 个扩展分区，在扩展分区中可以创建逻辑分区，SCSI 硬盘最多有 16 个逻辑分区，IDE 硬盘最多有 63 个逻辑分区。

分区表示法：目前硬盘接口主要有 IDE 和 SCSI 两种，IDE 接口虽然速度不如 SCSI 接口快，但价格低廉，主要用于低档服务器和工作站；SCSI 接口具有应用范围广、多任务、带宽大、CPU 占用率低、支持热插拔等优点，但其价格较高，主要应用于中高端服务器和高档工作站中。Linux 要管理的设备种类非常丰富，包括硬盘、U 盘、打印机等。下面以硬盘为例来说明设备的命名规则。Linux 将硬盘分为两类：第一类是传统的 IDE 硬盘，使用 hd 标示；第二种是 SATA 硬盘、SCSI 硬盘、USB 硬盘和 U 盘（严格来说 U 盘不算硬盘）等，均用 sd 标示（hd 和 sd 即这两种硬盘的主设备名）。因此，对于系统中的 IDE 硬盘，分别用 had、hdb、hdc、hdd 来标示 1~4 号硬盘（一般最多支持 4 个硬盘，而平时使用某一块硬盘时，常将其装在主 IDE 的主接口上，因此使用单硬盘时的硬盘设备名一般是 hda）。hda 后面的数字用来标示这块硬盘的各个分区，如下：

设备文件　对应的设备
/dev/hda　　主 IDE 的主接口上的硬盘，即系统的第一个硬盘
/dev/hda1　 第一个硬盘的第一个主分区
/dev/hda2　 第一个硬盘的第二个主分区
/dev/hda3　 第一个硬盘的第三个主分区
/dev/hda4　 第一个硬盘的第四个分区，即扩展分区
/dev/hda5　 第一个硬盘的第一个逻辑分区
/dev/hda6　 第一个硬盘的第二个逻辑分区
……
/dev/hdb　　主 IDE 的从接口上的硬盘，即系统的第二个硬盘
/dev/hdb1　 第二个硬盘的第一个主分区
……

对于 SATA 硬盘、SCSI 硬盘、USB 硬盘和 U 盘等，只要把 hd 改成 sd 就可以了，命名规则是相同的。

SAS/SCSI/SATA/USB 接口硬盘的设备名均以/dev/sd 开头，不同硬盘编号依次是/dev/sda、/dev/sdb、/dev/sdc 等。

Linux 中常用的外部设备文件名如下：
软盘　　　　　　　　　　　/dev/fdN（N=0,1,…）
光驱（IDE）接口　　　　　/dev/cd-rom
光驱（SCSI）接口　　　　　/dev/scdN（N=0,1,…）

7.1　Linux 磁盘管理常用命令

7.1.1　Linux 磁盘管理命令 fdisk

格式：fdisk [磁盘名称]
功能：fdisk 是 Linux 的磁盘分区表操作工具，用于管理磁盘分区。
实例：要求在 VM 虚拟机下 Linux 扩展原有磁盘空间，详细步骤如下：
（1）查看当前分区情况。
　　root@hwd-virtual-machine:/# fdisk -l

Disk /dev/sda: 21.5 GB,21474836480 bytes

255 heads,63 sectors/track,2610 cylinders,total 41943040 sectors

Units = sectors of 1 * 512 = 512 bytes

Sector size (logical/physical): 512 bytes / 512 bytes

I/O size (minimum/optimal): 512 bytes / 512 bytes

Disk identifier: 0x0000255e

Device Boot		Start	End	Blocks	Id	System
/dev/sda1	*	2048	10692607	5345280	83	Linux
/dev/sda2		10694654	41940991	15623169	5	Extended
/dev/sda5		10694656	38035455	13670400	83	Linux
/dev/sda6		38037504	41940991	1951744	82	Linux swap / Solaris

在后面使用 fdisk 时会遇到以下参数，在此提前列出，实际上也是系统给出的帮助信息。

Command(m for help): m   输出帮助信息

Command Action

a	toggle a bootable flag	设置启动分区
b	edit bsd disklabel	编辑分区标签
c	toggle the dos compatibility flag	设置 DOS 兼容性分区
d	delete a partition	删除一个分区
l	list known partition types	列出已知分区类型
m	print this menu	输出帮助信息
n	add a new partition	建立一个新的分区
o	create a new empty DOS partition table	创建一个新的空白 DOS 分区表
p	print the partition table	打印分区表
q	quit without saving changes	退出且不保存设置
s	create a new empty Sun disklabel	创建一个空的 Sun 磁盘标签
t	change a partition's system id	改变分区的 ID
u	change display/entry units	改变显示/输入单位
v	verify the partition table	检查验证分区表
w	write table to disk and exit	保存分区表并退出
x	extra functionality (experts only)	扩展应用（专家功能）

（2）为已有的 Linux 虚拟机扩展磁盘空间。

选中虚拟机并单击"编辑虚拟机设置"，如图 7.1 所示。

图 7.1　虚拟机设置

　　在"虚拟机设置"对话框的"硬件"选项卡中选中"硬盘"选项，并在右侧界面中单击"扩展"按钮，为虚拟机现有的磁盘扩展容量，如图 7.2 所示。

图 7.2　为磁盘扩展容量

　　在弹出的"扩展磁盘容量"对话框的微调框中选择为磁盘扩展到 30GB，注意提示"扩展操作仅增大虚拟磁盘的大小，分区和文件系统的大小不受影响"，如图 7.3 所示。单击"扩展"按钮，磁盘扩展成功，如图 7.4 所示。

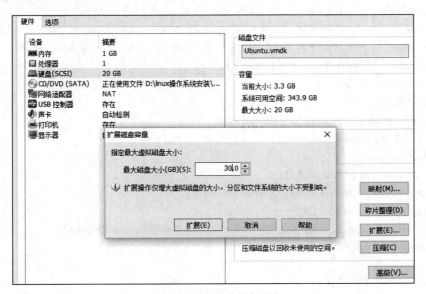

图 7.3　扩展磁盘容量

图 7.4　磁盘扩展成功

注意：Linux 只能扩展磁盘容量而不能减小磁盘容量，微调框中所填写的容量为总容量，即包含已分区的磁盘，扩展容量时不能有快照，必须先把快照删除掉。

（3）创建分区。

启动 Linux，查看系统分区并创建分区 sda3 和 sda4，命令如下：

```
root@hwd-virtual-machine:~# fdisk -l
Disk /dev/sda: 32.2 GB,32212254720 bytes
255 heads,63 sectors/track,3916 cylinders,total 62914560 sectors
Units = sectors of 1 * 512 = 512 bytes
Sector size (logical/physical): 512 bytes / 512 bytes
I/O size (minimum/optimal): 512 bytes / 512 bytes
Disk identifier: 0x0000255e
```

Device Boot		Start	End	Blocks	Id	System
/dev/sda1	*	2048	10692607	5345280	83	Linux
/dev/sda2		10694654	41940991	15623169	5	Extended
/dev/sda5		10694656	38035455	13670400	83	Linux
/dev/sda6		38037504	41940991	1951744	82	Linux swap / Solaris

```
root@hwd-virtual-machine:~# fdisk /dev/sda
Command (m for help): n
Partition type:
    p    primary (1 primary,1 extended,2 free)
    l    logical (numbered from 5)
Select (default p): p
Partition number (1-4,default 3): 3
First sector (10692608-62914559,default 10692608):
Using default value 10692608
Last sector,+sectors or +size{K,M,G} (10692608-10694653,default 10694653):
Using default value 10694653

Command (m for help): n
Partition type:
```

```
    p    primary (2 primary,1 extended,1 free)
    l    logical (numbered from 5)
Select (default p): p
Selected partition 4
First sector (41940992-62914559,default 41940992):
Using default value 41940992
Last sector,+sectors or +size{K,M,G} (41940992-62914559,default 62914559):
Using default value 62914559

Command (m for help): w
The partition table has been altered!
root@hwd-virtual-machine:~# fdisk -l
Disk /dev/sda: 32.2 GB,32212254720 bytes
255 heads,63 sectors/track,3916 cylinders,total 62914560 sectors
Units = sectors of 1 * 512 = 512 bytes
Sector size (logical/physical): 512 bytes / 512 bytes
I/O size (minimum/optimal): 512 bytes / 512 bytes
Disk identifier: 0x0000255e
```

Device Boot		Start	End	Blocks	Id	System
/dev/sda1	*	2048	10692607	5345280	83	Linux
/dev/sda2		10694654	41940991	15623169	5	Extended
/dev/sda3		10692608	10694653	1023	83	Linux
/dev/sda4		41940992	62914559	10486784	83	Linux
/dev/sda5		10694656	38035455	13670400	83	Linux
/dev/sda6		38037504	41940991	1951744	82	Linux swap / Solaris

7.1.2　Linux 磁盘格式化命令 mkfs

　　mkfs 用来在一个设备上构建 Linux 支持的相关文件系统,也可称为格式化工具,这里的设备通常是指硬盘分区。在 Linux 中通过 fdisk 等命令进行分区后,还需要对分区进行处理,使之支持相应的文件系统,这时候就需要用到 mkfs。

　　格式:mkfs [-V] [-t fstype] [fs-options] filesys [blocks]

　　参数说明:

● filesys:指定要建立文件系统的设备名,如/dev/hda1、/dev/sdb2。

● blocks:应用于文件系统的数据块数量。

　　选项说明:

● -V:命令执行中显示详细信息。

● -t fstype:指定要建立的文件系统类型,如果没有指定则使用默认文件系统类型(当前为 Ext2)。

● fs-options:指定传递到实际文件系统构造器的特定文件系统选项,下面给出的是被大部分文件系统构造器支持的选项。

　　➢ -c:在构建文件系统之前检查设备坏块。

> ➤ -l filename：从文件中读取坏块。
> ➤ -v：输出详细信息。

实例：为虚拟机添加一块磁盘，将添加的磁盘分成两个分区并对分区进行格式化。

（1）为虚拟机添加一块磁盘，右击虚拟机图标，在弹出的快捷菜单中选择"设置"，在弹出的"虚拟机设置"对话框中单击"添加"按钮，如图 7.5 所示，后续操作过程按照图 7.6 至图 7.9 顺序进行即可，最后在图 7.9 中我们看到一个硬盘成功添加。

图 7.5　添加磁盘

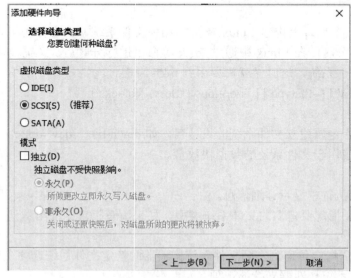

图 7.6　选择添加磁盘类型

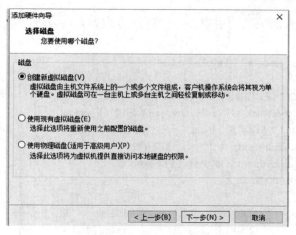

图 7.7　创建新虚拟磁盘

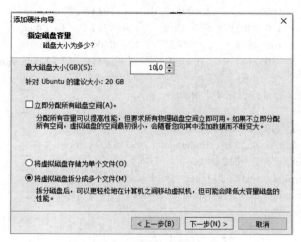

图 7.8　指定磁盘容量

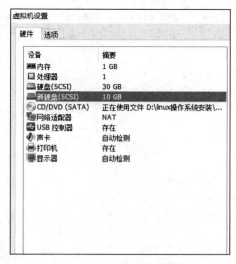

图 7.9　显示新添加的磁盘

　　使用 fdisk 命令对添加成功的磁盘进行分区。再次查看会发现可以查到虚拟机所有的硬盘分区情况。

```
root@hwd-virtual-machine:~# fdisk -l

Disk /dev/sda: 32.2 GB,32212254720 bytes
255 heads,63 sectors/track,3916 cylinders,total 62914560 sectors
Units = sectors of 1 * 512 = 512 bytes
Sector size (logical/physical): 512 bytes / 512 bytes
I/O size (minimum/optimal): 512 bytes / 512 bytes
Disk identifier: 0x0000255e
```

Device Boot		Start	End	Blocks	Id	System
/dev/sda1	*	2048	10692607	5345280	83	Linux
/dev/sda2		10694654	41940991	15623169	5	Extended
/dev/sda3		10692608	10694653	1023	83	Linux
/dev/sda4		41940992	62914559	10486784	83	Linux
/dev/sda5		10694656	38035455	13670400	83	Linux
/dev/sda6		38037504	41940991	1951744	82	Linux swap / Solaris

```
Partition table entries are not in disk order

Disk /dev/sdb: 10.7 GB,10737418240 bytes
255 heads,63 sectors/track,1305 cylinders,total 20971520 sectors
Units = sectors of 1 * 512 = 512 bytes
Sector size (logical/physical): 512 bytes / 512 bytes
I/O size (minimum/optimal): 512 bytes / 512 bytes
Disk identifier: 0xd79274a0
```

Device Boot	Start	End	Blocks	Id	System
/dev/sdb1	2048	10487807	5242880	83	Linux
/dev/sdb2	10487808	20971519	5241856	5	Extended

（2）对/dev/sdb1 进行格式化，要求格式化成 Ext4 文件系统。

实例：

```
root@hwd-virtual-machine:~# mkfs -t ext4 /dev/sdb1
mke2fs 1.42.5 (29-Jul-2012)
文件系统标签=
OS type: Linux
块大小=4096 (log=2)
分块大小=4096 (log=2)
Stride=0 blocks,Stripe width=0 blocks
327680 inodes,1310720 blocks
65536 blocks (5.00%) reserved for the super user
第一个数据块=0
Maximum filesystem blocks=1342177280
40 block groups
```

32768 blocks per group,32768 fragments per group

8192 inodes per group

Superblock backups stored on blocks:

　　32768,98304,163840,229376,294912,819200,884736

Allocating group tables: 完成

正在写入 inode 表: 完成

Creating journal (32768 blocks): 完成

Writing superblocks and filesystem accounting information: 完成

7.1.3　Linux 磁盘检验命令 fsck、df 和 du

（1）fsck 命令。

格式：fsck [参数] [-t <文件系统类型>] [设备名]

功能：检查文件系统并尝试修复错误。

参数说明：

- -a：自动修复文件系统，没有任何提示。
- -r：采取互动的修复模式，在执行修复时进行询问，让用户得以确认并决定处理方式。
- -A：依照/etc/fstab 配置文件的内容检查文件内所列的全部文件系统。
- -T：执行 fsck 指令时不显示标题信息。
- -V：显示 fsck 指令的执行过程。
- -N：不执行指令，仅列出实际执行会进行的动作。
- -t <文件系统类型>：指定要检查的文件系统类型。

注意：在执行 fsck 命令修复某个文件系统时，该文件系统对应的磁盘分区一定要处于卸载状态，磁盘分区在挂载状态下进行修复是极为不安全的，数据有可能遭到破坏，磁盘也有可能遭到损坏。

（2）了解硬盘使用情况的命令 df。

格式：df [参数] [文件]

功能：显示指定磁盘文件的可用空间。如果没有文件名被指定，则所有当前被挂载的文件系统的可用空间都将被显示。

参数说明：

- -a：全部文件系统列表。
- -h：以方便阅读的方式显示。
- -H：等于-h，但是计算式 1K=1000，而不是 1K=1024。
- -i：显示 inode 信息。
- -k：区块为 1024 字节。
- -l：只显示本地文件系统。
- -m：区块为 1048576 字节。
- --no-sync：忽略 sync 命令。
- -P：输出格式为 POSIX。
- --sync：在取得磁盘信息前先执行 sync 命令。

● -T：文件系统类型。

实例：查看到所有已挂载的挂载信息与硬盘使用情况。

```
root@hwd-virtual-machine:~# df -h
文件系统        容量      已用      可用      已用%      挂载点
/dev/sda1      5.1G      2.6G      2.2G      55%        /
udev           494M      4.0K      494M      1%         /dev
tmpfs          201M      796K      200M      1%         /run
none           5.0M      0         5.0M      0%         /run/lock
none           502M      152K      502M      1%         /run/shm
none           100M      24K       100M      1%         /run/user
/dev/sda5      13G       455M      12G       4%         /home
.host:/        200G      25G       176G      13%        /mnt/hgfs
```

（3）用于查看磁盘使用量的命令 du。

格式：du [参数] [文件]

功能：计算文件或目录所占的磁盘空间。在没有指定任何参数时，该命令会先测量当前工作目录与其所有子目录，然后分别显示各个目录所占的块数，最后显示工作目录所占的总块数。

该命令参数众多，下面选取几个常用参数进行介绍。

● -a：评估每个文件而非目录整体占用量。
● -c：评估每个文件并计算出总占用量。
● -h：更易读的容量格式，如 1K、234M、2G 等。
● -s：仅显示占用量总和。

实例：查看目录/home/hwd1。

```
root@hwd-virtual-machine:/home# du -h hwd1
4.0K        hwd1
```

7.2   Linux 的磁盘挂载与卸载

Linux 中每个文件系统都有独立的 inode、block 和 super block 等信息，这些文件系统要挂载到目录树才可以使用，将文件系统与目录树结合的操作称为挂载，反之称为卸载。也就是说，挂载点一定是目录，而目录是进入磁盘分区（也就是文件系统）的入口。

挂载时有以下 3 点需要注意：

（1）单一文件系统不应该被重复挂载到不同的挂载点（目录）上。

（2）单一目录不应该重复挂载多个文件系统。

以上两点可以类比 Windows 磁盘与盘符的关系。

（3）作为挂载点的目录理论上应该是空目录，如果该目录不是空的，那么挂载文件系统后该目录下的内容会暂时消失，直到所挂载的设备卸载后原内容才会显示出来。

命令格式：mount [-t vfstype] [-o options] device dir

参数说明如下：

● -t vfstype：指定文件系统的类型，通常不必指定。mount 会自动选择正确的类型。常用类型如下：

- ➢ ISO9660：光盘或光盘镜像。
- ➢ msdos：DOS FAT16 文件系统。
- ➢ vfat：Windows 9x FAT32 文件系统。
- ➢ ntfs：Windows NT NTFS 文件系统。
- ➢ smbfs：Mount Windows 文件网络共享。
- ➢ nfs：UNIX（Linux）文件网络共享。
- ● -o options：主要用来描述设备或文件的挂接方式。常用的参数如下：
- ➢ loop：用来把一个文件当成硬盘分区挂接到系统上。
- ➢ ro：采用只读方式挂接设备。
- ➢ rw：采用读写方式挂接设备。
- ➢ iocharset：指定访问文件系统所用的字符集。
- ● device：要挂接的设备。
- ● dir：设备在系统上的挂接点。

下面就常用挂载举例说明。

（1）光盘镜像文件的挂载。

因为本挂载实验是在虚拟机上完成的，所以在进行挂载之前应该将 DVD 和镜像文件建立联系，如图 7.10 所示。

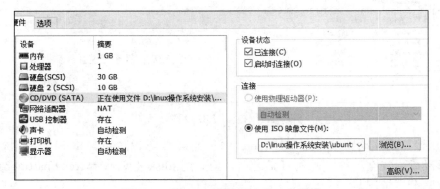

图 7.10　将 DVD 和镜像文件建立联系

```
root@hwd-virtual-machine:/# mkdir /mnt/cdrom          建立一个目录用来作为挂接点（mount point）
root@hwd-virtual-machine:/# mount -t iso9660 /dev/cdrom    /mnt/cdrom  将光驱与目录/mnt/cdrom
                                                          挂载
mount: 块设备/dev/sr0 写保护，以只读方式挂载
root@hwd-virtual-machine:/# cd /mnt/cdrom            进入挂载点目录查看内容
root@hwd-virtual-machine:/mnt/cdrom# ls
autorun.inf    dists      md5sum.txt    preseed           wubi.exe
boot           install    pics          README.diskdefines
casper         isoLinux   pool          ubuntu
```

（2）USB 接口设备的挂载。

对 Linux 系统而言，USB 接口的移动硬盘是当作 SCSI 设备对待的。在插入移动硬盘之前，应先用 fdisk -l 或 more /proc/partitions 查看系统的硬盘和硬盘分区情况。

实例：挂载 U 盘。

在虚拟机中挂载 U 盘，必须经过一个 U 盘与物理主机断开然后与虚拟机相连的过程，操作过程如图 7.11 和图 7.12 所示。

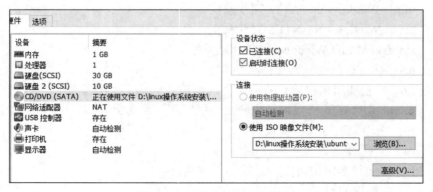

图 7.11　U 盘与物理主机断开

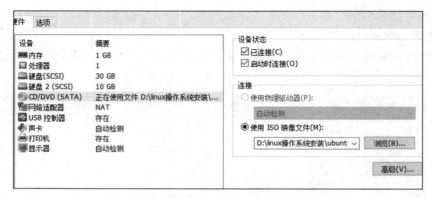

图 7.12　提示 USB 设备信息

和 USB 接口的移动硬盘一样，对 Linux 系统而言 U 盘也是当作 SCSI 设备对待的。其使用方法和移动硬盘完全一样。插入 U 盘之前，应先用 fdisk -l 或 more /proc/partitions 查看系统的硬盘和硬盘分区情况。

插入 U 盘后，再用 fdisk -l 查看系统的硬盘和硬盘分区情况。此时发现系统多了一个 SCSI 硬盘/dev/sdc 和一个磁盘分区/dev/sdc1，/dev/sdc1 就是我们要挂载的 U 盘。

```
root@hwd-virtual-machine:/# mkdir /mnt/u
root@hwd-virtual-machine:/# fdisk -l
Disk /dev/sda: 32.2 GB,32212254720 bytes
255 heads,63 sectors/track,3916 cylinders,total 62914560 sectors
Units = sectors of 1 * 512 = 512 bytes
Sector size (logical/physical): 512 bytes / 512 bytes
I/O size (minimum/optimal): 512 bytes / 512 bytes
Disk identifier: 0x0000255e
```

Device	Boot	Start	End	Blocks	Id	System
/dev/sda1	*	2048	10692607	5345280	83	Linux
/dev/sda2		10694654	41940991	15623169	5	Extended

/dev/sda5	10694656	38035455	13670400	83	Linux
/dev/sda6	38037504	41940991	1951744	82	Linux swap/Solaris

Disk /dev/sdb: 10.7 GB,10737418240 bytes

255 heads,63 sectors/track,1305 cylinders,total 20971520 sectors

Units = sectors of 1 * 512 = 512 bytes

Sector size (logical/physical): 512 bytes / 512 bytes

I/O size (minimum/optimal): 512 bytes / 512 bytes

Disk identifier: 0xd79274a0

Device Boot	Start	End	Blocks	Id	System
/dev/sdb1	2048	10487807	5242880	83	Linux
/dev/sdb2	10487808	20971519	5241856	5	Extended

Disk /dev/sdc: 8075 MB,8075608064 bytes

255 heads,63 sectors/track,981 cylinders,total 15772672 sectors

Units = sectors of 1 * 512 = 512 bytes

Sector size (logical/physical): 512 bytes / 512 bytes

I/O size (minimum/optimal): 512 bytes / 512 bytes

Disk identifier: 0x04dd5721

Device Boot	Start	End	Blocks	Id	System
/dev/sdc1 *	63	15772671	7886304+	c	W95 FAT32 (LBA)

```
root@hwd-virtual-machine:/# mount -t vfat /dev/sdc1 /mnt/u          挂载 U 盘到目录/mnt/u
root@hwd-virtual-machine:/# cd /mnt/u                               现在可以通过/mnt/usb 来访问 U 盘
root@hwd-virtual-machine:/mnt/u# ls
2014 平时成绩
2015 毕业生资料
2015 答辩成绩
2016 Linux 试卷封装
2016 毕业成绩
2016 成绩
Activity.doc
```

若汉字文件名显示为乱码或不显示，可以使用如下命令：

```
#mount -t vfat -o iocharset=cp936 dev/sdc1 /mnt/u
```

（3）其他分区的挂载。

实例：

```
root@hwd-virtual-machine:/# mkdir /mnt/hwd
root@hwd-virtual-machine:/# mount -t ext4 /dev/sdb1 /mnt/hwd
root@hwd-virtual-machine:/# mkdir /mnt/hwd1
root@hwd-virtual-machine:/# mount -t ext4 /dev/sda5 /mnt/hwd
```

（4）自动装载文件系统。

用 mount 挂载的方式在系统重启后会失去作用。如果要使挂载信息永久保存，需要将其写在文件/etc/fstab 中。/etc/fstab 是用来存放文件系统静态信息的文件，位于/etc/目录下，可以用命令 less/etc/fstab 来查看，用命令 vi/etc/fstab 来修改。当系统启动的时候，系统会自动从这个文件读取信息，并且会自动将此文件中指定的文件系统挂载到指定的目录。这样就只需要将磁盘的挂载信息写入这个文件中，不需要每次开机启动之后手动进行挂载了。

```
root@hwd-virtual-machine:/# less /etc/fstab

# <file system> <mount point>   <type>  <options>         <dump>  <pass>
# / was on /dev/sda1 during installation
UUID=7e17e771-642a-4f47-88e5-461c89e37343 /      ext4        errors=remount-ro 0      1
# /home was on /dev/sda5 during installation
UUID=223dc171-8a23-4d21-86f7-2f6138dfc6e4 /home  ext4    defaults      0         2
# swap was on /dev/sda6 during installation
UUID=c16ae4ca-82c2-47a4-bd3d-d1bafb598fd7 none      swap      sw         0          0
```

/etc/fstab 由下面的 fields 组成（fields 之间以空格或 tab 分开）：

<file system> <mount point> <type> <options> <dump> <pass>

下面是具体的参数说明。

- <file systems>：存储设备的标识，可以使用设备的 UUID 或设备的卷标签。
- <mount point>：告诉 mount 命令应该将文件设备挂载到哪里。
- <type>：定义了要挂载的设备或分区的文件系统类型，支持多种不同的文件系统，如 Ext2、Ext3、ReiserFS、XFS、JFS、SMBFS、ISO9660、VFAT、NTFS、SWAP 和 auto。auto 类型使 mount 命令对文件系统类型进行猜测，这对于如 CD-ROM 和 DVD 之类的可移动设备是非常有用的。
- <options>：定义了不同文件系统的特殊参数，不同文件系统的参数不尽相同。其中一些比较通用的参数如下：
  - ➤ auto：文件系统将在启动时或键入 mount -a 命令时被自动挂载。
  - ➤ noauto：文件系统只在你的命令下被挂载。
  - ➤ exec：允许执行此分区的二进制文件（默认值）。
  - ➤ noexec：不允许此文件系统上的二进制文件被执行。
  - ➤ ro：以只读模式挂载文件系统。
  - ➤ rw：以读写模式挂载文件系统。
  - ➤ sync：I/O 同步进行。
  - ➤ async：I/O 异步进行。
  - ➤ flush：指定 FAT 格式更加频繁地刷新数据，使得如复制对话框或是进度条持续到文件被写入到磁盘中。
  - ➤ user：允许任意用户来挂载这一设备（同时有 noexec、nosuid、nodev 参数的属性）。
  - ➤ nouser：只能被 root 挂载（默认值）。
  - ➤ defaults：默认的挂载设置（即 rw、suid、dev、exec、auto、nouser、async）。
  - ➤ suid：允许 suid 操作和设定 sgid 位。这一参数通常用于一些特殊任务，使一般用户运行程序时临时提高权限。
  - ➤ nosuid：禁止 suid 操作和设定 sgid 位。
  - ➤ noatime：不要更新文件系统上 inode access 的记录，可以提高性能（参见 atime_options）。

> nodiratime：不要更新文件系统上 directory access inode 的记录，可以提高性能（参见 atime_options）。

> relatime：实时更新 inode access 的记录。只有在记录中的访问时间早于当前访问时间时才会被更新（与 noatime 相似，但不会打断如 mutt 或其他程序探测文件在上次访问后是否被修改的进程），可以提高性能（参见 atime_options）。

● <dump>：dump utility 用来决定何时进行备份。在安装 Arch Linux 之后（默认未安装），dump 会检查其内容，并用数字来决定是否对这个文件系统进行备份。允许的数字是 0 和 1。0 表示忽略，1 表示进行备份。大部分的用户是没有安装 dump 的，对他们而言<dump>应设为 0。

● <pass>：通过 fsck 读取<pass>的数值来决定需要检查的文件系统的检查顺序。允许的数字是 0、1 和 2。根目录应当获得最高的优先权 1，其他所有需要被检查的设备设置为 2，0 表示设备不会被 fsck 所检查。

使用命令 blkid 可以查找设备的 UUID。

实例：

```
root@hwd-virtual-machine:/# blkid
/dev/sr0: LABEL="Ubuntu 12.10 i386" TYPE="iso9660"
/dev/sda1: UUID="7e17e771-642a-4f47-88e5-461c89e37343" TYPE="ext4"
/dev/sda5: UUID="223dc171-8a23-4d21-86f7-2f6138dfc6e4" TYPE="ext4"
/dev/sda6: UUID="c16ae4ca-82c2-47a4-bd3d-d1bafb598fd7" TYPE="swap"
/dev/sdb1: UUID="30d4a43e-d285-435a-ab1e-e5ec965323af" TYPE="ext4"
如果要挂载/dev/sdb1 到目录/mnt/hwd，则将下面一行
UUID=30d4a43e-d285-435a-ab1e-e5ec965323af   /mnt/hwd   ext4 defaults    0    2
添加到/etc/fstab 文件尾部
# <file system> <mount point>    <type>    <options>          <dump>   <pass>
# / was on /dev/sda1 during installation
UUID=7e17e771-642a-4f47-88e5-461c89e37343 /      ext4        errors=remount-ro 0    1
# /home was on /dev/sda5 during installation
UUID=223dc171-8a23-4d21-86f7-2f6138dfc6e4 /home   ext4       defaults      0    2
# swap was on /dev/sda6 during installation
UUID=c16ae4ca-82c2-47a4-bd3d-d1bafb598fd7 none       swap       sw         0    0
UUID=30d4a43e-d285-435a-ab1e-e5ec965323af   /mnt/hwd   ext4 defaults       0    2
然后保存 fstab 文件即可
```

（5）卸载文件系统命令 umount。

umount 可卸载目前挂在 Linux 目录中的文件系统。

格式：unount　[参数]　[装载点/设备名]

参数说明：

● -a：所有 fstab 文件列出的文件系统。

● -t：指定文件系统类型，即卸载指定类型的文件系统。

实例：

```
直接卸载
root@hwd-virtual-machine:/# umount /mnt/hwd
root@hwd-virtual-machine:/# umount /mnt/cdrom
```

如果提示被占用，则使用强制卸载

root@hwd-virtual-machine:/# umount -f /mnt/cdrom

注意：使用-f 参数进行强制卸载时建议稍等片刻。

本章小结

一个全新的磁盘，首先需要分区。一块磁盘的 MBR 分区表中最多只能包括 4 个分区的记录（主分区或者扩展分区的记录），如果需要更多的分区，则需要建立一个扩展分区，然后在该扩展分区上建立逻辑分区，一个扩展分区最多可以包括 23 个逻辑分区。每个逻辑分区上都有一个逻辑磁盘驱动器。

Linux 系统中最多可以有 3 个扩展分区，在扩展分区中可以创建逻辑分区，SCSI 硬盘最多有 16 个逻辑分区，IDE 硬盘最多有 63 个逻辑分区。

fdisk 是 Linux 的磁盘分区表操作工具，用于管理磁盘分区。

在虚拟机上进行磁盘扩展操作仅增大虚拟磁盘的大小，分区和文件系统的大小不受影响。

在 Linux 中通过 fdisk 等命令进行分区后，还需要对分区进行处理，使之支持相应的文件系统，这时候就需要用到 mkfs。

Linux 磁盘检验要用到 fsck、df 和 du 这 3 个命令。

Linux 中每个文件系统都有独立的 inode、block 和 super block 等信息，这些文件系统要挂载到目录树才可以使用，将文件系统与目录树结合的操作称为挂载，反之称为卸载。也就是说，挂载点一定是目录。挂载命令为 mount，卸载命令为 umount。

对 Linux 系统而言，U 盘是当作 SCSI 设备对待的，其使用方法和移动硬盘完全一样。

要使挂载信息永久保存，需要将其写在文件/etc/fstab 中。

习题

1. 按照接口种类，磁盘可以分为哪几类？
2. 简述磁盘分区。
3. 查看分区表/dev/sda。
4. 创建分区/dev/sdb。
5. 分别使用命令挂载光驱和 U 盘。
6. 挂载分区/dev/sda2。

第 8 章　Linux 进程管理

　　本章首先对进程管理进行讲解，简述什么是进程以及与进程相关的知识；然后讲解进程的管理命令，这是本章讲述的重点，包括创建进程、查看进程的运行状态、终止进程，对守护进程进行了详细讲解，因为守护进程是运行在后台的非常重要的一种特殊进程。另外，使用 crontab 命令安排周期性任务在 Linux 系统管理中经常用到，本章对此部分的相关内容也进行了讲述。

- 进程
- Linux 进程管理命令
- 进程的运行状态
- 终止进程
- 守护进程（Daemon）
- crond 守护进程
- crontab 文件的含义

8.1　Linux 系统进程概述

　　程序是存储在存储媒介（如硬盘、光盘）当中的二进制程序，而进程是一个正在运行中的程序。换句话说，程序是一艘在船坞中的游轮，而进程是正在航行的游轮。

　　为了识别身份，每个进程都拥有一个唯一的进程标识符（Process Identifier，PID）用以识别进程，相当于个人的身份证号码。

　　当进程 A 创建了进程 B 时，称进程 A 为进程 B 的父进程，进程 B 为进程 A 的子进程。当然，操作系统也会记录创建该进程的 PID，并称其为 PPID（Parent PID），如图 8.1 所示。

UID	PID	PPID	C	STIME	TTY	TIME	CMD
12	2546	2544	0	03:17	pts/0	00:00:00	Bash
12	2560	2546	0	03:17	pts/0	00:00:00	Bash
12	2573	2560	0	03:17	pts/0	00:00:00	Bash
12	2586	2573	0	03:17	pts/0	00:00:00	Bash
12	2608	2586	2	03:18	pts/0	00:00:00	ps -ef

图 8.1　进程信息

图 8.1 中连续创建了多个 bash 进程，由于创建 bash 后进程会直接转到刚刚创建的 bash 中，

所以每个 bash 的 PPID 为上一个 bash 的 PID（此处建议实际操作）。以 PID 为 2560 的 bash 进程为例，它的 PPID 为 2546，则称 bash2560 为 bash2546 的子进程。可以参考树型结构中的父结点与子结点的关系。

当然，每个进程只有它的创建者和超级用户 root 可以对其进行操作，所以操作系统同样会记录该进程主人的身份证号码，即 UID（User Identifier）。然而，当我们在用普通用户权限访问特定资源时，会因为主人的权限过低而导致操作无法执行，这时操作系统使用的评判标准并不是 UID 而是 EUID（Effective User Identifier，有效的用户 ID）。同样地，GID 也具有相对应的 EGID（Effective Group Identifier）。在一般情况下，EUID、EGID 是与 UID、GID 相同的。

EUID 和 UID 的关系可以理解为：在进入某些特定的房间时，由于我（当前用户）没有钥匙（权限）进入，所以需要借用其他人（EUID）的钥匙来开门，从而达到我的目的（进入房间）。EGID 和 GID 的关系相似。

8.2　Linux 进程管理命令

图形界面工具的发展使得 Linux 的维护难度大幅降低，几乎所有的一般操作都可以找到合适的图形工具而更有效率地得到解决。但是在 Linux 的使用与维护中，由于图形界面具有低效率、低可靠性、低格调的特点，我们经常需要使用系统为用户提供的命令行接口（Command Line Interface，CLI）来完成对系统的操作和维护。

8.2.1　创建进程

在 Windows 系统中，所有的文件都是根据文件名中的扩展名来识别种类并进行处理的（例如打开.exe，操作系统会根据扩展名将该文件当作可执行文件执行），但在 Linux 中，所有的文件都是被当作普通文件处理的。

在执行可执行文件时，首先要确定当前用户对该文件拥有执行权限（X），然后使用./XXX.XXX 的方式执行文件，例如$ ./install。

当然，这只是针对一般的可执行文件，对于大多数自动安装的软件，由于配置了环境变量，因此可以直接在 bash 中执行，如图 8.2 所示。

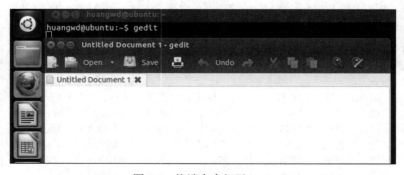

图 8.2　终端命令打开 gedit

但是，使用这种方式运行的程序会使 bash 一直处于等待状态，在运行过程中我们在 bash 中进行的操作全部无效，只有运行的程序结束后才可以进行下一个操作。所以在使用 bash 运行程序时，通常会让其在后台运行，通过在命令名称后添加一个&符号的方法来完成该项操作，即 XXXXX &，如图 8.3 所示。

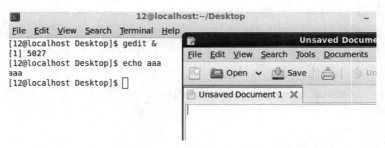

图 8.3　在后台运行 gedit

用户可以使用 jobs 命令查看正在运行的任务，按 Ctrl+Z 组合键，可以将一个正在前台执行的任务放到后台并且暂停运行，使用 fg 命令可以将后台中的任务调至前台继续运行，而 bg 命令可以使一个在后台暂停的任务继续执行。对于多个进程，可以通过 fg 编号或者 bg 编号的方式对其进行管理。

```
huangwd@ubuntu:~$ gedit &
[2] 2788
huangwd@ubuntu:~$ jobs
[1]+   Stopped                      gedit
[2]-   Running                      gedit &
```

8.2.2　查看进程的运行状态

由于一个应用程序可能需要启动多个进程，因此在同等情况下，进程的数量要比程序多得多。为此，从阅读方面考虑，管理员需要知道系统中运行的具体进程。要实现这个需求，就需要利用 ps 和 top 命令。

ps（process status）命令的作用是静态输出当前进程的信息，该命令列出的是系统中当前运行的进程，即执行 ps 命令的那个时刻的那些进程。使用该命令可以确定有哪些进程正在运行和运行的状态、进程是否结束、进程是否僵死、哪些进程占用了过多的资源等。总之大部分信息都可以通过执行该命令得到。

基本格式：ps [参数]

常用参数说明：

a：显示所有终端下执行的进程。

-a：显示同一终端下的所有程序。

-A：显示所有进程。

l：显示进程详细信息。

c：显示进程的真实名称。

T：显示当前终端的所有程序。

u：显示相同 EUID 的进程。

-au：显示较详细的信息。

-aux：显示所有包含其他使用者的进程。

-C<命令>：列出指定命令的状况。

--lines<行数>：每页显示的行数。

--width<字符数>：每页显示的字符数。

--help：显示帮助信息。

--version：显示版本信息。

注意： 参数 a 与-a 的作用是不一样的。

图 8.4 中执行了 ps aux 命令，根据上述参数列表可以得出该命令的作用为显示所有包含其他使用者的进程。

```
[12@localhost etc]$ ps aux
USER        PID %CPU %MEM    VSZ    RSS TTY      STAT START    TIME COMMAND
root          1  0.0  0.0   2872   1412 ?        Ss   01:49   0:01 /sbin/init
root          2  0.0  0.0      0      0 ?        S    01:49   0:00 [kthreadd]
root          3  0.0  0.0      0      0 ?        S    01:49   0:00 [migration/0]
root          4  0.0  0.0      0      0 ?        S    01:49   0:00 [ksoftirqd/0]
root          5  0.0  0.0      0      0 ?        S    01:49   0:00 [migration/0]
root          6  0.4  0.0      0      0 ?        S    01:49   0:12 [watchdog/0]
root          7  0.0  0.0      0      0 ?        S    01:49   0:00 [migration/1]
root          8  0.0  0.0      0      0 ?        S    01:49   0:00 [migration/1]
root          9  0.0  0.0      0      0 ?        S    01:49   0:00 [ksoftirqd/1]
root         10  0.1  0.0      0      0 ?        S    01:49   0:05 [watchdog/1]
root         11  0.1  0.0      0      0 ?        S    01:49   0:03 [events/0]
root         12  0.0  0.0      0      0 ?        S    01:49   0:00 [events/1]
root         13  0.0  0.0      0      0 ?        S    01:49   0:00 [cgroup]
root         14  0.0  0.0      0      0 ?        S    01:49   0:00 [khelper]
root         15  0.0  0.0      0      0 ?        S    01:49   0:00 [netns]
root         16  0.0  0.0      0      0 ?        S    01:49   0:00 [async/mgr]
root         17  0.0  0.0      0      0 ?        S    01:49   0:00 [pm]
root         18  0.0  0.0      0      0 ?        S    01:49   0:00 [sync_supers]
root         19  0.0  0.0      0      0 ?        S    01:49   0:00 [bdi-default]
root         20  0.0  0.0      0      0 ?        S    01:49   0:00 [kintegrityd/0]
root         21  0.0  0.0      0      0 ?        S    01:49   0:00 [kintegrityd/1]
root         22  0.1  0.0      0      0 ?        S    01:49   0:03 [kblockd/0]
root         23  0.0  0.0      0      0 ?        S    01:49   0:00 [kblockd/1]
root         24  0.0  0.0      0      0 ?        S    01:49   0:00 [kacpid]
root         25  0.0  0.0      0      0 ?        S    01:49   0:00 [kacpi_notify]
root         26  0.0  0.0      0      0 ?        S    01:49   0:00 [kacpi_hotplug]
```

图 8.4 显示所有包含其他使用者的进程

图 8.4 中打印内容的第一行为各列的名称，其含义见表 8.1。

表 8.1 ps aux 命令参数列表

列名	含义
USER	该进程的主人
%CPU	CPU 使用率
%MEM	内存使用率
F	标志
UID	用户 ID
PID	进程 ID
PPID	父进程 ID
PRI	优先级
NI	Nice 值，即友善值

续表

列名	含义
VSZ	虚拟内存使用量
RSS	真实内存使用量
WXHAN	进程所等待事件的内存地址
STAT	状态
TTY	与进程相关的终端
START	行程开始时间
TIME	运行时间
COMMAND	所执行的指令

在打印出的内容中，除了资源使用情况外，进程状态 STAT 也是用户经常查找的信息之一。在 Linux 中进程有以下 5 种状态：

（1）运行（正在运行或就绪）。

（2）中断（休眠中或受阻，在等待某个条件的形成或接收到信号）。

（3）不可中断（收到信号不唤醒和不可运行，进程必须等待直到有中断发生）。

（4）僵死（进程已终止，但进程描述符存在，直到父进程调用 wait4()系统调用后释放）。

（5）停止（进程收到 SIGSTOP、SIGSTP、SIGTIN、SIGTOU 信号后停止运行）。

相应地，这 5 种状态在 ps 命令中标识进程的 5 种状态码如下：

R：运行（Runnable）。

S：中断（Sleeping）。

D：不可中断（Uninterruptible）。

T：停止（Traced）。

Z：僵死（Zombie）。

请注意友善值（NI）和优先级（PRI）之间的关系，可以通过修改友善值来提高或降低进程的优先级，但是这两个概念是不同的。进程的友善值是面向用户的概念，而优先级是面向系统的概念，为进程的实际优先等级，一般情况下，进程的优先级为友善值加 20。

通常情况下，由于 ps 在屏幕中打印的内容过多，一般需要配合查找命令-grep 使用，实例如下：

```
huangwd@ubuntu:/etc$ ps aux|grep crond
huangwd    3067  0.0  0.0    4368    832 pts/1    S+    21:08    0:00 grep --color=auto crond
```

ps 提供了进程的一次性查看，但是它所提供的查看结果是静态的，并不能动态连续地查看进程信息。如果想对进程时间进行监控，应该用 top 命令。

top 是一个动态显示过程，即可以不断刷新屏幕中显示内容的打印。用户可以通过按键来刷新当前状态。如果在前台执行该命令，它将独占前台，直到用户终止该程序为止。

比较准确地说，top 命令提供了实时的对系统处理器的状态监视，该命令显示的是系统中 CPU 最敏感的任务列表。

该命令可以按 CPU 使用，也可以按内存使用和执行时间对任务进行排序。而且该命令的很多特性都可以通过交互式命令或者在配置文件中进行设定。图 8.5 所示为当前段执行 top 命令的效果。

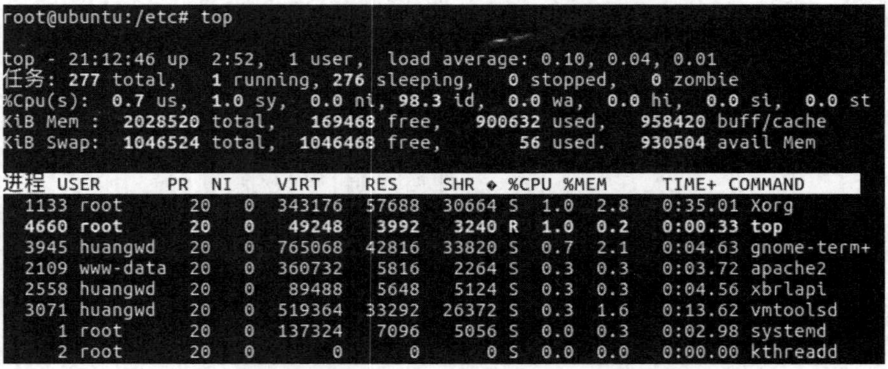

图 8.5　top 命令

　　top 命令与 ps 命令虽然有很多共同之处，但它们显示内容的列名字段含义是有区别的。表 8.2 所示为 top 命令参数列表。

表 8.2　top 命令参数列表

列名	含义
PID	进程 ID
PPID	父进程 ID
RUSER	Real User Name
UID	进程所有者的用户 ID
USER	进程所有者的用户名
GROUP	进程所有者的组名
TTY	启动进程的终端名，不是从终端启动的进程则显示为?
PR	优先级
NI	Nice 值。负值表示高优先级，正值表示低优先级
P	最后使用的 CPU，仅在多 CPU 环境下有意义
%CPU	从上次更新到现在的 CPU 时间占用百分比
TIME	进程使用的 CPU 时间总计，单位秒
TIME+	进程使用的 CPU 时间总计，单位 1/100 秒
%MEM	进程使用的物理内存百分比
VIRT	进程使用的虚拟内存总量，单位 KB。VIRT=SWAP+RES
SWAP	进程使用的虚拟内存中被换出的大小，单位 KB
RES	进程使用的未被换出的物理内存大小，单位 KB。RES=CODE+DATA
CODE	可执行代码占用的物理内存大小，单位 KB
DATA	可执行代码以外的部分（数据段＋栈）占用的物理内存大小，单位 KB
SHR	共享内存大小，单位 KB

续表

列名	含义
nFLT	页面错误次数
nDRT	从最后一次写入到现在被修改过的页面数
S	进程状态
COMMAND	命令名/命令行
WCHAN	若该进程在睡眠，则显示睡眠中的系统函数名
Flags	任务标志，参考 sched.h

top 命令格式：top [-] [d] …[n]

参数说明：

d：指定两次屏幕信息刷新之间的时间间隔。用户可以使用 s 交互命令来改变该间隔。

p：通过指定监控进程 ID 来仅仅监控某个进程的状态。

q：使 top 没有任何延迟地进行刷新。如果调用程序有超级用户权限，那么 top 将以尽可能高的优先级运行。

s：使 top 命令在安全模式中运行，这将去除交互命令所带来的潜在危险。

i：使 top 不显示任何闲置或者僵死的进程。

c：显示整个命令行而不只是显示命令名。

实例：每隔 2 秒钟显示一次 PID 为 1133 的进程的状态。

```
root@ubuntu:/etc# top -d 2 -p 1133

top - 21:20:22 up    3:00,1 user,load average: 0.09,0.06,0.01
任务:    1 total, 0 running, 1 sleeping, 0 stopped, 0 zombie
%Cpu(s): 10.5 us,3.7 sy,0.0 ni,85.8 id,0.0 wa,0.0 hi,0.0 si,0.0 st
KiB Mem :   2028520 total, 164892 free, 904456 used, 959172 buff/cache
KiB Swap:   1046524 total,1046468 free,       56 used.    926468 avail Mem
进程  USER   PR  NI   VIRT    RES    SHR   �     %CPU  %MEM   TIME+    COMMAND
1133  root   20   0   342664  57688  30664  S     3.0   2.8    0:37.44  Xorg
```

8.2.3　终止进程

当需要中断一个前台进程的时候，通常使用 Ctrl+C 组合键。但是对于一个后台进程恐怕就不是一个组合键所能解决的了，这时必须求助于 kill 命令，该命令可以终止后台进程。终止后台进程的原因有很多，可能是该进程占用的 CPU 时间过多，也可能是该进程已经挂死。总之这种情况经常发生。

命令格式：kill[参数][进程号]

参数说明：

-s：指定需要送出的信号，既可以是信号名，也可以是数字。

-p：指定 kill 命令只是显示进程的 PID，并不真正送出结束信号。

-l：显示信号名称列表，这也可以在/usr/include/Linux/signal.h 文件中找到。

kill 命令是通过向进程发送指定的信号来结束进程的。如果没有指定发送信号，那么默认值为 TERM 信号。TERM 信号将终止所有不能捕获该信号的进程，而可以捕获该信号的进程则需要使用 kill9 信号，该信号是不能被捕捉的。

使用 kill -l 命令可以列出信号列表，具体如下：

$ kill -l

1) SIGHUP	2) SIGINT	3) SIGQUIT	4) SIGILL
5) SIGTRAP	6) SIGABRT	7) SIGBUS	8) SIGFPE
9) SIGKILL	10) SIGUSR1	11) SIGSEGV	12) SIGUSR2
13) SIGPIPE	14) SIGALRM	15) SIGTERM	16) SIGSTKFLT 17) SIGCHLD
18) SIGCONT	19) SIGSTOP	20) SIGTSTP	21) SIGTTIN
22) SIGTTOU	23) SIGURG	24) SIGXCPU	25) SIGXFSZ
26) SIGVTALRM	27) SIGPROF	28) SIGWINCH	29) SIGIO
30) SIGPWR	31) SIGSYS	34) SIGRTMIN	35) SIGRTMIN+1
36) SIGRTMIN+2	37) SIGRTMIN+3	38) SIGRTMIN+4	39) SIGRTMIN+5
40) SIGRTMIN+6	41) SIGRTMIN+7	42) SIGRTMIN+8	43) SIGRTMIN+9
44) SIGRTMIN+10	45) SIGRTMIN+11	46) SIGRTMIN+12	47) SIGRTMIN+13
48) SIGRTMIN+14	49) SIGRTMIN+15	50) SIGRTMAX-14	51) SIGRTMAX-13
52) SIGRTMAX-12	53) SIGRTMAX-11	54) SIGRTMAX-10	55) SIGRTMAX-9
56) SIGRTMAX-8	57) SIGRTMAX-7	58) SIGRTMAX-6	59) SIGRTMAX-5
60) SIGRTMAX-4	61) SIGRTMAX-3	62) SIGRTMAX-2	63) SIGRTMAX-1
64) SIGRTMAX			

列表中，编号为 1～31 的信号为传统 UNIX 支持的信号，是不可靠信号（非实时信号）；编号为 32～63 的信号是后来扩充的，称为可靠信号（实时信号）。不可靠信号和可靠信号的区别在于前者不支持排队，可能会造成信号丢失，而后者不会。

在使用信号终止进程时通常采用如下方式：

    kill [-s 信号 | -p] [-a] 进程号 ...

在一般情况下，只需要 kill 进程 PID 即可达到结束某个进程的目的，这也是最安全的方法。

实例：

```
huangwd@ubuntu:/etc$ ps
  PID    TTY    TIME       CMD
  2606   pts/1  00:00:00   bash
  2670   pts/1  00:00:00   gedit
  3078   pts/1  00:00:00   ps
huangwd@ubuntu:/etc$ kill 2670
huangwd@ubuntu:/etc$
```

强行终止（经常使用 kill）一个进程：

```
huangwd@ubuntu:/etc$ kill -9 2670
huangwd@ubuntu:/etc$ ps
  PID    TTY    TIME       CMD
  2606   pts/1  00:00:00   bash
  3092   pts/1  00:00:00   ps
[1]+   Killed    gedit      (wd: ~)
```

```
(wd now: /etc)
huangwd@ubuntu:/etc$
```

当然，在使用 kill 命令时，我们使用的是 PID，而 Linux 系统中的 killall 命令可以将指定名字的进程杀死，例如杀死名为 httpd 的进程：

```
#killall httpd
```

又如向名为 httpd 的进程发送信号 9（强制杀死）：

```
#killall -s 9 httpd
```

8.3　守护进程

守护进程（Daemon）是一直存在的、运行在后台的一种特殊的进程，它无法被交互用户直接控制，且周期性地执行某种任务或等待处理某些发生的事件。一般守护进程名由 d 结尾，以便于与普通进程进行区分。

守护进程的生存期比较长，在开机时启动，在关机时关闭。Linux 的大多数服务都是由守护进程实现的。守护进程按启动和管理方式分为两类：一类为独立启动式的（stand alone），另一类为保姆式的（xinetd）。

stand alone 进程非常独立，它在开机时自行启动并且不需要过多管理，但由于独立启动后会一直占用系统资源，因此该类守护进程响应最快。stand alone 进程常见的有 MySQL 等。

在 Linux 内核被加载后，执行的第一个进程即为 init，在执行 init 进程之后，该进程会读取/etc/inittab 文件确定运行等级（运行等级是指 Linux 通过设置不同等级来规定系统用不同的服务来启动，从而使 Linux 的使用环境不同），在经过其他一些过程之后读取/etc/rcx.d 目录（x 为数字，是 inittab 中的运行等级，在不同版本的操作系统中该文件的路径可能略有不同），并执行该目录下的启动脚本。也可以说，init 进程即为所有守护进程的父进程，init 的 PID 为 1。

8.3.1　xinetd 简介

xinetd 进程的主要用途是管理网络相关的服务，安全性较高。在类 UNIX 操作系统（Linux、BSD、Mac OS X 等）中，xinetd 进程监听来自网络的请求，从而启动相应的服务。

由于 stand alone 进程会一直占用子资源，显得很浪费，因此 xinetd 出现了。xinetd 由一个统一的 stand alone 守护进程来唤起，所以 xinetd 别称 Super Daemon。在没有请求的时候，xinetd 类的守护进程都是未启动的，等到有需求时 Super Daemon 才会唤醒具体的 xinetd 守护进程。由于按需启动所以占用资源较少，但是响应不及时。

8.3.2　守护进程管理

init 进程是内核启动的第一个用户级进程，在系统启动时，init 进程会根据文件配置进行管理，同样地，自定义的进程也可交由 init 程序管理。

正如前面所提到的，在执行 init 进程之后，该进程会读取/etc/inittab 文件确定运行等级。但由于此处我们讲解的是守护进程的管理，所以首先要讲解一下/etc/inittab 文件的内容及其含义。

一般情况下，在打开/etc/inittab 文件后，该文件中有效的部分只有行:id:5:initdefault:。

格式：Label:Runlevel:Action:Process

参数说明：

label：1～4 个字符的标签，用来标示输入的值，是文件中条目的唯一标识。某些系统只支持两个字符的标签，所以多数用户都将标签字符限制在两个之内。该标签可以是任意字符构成的字符串，但实际上，某些特定的标签是常用的。

runlevel：指定运行等级。可以指定多个运行等级，也可以不为 runlevel 字段指定特定的值，即使用默认值。

action：定义该进程运行的状态和动作。

process：所要执行的 Shell 命令。任何合法的 Shell 语法均适用于该字段。

实例：ac:235:respawn:/tmp/aa/ra2

该语句含义：唯一标识符为 ac，/tmp/aa/ra2 程序在 2、3、5 级别运行，respawn 表示该进程终止立即重新启动。在 inittab 文件之后，即 rc1.d 目录下的运行脚本如图 8.6 所示。

```
[root@localhost rc1.d]# ls
K03rhnsd          K30sendmail              K70aep1000     K90network
K05anacron        K34yppasswdd             K70bcm5820     K91isdn
K05atd            K43vmware-tools-thinprint K72autofs     K92iptables
K05saslauthd      K44rawdevices            K74apmd        K95firstboot
K10cups           K45named                 K74ntpd        K95kudzu
K10xfs            K50snmpd                 K74ypserv      K96pcmcia
K15gpm            K50snmptrapd             K74ypxfrd      K99vmware-tools
K15httpd          K50tux                   K75netfs       S00single
K20nfs            K50vsftpd                K80random      S17keytable
K24irda           K50xinetd                K86nfslock
K25squid          K54pxe                   K87portmap
K25sshd           K60crond                 K88syslog
```

图 8.6　rc1.d 目录下的运行脚本

当然，用户也可以将自定义进程设置为守护进程，并利用 service 等工具进行进程管理。和系统的守护进程一样，在/etc/init.d 目录下必须有一个与守护进程相对应的脚本文件。rcx.d/中的内容都是指向 init.d/的一些软链接。

在 Linux 中，可以使用命令对进程进行启动、状态查询和关闭。

sshd 启动：

　　root@ubuntu:/etc/init.d# /etc/init.d/ssh start

　　[ok] Starting ssh (via systemctl): ssh.service.

sshd status 状态查询：

　　root@ubuntu:/etc/init.d# /etc/init.d/ssh stauts

　　 * Usage: /etc/init.d/ssh {start|stop|reload|force-reload|restart|try-restart|status}

　　root@ubuntu:/etc/init.d# /etc/init.d/ssh status

　● ssh.service - OpenBSD Secure Shell server

　　Loaded: loaded (/lib/systemd/system/ssh.service; enabled; vendor preset: enabled)

　　Active: active (running) since Wed 2017-08-02 07:39:31 PDT; 17h ago

　Main PID: 1018 (sshd)

　　Tasks: 1 (limit: 19660)

　　CGroup: /system.slice/ssh.service

　　　　　└─1018 /usr/sbin/sshd -D

Aug 02 07:41:04 ubuntu systemd[1]: Reloading OpenBSD Secure Shell server.

Aug 02 07:41:04 ubuntu sshd[1018]: Received SIGHUP; restarting.

Aug 02 07:41:04 ubuntu systemd[1]: Reloaded OpenBSD Secure Shell server.

Aug 02 07:41:04 ubuntu sshd[1018]: Server listening on 0.0.0.0 port 22.

Aug 02 07:41:04 ubuntu sshd[1018]: Server listening on :: port 22.

Aug 02 07:41:14 ubuntu systemd[1]: Reloading OpenBSD Secure Shell server.

Aug 02 07:41:14 ubuntu sshd[1018]: Received SIGHUP; restarting.

Aug 02 07:41:14 ubuntu sshd[1018]: Server listening on 0.0.0.0 port 22.

Aug 02 07:41:14 ubuntu sshd[1018]: Server listening on :: port 22.

Aug 02 07:41:14 ubuntu systemd[1]: Reloaded OpenBSD Secure Shell server.

sshd stop 停止：

　　root@ubuntu:/etc/init.d# /etc/init.d/ssh stop

　　[ok] Stopping ssh (via systemctl): ssh.service.

同时还可以进行重启、重新载入配置等操作。

service 工具可对/etc/init.d 目录下的系统服务进行管理，可以完成与上述相同的操作。

　　huangwd@ubuntu:/$ sudo service bind9 start

　　 * Starting domain name service... bind9   [OK]

　　huangwd@ubuntu:/$ sudo service bind9 status

　　 * bind9 is running

　　huangwd@ubuntu:/$ sudo service bind9 stop

　　 * Stopping domain name service... bind9

　　　 waiting for pid 1121 to die

　　　　　　　　　　　　　　　　　　　　　　　　　　　　　　　　　　[OK]

　　huangwd@ubuntu:/$

对于守护进程的启动，大多数 Linux 发行版会将 stand alone 守护进程的启动脚本放置在
/etc/init.d 文件夹中。xinetd 守护进程的相关配置文件在/etc/xinetd.d/目录中，该目录中的每个
配置文件都代表一个独立的 xinetd 守护进程，而对于/etc/xinetd.conf 文件一般不作关心。

由于 stand alone 配置难度较高，因此此处只讲解 xinetd 的配置方法。

xinetd 下的配置文件格式如下：

```
service service-name        //服务名
{
disabled = yes/no;          //是否禁用
socket_type = xxx;          //TCP/IP 套接字类型，如 stream、dgram、raw
protocol = xxx;             //服务使用的协议
server = xxx;               //服务 daemon 的完整路径
server_args = xxx;          //服务的参数
port = xxx;                 //指定服务的端口号
wait = xxx;                 //是否阻塞服务，即单线程或多线程
user = xxx;                 //服务进程的 UID
group = xxx;                //GID
REUSE = xxx;                //可重用标志
…
}
```

8.4　安排周期性任务

所谓计划任务，正如名称所讲，是按照计划执行指定的任务。计划任务分为两类：一次性任务和周期性任务。一次性任务通常使用 at 命令，而周期性任务通常使用 cron 命令。

本节将学习使用 crontab 命令安排周期性任务的相关内容，而 at 命令将作为课余内容自学。

cron 周期性任务由 crond 守护进程和一组表（描述执行哪些操作和采用什么样的频率）组成。这个守护进程每分钟唤醒一次，并通过检查 crontab 文件来判断需要做什么。用户使用 crontab 命令管理 crontab 文件。crond 守护进程通常是在系统启动时由 init 进程启动的。

8.4.1　crond 守护进程

crond 是 Linux 中用来周期性地执行某种任务或等待处理某些事件的一个守护进程，与 Windows 下的计划任务类似，当操作系统安装完成后，会默认安装此服务工具，并且会自动启动 crond 进程。crond 进程每分钟会定期检查是否有要执行的任务，如果有则自动执行该任务。在/etc 目录下可以查看相关文件 cron.d、cron.daily、cron.hourly、cron.monthly、cron.weekly、crontab。

cron.allow 中存放用户名，用来标识是否允许用户拥有自己的 cron 定时任务，一开始是没有这个文件的，可以由超级用户添加。

cron.deny 中存放用户名，用来标识被禁止使用 cron 的用户名。

同 root 用户一样，普通用户也可以使用 cron 来重复运行程序。要执行的任务通过 crontab 命令来提交给 cron 执行。root 用户通过 cron.allow 文件来控制谁有权使用 crontab 命令。如果用户的名字出现在 cron.allow 文件中，则其有权使用 crontab 命令。如果 cron.allow 文件不存在，系统会检查 cron.deny 文件来确定是否这个用户被拒绝存取。如果两个文件都存在，则 cron.allow 有优先权。如果两个文件都不存在，则只有 root 用户可以提交任务。如果 cron.deny 文件为空文件，则所有的用户都可以使用 crontab。

8.4.2　系统任务调度和用户任务调度

任务调度分为两类：系统任务调度和用户任务调度。

系统任务调度是系统周期性所要进行的工作，比如写缓存数据到硬盘、日志清理等。在/etc 目录下有一个 crontab 文件，这个就是系统任务调度的配置文件。

用户任务调度是用户定期要进行的工作，比如用户数据备份、定时邮件提醒等。用户可以使用 crontab 工具来定制自己的计划任务。每个用户都可以有自己的 crontab 文件，文件内容的格式详见 8.4.3 节。所有用户定义的 crontab 文件都被保存在/var/spool/cron 目录中，其文件名与用户名一致。

系统级任务调度主要完成系统的一些维护操作，用户级任务调度主要完成用户自定义的一些任务。可以将用户级任务调度放到系统级任务调度来完成（不建议这么做），但是反过来却不行。root 用户的任务调度操作可以通过"crontab -u root -e"来设置，也可以将调度任务直接写入/etc/crontab 文件。需要注意的是，如果要定义一个定时重启系统的任务，就必须将任务放到/etc/crontab 文件中，即使在 root 用户下创建一个定时重启系统的任务也是无效的。

8.4.3　crontab 文件的含义

crontab 文件内容如下：

```
#cat /etc/crontab
# /etc/crontab: system-wide crontab
# Unlike any other crontab you don't have to run the `crontab'
# command to install the new version when you edit this file
# and files in /etc/cron.d. These files also have username fields,
# that none of the other crontabs do.
SHELL=/bin/sh
PATH=/usr/local/sbin:/usr/local/bin:/sbin:/bin:/usr/sbin:/usr/bin
MAILTO=root
HOME=/
# m h dom mon dow user    command
  17 *  *    *   *   root    cd / && run-parts --report /etc/cron.hourly
  25 6  *    *   *   root    test -x /usr/sbin/anacron || ( cd / && run-parts --report /etc/cron.daily )
  47 6  *    *   7   root    test -x /usr/sbin/anacron || ( cd / && run-parts --report /etc/cron.weekly )
  52 6  1    *   *   root    test -x /usr/sbin/anacron || ( cd / && run-parts --report /etc/cron.monthly )
```

前两行是用来配置 crond 任务运行的环境变量。第 7 行 SHELL 变量指定系统要使用哪个 Shell，这里使用 bash；第 8 行 PATH 变量指定系统执行命令的路径；第 9 行 MAILTO 变量指定 crond 的任务执行信息将通过电子邮件发送给 root 用户，如果 MAILTO 变量的值为空，则表示不发送任务执行信息给用户；第 10 行 HOME 变量指定在执行命令或者脚本时使用的主目录。最后 4 行是任务的基本设置行，每一行都代表一项任务，每行的每个字段代表一项设置，它的格式共分为 6 个字段，前 5 段是时间设定段，第 6 段是要执行的命令段。

基本格式：

*　*　*　*　*　　命令

第 1 个*号表示分钟 1～59，每分钟用*或者*/1 表示。

第 2 个*号表示小时 1～23（0 表示零点）。

第 3 个*号表示日期 1～31。

第 4 个*号表示月份 1～12。

第 5 个*号表示星期 0～6（0 表示星期天）。

命令部分是要执行的指令。

但是，在*项出现了*/n，则表示每隔 n 分钟（或小时、周等）执行一次，而 1、2、3 则表示第 1、第 2、第 3 分钟（或小时、周等）都要执行一次，1～6 则代表第 1 到第 6 分钟（或小时、周等）都要执行一次。

8.4.4　crontab 的使用格式

通过 crontab 命令，用户可以在固定的间隔时间执行指定的系统指令或 Shell Script 脚本。该命令从标准输入设备读取指令，并将其存放于 crontab 文件中，以供之后读取和执行。

命令格式：

crontab [-u user] file

crontab [-u user] [-e | -l | -r]

参数说明：

-u user：用来设定某个用户的 crontab 服务。例如，"-u underwood"表示设定 underwood 用户的 crontab 服务，此参数一般由 root 用户运行。

file：file 是命令文件的名字，表示将 file 作为 crontab 的任务列表文件并载入 crontab。如果在命令行中没有指定这个文件，crontab 命令将接受标准输入（键盘）上键入的命令，并将它们载入 crontab。

-e：编辑某个用户的 crontab 文件内容。如果不指定用户，则表示编辑当前用户的 crontab 文件。

-l：显示某个用户的 crontab 文件内容，如果不指定用户，则表示显示当前用户的 crontab 文件内容。

-r：从/var/spool/cron 目录中删除某个用户的 crontab 文件，如果不指定用户，则默认删除当前用户的 crontab 文件。

-i：在删除用户的 crontab 文件时给出确认提示。

8.4.5 crontab 文件举例

crontab 文件内容如下：

```
* 23-7/1 * * * service lighttpd restart
10 1 * * 6，0 service bluetooth restart
45 4 1，10，22 * * service rdisc restart
```

文件每行解释如下：

第 1 行表示从晚上 11 点到次日早上 7 点每隔一小时重启 lighthttpd。

第 2 行表示每周六和周日的 1:10 重启 bluetooth。

第 3 行表示每月 1、10、22 日的 4:45 重启 rdisc。

8.5   cron 服务的启动与停止

cron 是被默认安装并启动的。而在 Ubuntu 下启动、停止与重启 cron，均是通过调用/etc/init.d/中的脚本进行的。下面给出相应命令。

启动：sudo /etc/init.d/cron start

停止：sudo /etc/init.d/cron stop

重启：sudo /etc/init.d/cron restart

重新载入配置：sudo /etc/init.d/cron reload

可以用 ps aux | grep cron 命令查看 cron 是否已启动，也可以通过如下命令查看：

```
/usr/sbin/service crond start          //启动服务
/usr /sbin/service crond stop          //停止服务
/usr/sbin/service crond restart        //重启服务
/usr /sbin/service crond reload        //重新载入配置服务
```

本章小结

进程是一个正在运行中的程序，进程有子进程和父进程。

ps 命令列出的是系统中当前运行的进程，作用为静态输出当前进程的信息。

top 可以动态显示进程的过程，即可以不断刷新屏幕中显示内容的打印。用户可以通过按键来刷新当前状态。如果在前台执行该命令，它将独占前台，直到用户终止该程序。

当需要中断一个前台进程的时候，通常使用 Ctrl+C 组合键。但是对于一个后台进程恐怕就不是一个组合键所能解决的了，这时必须求助于 kill 命令，该命令可以终止后台进程。

守护进程（Daemon）是一直存在的、运行在后台的一种特殊的进程，它无法被交互用户直接控制，且周期性地执行某种任务或等待处理某些发生的事件。

init 进程为所有守护进程的父进程。

crond 进程的作用就是定期执行任务或等待处理某些任务。每个用户都可以有自己的 crontab 文件。

习题

1．什么是进程？进程和程序的区别是什么？
2．什么是父进程和子进程？什么是前台进程和后台进程？
3．查看所有用户执行的进程的详细信息。
4．重启 PID 为 xxxx 的进程。
5．如何指定程序的运行优先级？如何改变一个正在运行的进程的优先级？
6．如何查看后台被暂停的进程？
7．如何动态查看进程信息？
8．简述为什么要设置计划任务。
9．利用周期性计划命令 crontab 实现周一到周五下午 5 点 45 分自动关机。

第9章 文本编辑工具

本章导读

本章主要介绍文本编辑器。Linux 系统中有许多非常优秀的文本编辑器，本章主要推荐 vim、gedit 和 Emacs，并对编辑器中的常青树 vim 进行重点讲解。

本章要点

- 图形用户界面（GUI）编辑器
- 命令行接口（CLI）编辑器
- vim、gedit、Emacs

在使用和管理 Linux 的过程中，许多时候都需要使用文本编辑器来修改配置文件，例如修改自动挂载文件 fstab 等。Linux 系统中有许多非常优秀的文本编辑器，本节将简单介绍几种常见的文本编辑器。

文本编辑器用途广泛，可用于编写代码、编辑文本文件（如配置文件）、制作用户指令文件等。在 Linux 中，文本编辑器有两种：图形用户界面（GUI）编辑器和命令行接口（CLI）编辑器（控制台或终端）。

（1）vim 编辑器。

Linux 系统都会内置 vim 文本编辑器，其他的文本编辑器则不一定会存在。vim 是从 vi 发展来的文本编辑器，其代码补全、编译及错误跳转等方便编程的功能特别丰富，在程序员中被广泛使用。简单来说，vi 是老式的字处理器，虽然功能很齐全，但还是有需要改善的地方；vim 则是程序开发者的一个很好用的工具。

vim 是一款功能强大的、基于命令行的文本编辑器，它增强了老式 UNIX vi 文本编辑器的功能。它也是系统管理员和程序员中最受欢迎、使用最广泛的文本编辑器之一，这就是许多用户经常称之为"程序员的编辑器"的原因。在编写代码或编辑配置文件时，vim 能够支持语法高亮显示。图 9.1 所示为 vim 编辑器启动后的界面。

（2）gedit 编辑器。

gedit 是一款基于 GUI 的通用文本编辑器，是默认安装在 GNOME 桌面环境上的文本编辑器，如图 9.2 所示。它易于使用，可灵活插入。这款强大的编辑器有以下特性：

- 支持 UTF-8。
- 可配置的字体大小和颜色。
- 可灵活定制的语法高亮显示。
- 撤销和重做功能。

- 恢复文件。
- 远程编辑文件。
- 搜索和替换文本。
- 剪贴板支持功能及其他更多功能。

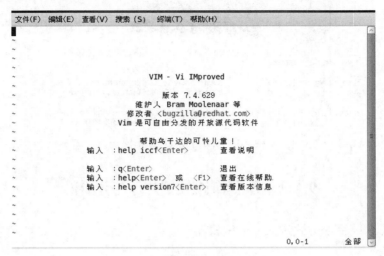

图 9.1 vim 编辑器

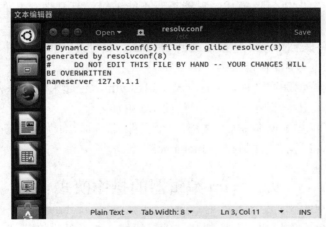

图 9.2 gedit 编辑器

（3）GNU Emacs 编辑器。

GNU Emacs 不仅是一款可灵活扩展和灵活定制的文本编辑器，还提供了解读 LISP 编程语言这一核心功能。它可以添加不同的扩展件，以支持文本编辑功能，如图 9.3 所示。

GNU Emacs 有以下特性：

- 用户说明文档和教程。
- 语法高亮显示，甚至可以对纯文本使用颜色。
- 为许多自然语言提供了统一码（Unicode）支持功能。
- 诸多扩展件，包括电子邮件及新闻、调试器界面、日历等。

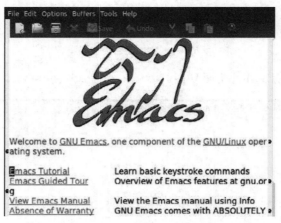

图 9.3　GNU Emacs 编辑器

9.1　vim 编辑器的执行与退出

可以通过以下 vi 命令方式进入 vim 编辑器：

命令　　　　　　　　　　　　　　描述

vi filename　　　　　　如果 filename 存在则打开，否则会创建一个新文件再打开

vi -R filename　　　　以只读模式（只能查看不能编辑）打开现有文件

退出 vim 编辑器命令说明：

● Q：如果文件未被修改，会直接退回到 Shell，否则提示保存文件。

● q!：强行退出，不保存修改内容。

● wq：w 命令表示保存文件，q 命令表示退出 vim，合起来就是保存并退出。

● ZZ：保存并退出，相当于 wq，但是比 wq 更加方便。

退出之前，用户可以在 w 命令后面指定一个文件名，将文件另存为新文件。例如 w filename2 表示将当前文件另存为 filename2。

9.2　vim 编辑器的操作模式

vim 编辑器有 3 种操作模式：一般模式、编辑模式、指令行命令模式。

（1）一般模式。

当以 vi 命令打开一个文件时就直接进入一般模式了（这是默认的模式）。在这个模式中，可以使用上下左右按键来移动光标，也可以使用"删除字符"或"删除整行"来处理文件内容，还可以使用"复制"和"粘贴"来处理文件数据。

（2）编辑模式。

在一般模式中可以进行删除、复制、粘贴等操作，但却无法编辑文件的内容，要等到按下 i、I、o、O、a、A、r、R 中的任意一个字母键之后才会进入编辑模式。注意，通常在 Linux 中，按下这些键时，在界面的左下方会出现 INSERT 或 REPLACE 字样，此时才可以进行编辑；而如果要回到一般模式，则必须按 Esc 键才可退出编辑模式。

（3）指令行命令模式。

在一般模式当中，输入:、/、?三个中的任何一个，就可以将光标移动到最下面一行，即指令行。指令行命令模式可以提供搜索资料的操作，且读取、存盘、大量取代字符、退出 vim、显示行号等操作也是在此模式中完成的。

（4）工作模式切换。

1）在普通模式下输入 i（插入）、c（修改）、o（另起一行）命令时可以进入编辑模式，按 Esc 键退回到普通模式。

2）在普通模式下输入:（冒号）可以进入命令模式。输入完命令按回车键，命令执行完后会自动退回到普通模式。

9.3　Command Mode 命令

（1）移动光标。

为了不影响文件内容，必须在普通模式（按两次 Esc 键）下移动光标。使用表 9.1 中的命令每次可以移动一个字符。

表 9.1　移动光标命令

命令	描述
k	向上移动光标（移动一行）
j	向下移动光标（移动一行）
h	向左移动光标（移动一个字符）
l	向右移动光标（移动一个字符）

注意：①vim 是区分大小写的，输入命令时注意不要锁定大写；②可以在命令前添加一个数字作为前缀，例如 2j 表示将光标向下移动两行。

当然，还有很多其他命令可用来移动光标，见表 9.2。但请注意一定要在普通模式（按两次 Esc 键）下操作。

表 9.2　其他移动光标命令

命令	描述
0 或 |	将光标定位在一行的开头
$	将光标定位在一行的末尾
w	将光标定位到下一个单词
b	将光标定位到上一个单词
(	将光标定位到一句话的开头，句子是以!、.、?三种符号来界定的
)	将光标定位到一句话的结尾
{	将光标移动到段落的开头
}	将光标移动到段落的结尾
[[	将光标移回到段落的开头处

命令	描述
]]	将光标向前移到下一个段落的开头处
n|	将光标移动到第 n 列（当前行）
1G	将光标移动到文件第一行
G	将光标移动到文件最后一行
nG	将光标移动到文件第 n 行
:n	将光标移动到文件第 n 行
H	将光标移动到屏幕顶部
nH	将光标移动到距离屏幕顶部第 n 行的位置
M	将光标移动到屏幕中间
L	将光标移动到屏幕底部
nL	将光标移动到距离屏幕底部第 n 行的位置
:x	x 是一个数字，表示移动到行号为 x 的行

控制命令见表 9.3。

表 9.3 控制命令

命令	描述
Ctrl+d	向前滚动半屏
Ctrl+f	向前滚动全屏
Ctrl+u	向后滚动半屏
Ctrl+b	向后滚动全屏
Ctrl+e	向上滚动一行
Ctrl+y	向下滚动一行
Ctrl+I	刷新屏幕

（2）编辑文件。

只有切换到编辑模式下才能编辑文件。有很多命令可以从普通模式切换到编辑模式，见表 9.4。

表 9.4 切换命令

命令	描述
i	在当前光标位置之前插入文本
I	在当前行的开头插入文本
a	在当前光标位置之后插入文本
A	在当前行的末尾插入文本
o	在当前位置下面创建一行
O	在当前位置上面创建一行

（3）删除字符。

表 9.5 中的命令可以删除文件中的字符或行。

表 9.5　删除字符命令

命令	描述
x	删除当前光标下的字符
X	删除光标前面的字符
dw	删除从当前光标到单词结尾的字符
d^	删除从当前光标到行首的字符
d$	删除从当前光标到行尾的字符
D	删除从当前光标到行尾的字符
dd	删除当前光标所在的行

可以在命令前添加一个数字前缀以表示重复操作的次数，例如 2x 表示连续两次删除光标下的字符，2dd 表示连续两次删除光标所在的行。建议先多练习上面的命令，再进一步深入学习。

（4）修改文本。

如果希望对字符、单词或行进行修改，可以使用表 9.6 中的命令。

表 9.6　修改文本命令

命令	描述
cc	删除当前行并进入编辑模式
cw	删除当前字（单词）并进入编辑模式
r	替换当前光标下的字符
R	从当前光标开始替换字符，按 Esc 键退出
s	用输入的字符替换当前字符并进入编辑模式
S	用输入的文本替换当前行并进入编辑模式

（5）粘贴复制。

复制粘贴命令见表 9.7。

表 9.7　复制粘贴命令

命令	描述
yy	复制当前行
nyy	复制 n 行
yw	复制一个字（单词）
nyw	复制 n 行
p	将复制的文本粘贴到光标后面
P	将复制的文本粘贴到光标前面

（6）高级命令。

表 9.8 中的一些高级命令可使工作更有效率。

表 9.8　高级命令

命令	描述
J	将当前行和下一行连接为一行
<<	将当前行左移一个单位（一个缩进宽度）
>>	将当前行右移一个单位（一个缩进宽度）
~	改变当前字符的大小写
^G	Ctrl+G 组合键，可以显示当前文件名和状态
U	撤销对当前行所做的修改
u	撤销上次操作，再次按 u 恢复该次操作
:f	以百分号（%）的形式显示当前光标在文件中的位置、文件名和文件的总行数
:f filename	将文件重命名为 filename
:w filename	保存修改到 filename
:e filename	打开另一个文件名为 filename 的文件
:cd dirname	改变当前工作目录到 dirname
:e #	在两个打开的文件之间进行切换
:n	如果用 vim 打开了多个文件，可以使用:n 切换到下一个文件
:N	如果用 vim 打开了多个文件，可以使用:N 切换到上一个文件
:r file	读取文件并在当前行的后边插入
:nr file	读取文件并在第 n 行后边插入

（7）文本查找。

如果希望进行全文件搜索，可以在普通模式（按两次 Esc 键）下输入/命令，这时状态栏（最后一行）会出现/并提示输入要查找的字符串，输入字符串后回车即可。/命令是向下查找，如果希望向上查找，可以使用?命令。这时，输入 n 命令可以按相同的方向继续查找，输入 N 命令可以按相反的方向继续查找。搜索的字符串中可以包含一些有特殊含义的字符，见表 9.9，如果希望搜索这些字符本身，则需要在其前面加反斜杠（\）。

表 9.9　特殊含义字符

字符	描述
^	匹配一行的开头
.	匹配一个字符
*	匹配 0 个或多个字符
$	匹配一行的结尾
[ ]	匹配一组字符

如果希望搜索某行中的单个字符，可以使用 f 或 F 命令，其中 f 命令表示向上搜索，F 命

令表示向下搜索，并且会把光标定位到匹配的字符。也可以使用 t 或 T 命令，其中 t 命令表示向上搜索，并把光标定位到匹配字符的前面；T 命令表示向下搜索，并把光标定位到匹配字符的后面。

（8）set 命令。

set 命令可以对 vim 编辑器进行一些设置。使用 set 命令需要进入指令行命令模式。set 命令见表 9.10。

表 9.10　set 命令

命令	描述
:set ic	搜索时忽略大小写
:set ai	设置自动缩进（自动对齐）
:set noai	取消自动缩进（自动对齐）
:set nu	显示行号
:set sw	设置缩进的空格数，例如将缩进空格数设置为 4：:set sw=4
:set ws	循环搜索：如果直到文件末尾也没有查找到指定字符，那么会回到开头继续查找
:set wm	设置自动换行，例如设置距离边际 2 个字符时换行：:set wm=2
:set ro	将文件类型改为只读
:set term	输出终端类型
:set bf	忽略输入的控制字符，如 BEL（响铃）、BS（退格）、CR（回车）等

（9）运行命令。

切换到指令行命令模式，再输入!命令即可运行 Linux 命令。例如在保存文件前，如果希望查看该文件是否存在，那么输入:! ls 即可列出当前目录下的文件。按任意键回到 vim 编辑器。

（10）文本替换。

切换到指令行命令模式，再输入 s/命令即可对文本进行替换。语法为:s/search/replace/g。其中 search 为检索的文本，replace 为要替换的文本，g 表示全局替换。

注意：①输入冒号（:）进入指令行命令模式，按两次 Esc 键进入普通模式；②命令大小写的含义是不一样的；③必须在编辑模式下才能输入内容。

9.4　Last Line Mode 命令

由指令行命令模式进入到底行模式，按冒号（:）键。
- :w：保存。
- :q：退出。
- :!：强制执行。
- :ls：列出打开的所有文件。
- :n：切换到后一个文件。
- :N 或:prev：切换到前一个文件。

本章小结

文本编辑器有两种：图形用户界面（GUI）编辑器和命令行接口（CLI）编辑器（控制台或终端）。

vim 是一款功能强大的、基于命令行的文本编辑器，它也是系统管理员和程序员中最受欢迎、使用最广泛的文本编辑器之一。

vim 有 3 种操作模式：一般模式、编辑模式、指令行命令模式。

工作模式切换：

（1）在普通模式下输入 i（插入）、c（修改）、o（另起一行）命令时可以进入编辑模式，按 Esc 键退回到普通模式。

（2）在普通模式下输入:（冒号）可以进入命令模式。输入完命令按回车键，命令执行完后会自动退回到普通模式。

请注意以下 3 点：

（1）输入冒号（:）进入指令行命令模式，按两次 Esc 键进入普通模式。

（2）命令大小写的含义是不一样的。

（3）必须在编辑模式下才能输入内容。

习题

找一篇英文文档，完成修改和保存。

第 10 章　文件的压缩、解压缩与打包

本章导读

本章主要介绍 Linux 中常见的几种压缩命令。压缩与解压缩是十分常用的指令，Linux 支持的压缩指令比较多样化，且不同的压缩使用的技术不同，目前常用的主要是 gzip 和 bzip2 这两种。本章将对 gzip 及 bzip2 压缩与解压缩命令举例详细讲解。打包命令 tar 在 Linux 应用中不可缺少，tar 与 gzip 联合使用是压缩打包的常用方法。本章内容操作性强，需要多操作练习。

本章要点

- Linux 文件压缩
- gzip 压缩与解压缩命令
- bzip2 压缩与解压缩命令
- tar 打包命令

10.1　Linux 文件压缩简介

所谓压缩就是将原有的文件通过不同的编码技术进行运算，以减少数据存储所需要的空间，使用前再利用解压缩还原原文件的内容即可。和 Windows 一样，在 Linux 中也存在多种压缩与解压缩方法。

压缩与解压缩是十分常用的指令，Linux 支持的压缩指令比较多样化，且不同的压缩使用的技术不同，目前常用的主要是 gzip 和 bzip2 这两种。可能有些人比较常用 tar 命令，这个命令主要用于打包文件，而不是压缩，它支持使用 gzip 和 bzip2 进行压缩。tar 在单独使用的时候仅可打包文件，不要混淆。

在 Linux 环境下，Linux 文件的扩展名并没有用处，但可用于区别文件，这一用处在压缩文件中体现比较大，常见的扩展名有.Z、.gzip、.bz2、.tar、.gz、.tar.bz2 等。.Z 扩展名使用 compress 进行压缩，这个技术已经基本被淘汰。

下面列出常见的压缩文件扩展名。

*.Z：compress 程序压缩的文件。

*.gz：gzip 程序压缩的文件。

*.bz2：bzip2 程序压缩的文件。

*.tar：tar 程序打包的数据，并没有进行压缩。

*.tar.gz：tar 程序打包的文件，并且经过 gzip 进行压缩处理。

*.tar.bz2：tar 程序打包的文件，并且经过 bzip2 进行压缩处理。

目前 Linux 系统常见的压缩命令就是 gzip 和 bzip2，compress 已经不再流行了。gzip 是由 GNU 计划所开发出来的压缩命令，该命令已经替换了 compress。后来 GNU 又开发出 bzip2 这套压缩比更好的压缩命令。不过这些命令只能针对一个文件来压缩与解压缩，而通常情况下每次压缩都要一大批文件，因此，打包软件 tar 就很重要。

10.2　gzip 压缩与解压缩命令

用 gzip 命令压缩文件后，原文件不会保留，同时 gzip 压缩的文件在 Windows 中也可以被解压，gzip 命令可以命压 compress 压缩的文件。

压缩格式：gzip [参数]... [文件]...

解压缩格式：gunzip/gzip -d [文件]...

命令参数：

-c：把压缩后的文件输出到标准输出设备，不改变原始文件。

-d：解压缩文件，等效于 gunzip。

-f：强行压缩文件，不理会文件名或硬链接是否存在以及该文件是否为符号链接。

-r：递归处理，将指定目录下所有文件及子目录一并处理。

-l：列出压缩文件的相关信息。

-t：测试压缩文件是否正确无误。

-v：显示命令执行过程。

-n：压缩文件时，不保存原来的文件名及时间戳。

-N：压缩文件时，保存原来的文件名及时间戳。

-q：不显示警告信息。

-S<<font face="宋体">压缩字尾字符串>：更改压缩字尾字符串。

-num：1～9 数字。-1/--fast 表示最快压缩方法（低压缩比），-9/--best 表示最慢压缩方法（高压缩比），系统默认值为-6。

实例：

（1）将/etc/manpath.config 复制到/home/hwd，并且以 gzip 压缩。

```
root@hwd-virtual-machine:/# cp /etc/manpath.config /home/hwd
root@hwd-virtual-machine:/# cd /home/hwd
root@hwd-virtual-machine:/home/hwd# gzip manpath.config
root@hwd-virtual-machine:/home/hwd# ls
a1.txt  aa.txt           VMwareTools-10.0.10-4301679.tar.gz   图片  桌面
a2.txt  examples.desktop 公共的                                文档
a3.txt  manpath.config.gz 模板                                 下载
```

此时 manpath.config 会变成 manpath.config.gz。

（2）将 manpath.config.gz 的文件内容读出来。

```
root@hwd-virtual-machine:/home/hwd# zcat manpath.config.gz
# manpath.config
#
```

　　# This file is used by the man-db package to configure the man and cat paths
　　…

此时屏幕上会显示 manpath.config.gz 解压缩之后的文件内容。

（3）将 manpath.config.gz 文件解压缩。

root@hwd-virtual-machine:/home/hwd# gzip -d manpath.config.gz

（4）将 man.config 用最佳的压缩比压缩并保留原文件。

root@hwd-virtual-machine:/home/hwd#　gzip -9 -c manpath.config > manpath.config.gz

10.3　bzip2 压缩与解压缩命令

bzip2 命令是用来取代 gzip 命令的，就像 gzip 取代 compress 一样，bzip2 的压缩要比 gzip 更好，gzip 可用 zcat 查看压缩文件，bzip2 可用 bzcat 查看。

格式：bzip2 -[参数] [文件]

参数说明：

-c：将压缩过程中产生的数据输出到屏幕上。

-d：解压缩参数。

-k：保留原文件。

-z：压缩的参数。

-v：显示压缩比。

-#：压缩等级 1～9，和 gzip 一样。

实例：

（1）将/home/hwd/manpath.config 用 bzip2 压缩。

root@hwd-virtual-machine:/home/hwd# bzip2 manpath.config
root@hwd-virtual-machine:/home/hwd# ls
a1.txt　　aa.txt　　　　　　　　VMwareTools-10.0.10-4301679.tar.gz
a2.txt　　examples.desktop　　a3.txt　　manpath.config.bz2

此时 manpath.config 变成 manpath.config.bz2。

（2）将 manpath.config.bz2 的文件内容读出来。

root@hwd-virtual-machine:/home/hwd# bzcat manpath.config.bz2
manpath.config
This file is used by the man-db package to configure the man and cat paths

此时屏幕上会显示 man.config.bz2 解压缩之后的文件内容。

（3）将 manpath.config.bz2 文件解压缩。

root@hwd-virtual-machine:/home/hwd# bzip2 -d manpath.config.bz2

（4）将上例解开的 manpath.config 用最佳的压缩比压缩并保留原文件。

root@hwd-virtual-machine:/home/hwd# bzip2 -9 -c manpath.config>manpath.config.bz2
root@hwd-virtual-machine:/home/hwd# ls
a1.txt　　aa.txt　vm　　a2.txt　　examples.desktop　　　VMwareTools-10.0.10-4301679.tar.gz　*图片*　*桌面*
a3.txt　　manpath.config　　　a4.txt　　manpath.config.bz2　*模板*

10.4　tar 打包命令

Linux 中很多压缩程序只能针对一个文件进行压缩，当需要压缩一大批文件时，要将这一大批文件先打成一个包（用 tar 命令），然后再用压缩程序对包进行压缩（用 gzip 或 bzip2 命令）。

格式：tar [主参数+辅参数] 文件或目录

使用 tar 命令时，必须有主参数，它告诉 tar 要做什么事情，辅参数是辅助使用的，可以选用。

主参数说明（一条命令中以下 5 个参数只能有一个）：

-c（create）：新建一个压缩文档，即打包。

-x（extract，--get）：解压文件。

-t（list）：查看压缩文档里的所有内容。

-r（append）：向压缩文档里追加文件。

-u（update）：更新原压缩包中的文件。

辅助参数说明：

-z：是否同时具有 gzip 的属性，即是否需要用 gzip 压缩或解压缩。一般格式为 xxx.tar.gz 或 xx.tgz。

-j：是否同时具有 bzip2 的属性，即是否需要用 bzip2 压缩或解压缩。一般格式为 xx.tar.bz2。

-v：显示操作过程，这个参数很常用。

-f：使用文档名。注意，在 f 之后要立即接文档名，不要再加其他参数。

-C：切换到指定目录。

--exclude FILE：在压缩过程中不要将 FILE 打包。

实例：

（1）将整个/home/hwd1 目录下以 a 开头的文件全部打包成为 a.tar。

```
root@hwd-virtual-machine:/home/hwd1# tar -cvf a.tar a*
a1.txt
a2.txt
a3.txt
a4.txt
aa.txt
root@hwd-virtual-machine:/home/hwd1# ls
a1.txt  a2.txt  a3.txt  a4.txt  aa.txt  a.tar
```

（2）将整个/home/hwd1 目录下以 a 开头的文件全部打包成为 a.tar，打包后用 gzip 压缩。

```
root@hwd-virtual-machine:/home/hwd1# tar -zcvf a.tar.gz a*
a1.txt
a2.txt
a3.txt
a4.txt
aa.txt
a.tar
root@hwd-virtual-machine:/home/hwd1# ls
a1.txt  a2.txt  a3.txt  a4.txt  aa.txt  a.tar  a.tar.gz
```

（3）将整个/home/hwd1 目录下以 a 开头的文件全部打包成为 a.tar，打包后用 bzip2 压缩。

```
root@hwd-virtual-machine:/home/hwd1# tar -jcvf a.tar.bz2 a*
a1.txt
a2.txt
a3.txt
a4.txt
aa.txt
a.tar
a.tar.gz
root@hwd-virtual-machine:/home/hwd1# ls
a1.txt  a2.txt  a3.txt  a4.txt  aa.txt  a.tar  a.tar.bz2  a.tar.gz
```

特别注意，在参数 f 之后的文件名是自己取的，习惯上都用.tar 来作为辨识。

（4）查阅上述 a.tar.gz 文件内有哪些文件。

```
[root@Linux ~]# tar -ztvf /tmp/etc.tar.gz
root@hwd-virtual-machine:/home/hwd1# tar -ztvf a.tar.gz
-rw-r--r-- root/root          8 2017-01-17 12:07 a1.txt
-rw-r--r-- root/root          7 2017-01-17 12:07 a2.txt
-rw-r--r-- root/root          7 2017-01-17 12:07 a3.txt
-rw-r--r-- root/root         44 2017-01-17 12:07 a4.txt
-rw-r--r-- root/root         40 2017-01-17 12:07 aa.txt
-rw-r--r-- root/root      10240 2017-01-17 12:08 a.tar
```

由于使用 gzip 压缩，所以当要查阅该 tar file 内的文件时，就要加上 z 这个参数，这很重要。

（5）将/home/hwd1/a.tar.gz 文件解压缩到/home/hwd2 下。

```
root@hwd-virtual-machine:/home#mkdir hwd2
root@hwd-virtual-machine:/home#cd hwd2
root@hwd-virtual-machine:/home/hwd2# tar -zxvf /home/hwd1/a.tar.gz
a1.txt
a2.txt
a3.txt
a4.txt
aa.txt
a.tar
root@hwd-virtual-machine:/home/hwd2# ls
a1.txt  a2.txt  a3.txt  a4.txt  aa.txt  a.tar
```

在预设的情况下，可以将压缩文件在任何目录中解压缩。

（6）在/hwd3 下，只将 a.tar.gz 内的 a1.txt 解压缩。

```
root@hwd-virtual-machine:/home/hwd3# tar -zxvf /home/hwd1/a.tar.gz a1.txt
a1.txt
root@hwd-virtual-machine:/home/hwd3# ls
a1.txt
```

（7）打包/home/hwd 目录下以 a 开头的文件，但不要 aa.txt。

```
root@hwd-virtual-machine:/home/hwd5#  tar  --exclude  /home/hwd/aa.txt  -zcvf  myfile.tar.gz
/home/hwd/a*
/home/hwd/a1.txt
```

/home/hwd/a2.txt

/home/hwd/a3.txt

/home/hwd/a4.txt

（8）将/home/hwd 中的文件打包后直接解压缩到/home/hwd5 下。

root@hwd-virtual-machine:/home/hwd5# tar -cvf- /home/hwd |tar -xvf-

本章小结

Linux 系统常见的压缩命令主要是 gzip 和 bzip2。

在 Linux 环境下，Linux 文件的扩展名并没有用处，但可用于区别文件，这一用处在压缩文件中体现比较大，常见的扩展名有.Z、.gzip、.bz2、.tar、.gz、.tar.bz2 等。

用 gzip 命令压缩文件后，原文件不会保留，同时 gzip 压缩的文件在 Windows 中也可以被解压，gzip 命令可以解压 compress 压缩的文件。

bzip2 是用来取代 gzip 命令的，就像 gzip 取代 compress 一样，bzip2 的压缩要比 gzip 更好。

Linux 中很多压缩程序只能针对一个文件进行压缩，当需要压缩一大批文件时，要将这一大批文件先打成一个包（用 tar 命令），然后再用压缩程序进行压缩（用 gzip 或 bzip2 命令）。

习题

1．将某目录下的所有文件和文件夹全部压缩成 myfile.zip 文件。

2．向压缩文件 myfile.zip 中添加 tset.txt 文件。

3．把 myfile.zip 文件解压到/home/sunny/。

4．把 file1、file2、file3 以及/usr/work/school 目录的内容（假设这个目录存在）压缩起来，然后放入 filename.zip 文件中。

5．将当前目录中所有 jpg 文件打成一个名为 all.tar 的包。

6．将目录里所有 jpg 文件打包成 jpg.tar，并且将其用 gzip 压缩，生成一个 gzip 压缩过的包，命名为 jpg.tar.gz。

7．将第 6 题打的包解压缩。

第 11 章　软件包管理

本章导读

　　本章对 Linux 的 Red Hat 系列和 Debian 系列采用的软件包管理工具进行总结，并通过举例详细讲解 APT、YUM、RPM 的软件包管理工具在安装、删除等方面的操作。读者应了解在 Linux 中安装软件的难度高于在 Windows 中安装软件。Linux 在安装软件时的依赖关系往往成为一大难题。APT 和 YUM 的理念是使用一个中心仓库（repository）管理应用程序的相互关系，根据计算出来的软件依赖关系进行相关的升级、安装、删除等操作，减少了 Linux 用户一直头疼的依赖问题。图像化的软件包管理工具"新立得"使安装等操作变得更为简洁，本章将在最后部分进行简单介绍。

本章要点

- RPM 和 dpkg
- RPM 的使用
- YUM 的使用
- APT 的使用
- Ubuntu 软件中心

　　在 Linux 中安装软件的难度高于在 Windows 中安装软件。一般一个 Linux 软件包安装完成后都由二进制程序、库文件、配置文件、帮助文件四类文件组成，这四类组成起来的文件数量可能会多达十几个甚至上百个，这些文件安装以后就分散到各路径下，找起来非常麻烦。因此，为了便捷地管理这些文件，就需要一个专门的应用程序管理器。

　　在 Linux 操作系统中，RPM 和 dpkg 是最常见的两类软件包管理工具，它们分别应用于基于 RPM 软件包的 Linux 发行版本和基于 DEB 软件包的 Linux 发行版本。软件包管理工具的作用是提供在操作系统中安装、升级和卸载所需要的软件的方法，并提供对系统中所有软件状态信息的查询。Linux 发行版本有很多，一般来说 Linux 系统基本上分两大类：

　　（1）Red Hat 系列：Red Hat、CentOS、Fedora 等。

　　（2）Debian 系列：Debian、Ubuntu 等。

RedHat 系列：

　　（1）常见的安装包格式为 RPM 包，安装 RPM 包的命令是"rpm -参数"。

　　（2）包管理工具 YUM。

　　（3）支持 tar 包。

Debian 系列：

（1）常见的安装包格式为 DEB 包，安装 DEB 包的命令是"dpkg -参数"。

（2）包管理工具 apt-get。

（3）支持 tar 包。

Red Hat 和 Fedora：面向个人桌面应用系统，采用基于 RPM/YUM 的管理软件包。

RHEL（Red Hat Enterprise Linux）和 CentOS：RHEL 是 Red Hat 企业版，提供商业支持。CentOS 是对 RHEL 重新编译而成，免费而稳定。特点是面向企业服务器使用，安全稳定，采用基于 RPM/YUM 的管理软件包。

Debian 和 Ubuntu：面向桌面应用，采用 apt-get/dpkg 包管理方式。

11.1   RPM 基本概念

RPM 是 Red Hat Package Manager 的缩写，本意就是 Red Hat 软件包管理，是最先由 Red Hat 公司开发出来的 Linux 软件包管理工具。由于这种软件管理方式非常方便，逐渐被其他 Linux 发行商所借用，如今已经成为 Linux 平台下通用的软件包管理方式，Fedora、Red Hat、SUSE、Mandrake 等主流 Linux 发行版本都默认采用了这种软件包管理方式。

RPM 包管理类似于 Windows 下的"添加/删除程序"，但是功能却比"添加/删除程序"强大很多。在 Linux 的系统安装光盘中，有很多以.rpm 结尾的软件包，这些包文件就是我们所说的 RPM 文件。每个 RPM 文件中都包含了已经编译好的二进制可执行文件，其实就是将软件源码文件进行编译安装，然后进行封装，就成了 RPM 文件，类似于 Windows 安装包中的.exe 文件。此外 RPM 文件中还包含了运行可执行文件所需的其他文件，这点也和 Windows 下的软件包类似，Windows 程序的安装包中，除了.exe 可执行文件，还有其他依赖运行的文件。

RPM 包管理方式的优点是安装简单方便，因为软件已经编译完成并打包完毕，安装只是个验证环境和解压的过程。此外通过 RPM 方式安装的软件，RPM 工具都会记录该软件的安装信息，这样方便了软件日后的查询、升级和卸载。

RPM 包管理方式的缺点是对操作系统环境的依赖很大，它要求 RPM 包的安装环境必须与 RPM 包封装时的环境一致或相当。还需要满足安装时与系统某些软件包的依赖关系，例如需要安装 A 软件，但是 A 软件需要系统有 B 和 C 软件的支持，那么就必须先安装 B 和 C 软件，然后才能安装 A 软件。这也是在用 RPM 包方式安装软件时需要特别注意的地方。

11.2   RPM 的使用

先了解一个 RPM 文件名包含的意义，例如 nxserver-2.1.0-22.i386.rpm，其中 nxserver 表示软件的名称，2.1.0 表示软件的版本号，22 表示软件更新发行的次数，i386 表示适合的硬件平台，最后的.rpm 是 RPM 软件包的标识。一般的 RPM 封装包的命名格式都由这 5 个部分组成，由于 SRPM 包是需要编译才能使用的，因此没有上面示例中对应的平台选项，其他与 RPM 包命令格式完全一样。

对于 RPM 包的 5 个组成部分，下面介绍一些它们更详细的含义。

（1）软件的名称：对软件包的标识。

（2）软件的版本号：每个软件都有自己的版本号，版本号可以说明软件从开始到现在发行了多少版、软件是否是新的等。

（3）软件更新发行的次数：由于一个版本的软件在发行后可能出现 bug（漏洞），因此就需要修复和重新封装，每修复封装一次，软件的名称就要更新一次。

（4）适合的硬件平台：RPM 包要在各种不同的 Linux 硬件平台上使用，但是不同的硬件平台 RPM 打包封装的参数也各不相同，这样就出现了针对 i386、i686、x86_64、noarch 等的平台名称标识。

i386 指这个软件包适用于 Intel 80386 以后的 x86 架构的计算机，i686 指这个软件包适用于 Intel 80686 以后（奔腾 pro 以上）的 x86 架构的计算机，x86_64 指这个软件包适用于 x86 架构 64 位处理器的计算机，noarch 表示这个软件包与硬件构架无关，可以通用。

注意：i386 软件包可以在任意 x86 平台下使用，无论是 i686 还是 x86_64 的计算机；而 i686 的软件包不一定能在 i386 的硬件上使用，这是由于 i686 软件包一般都对 CPU 进行了优化，所以具有向后兼容性，但是不具有向前兼容性。

（5）RPM 软件包标识：用于指明此文件是 RPM 格式的文件。

RPM 有 5 种操作模式，分别为：安装、卸载、升级、查询和验证。

RPM 命令格式：rpm {参数} [install-options] 包文件名

参数说明：

- -q：在系统中查询软件或查询指定 RPM 包的内容信息。
- -a：代表所有软件包，通常与-q 一起使用。
- -i：在系统中安装软件。
- -U：在系统中升级软件。
- -e：在系统中卸载软件。
- -h：以#号为进度条显示 RPM 包的安装过程。
- -v：详述安装过程（可以同时用多个 v，v 越多显示的内容越详细）。
- -p：表明对 RPM 包进行查询，通常和其他参数同时使用。

常见的参数组合使用说明：

- -ivh：显示安装进度。
- -Uvh：升级软件包。
- -qpl：列出 RPM 软件包内的文件信息。
- -qpi：列出 RPM 软件包的描述信息。
- -qf：查找指定文件属于哪个 RPM 软件包。
- -Va：校验所有的 RPM 软件包，查找丢失的文件。
- -e：删除包。

[install-options]参数说明：

- --replacepkgs：重新安装。
- --nodeps：忽略依赖关系。
- --force：强制安装。
- --test：测试安装，而不执行真正的安装过程。
- --oldpackage：降级安装。

11.2.1　安装

实例：#rpm -ivh samba-2.2.7a-7.9.0.i386.rpm。

从图 11.1 可以看出 RPM 安装失败，出现了软件包的依赖状况。

```
[root@localhost RPMS]# rpm -ivh samba-2.2.7a-7.9.0.i386.rpm
warning: samba-2.2.7a-7.9.0.i386.rpm: Header V3 DSA/SHA1 Signature, key ID db42a60e: NOKEY
error: Failed dependencies:
        libacl.so.1 is needed by samba-2.2.7a-7.9.0.i386
        libc.so.6 is needed by samba-2.2.7a-7.9.0.i386
        libc.so.6(GLIBC_2.0) is needed by samba-2.2.7a-7.9.0.i386
        libc.so.6(GLIBC_2.1) is needed by samba-2.2.7a-7.9.0.i386
        libc.so.6(GLIBC_2.1.1) is needed by samba-2.2.7a-7.9.0.i386
        libc.so.6(GLIBC_2.1.3) is needed by samba-2.2.7a-7.9.0.i386
        libc.so.6(GLIBC_2.2) is needed by samba-2.2.7a-7.9.0.i386
        libc.so.6(GLIBC_2.3) is needed by samba-2.2.7a-7.9.0.i386
        libcrypto.so.4 is needed by samba-2.2.7a-7.9.0.i386
        libcups.so.2 is needed by samba-2.2.7a-7.9.0.i386
        libdl.so.2 is needed by samba-2.2.7a-7.9.0.i386
        libdl.so.2(GLIBC_2.0) is needed by samba-2.2.7a-7.9.0.i386
        libdl.so.2(GLIBC_2.1) is needed by samba-2.2.7a-7.9.0.i386
        libnsl.so.1 is needed by samba-2.2.7a-7.9.0.i386
        libnsl.so.1(GLIBC_2.0) is needed by samba-2.2.7a-7.9.0.i386
        libpam.so.0 is needed by samba-2.2.7a-7.9.0.i386
        libpopt.so.0 is needed by samba-2.2.7a-7.9.0.i386
        libssl.so.4 is needed by samba-2.2.7a-7.9.0.i386
        samba-common = 2.2.7a is needed by samba-2.2.7a-7.9.0.i386
```

图 11.1　RPM 安装失败

图 11.2 所示为安装 Samba 成功。

```
[root@localhost hwd]# ls
samba-2.2.7a-7.9.0.i386.rpm              samba-common-2.2.7a-7.9.0.i386.rpm
samba-client-2.2.7a-7.9.0.i386.rpm
[root@localhost hwd]# rpm -ivh samba-common-2.2.7a-7.9.0.i386.rpm
warning: samba-common-2.2.7a-7.9.0.i386.rpm: V3 DSA signature: NOKEY, key ID db4
2a60e
Preparing...                ########################################### [100%]
        package samba-common-2.2.7a-7.9.0 is already installed
[root@localhost hwd]# rpm -ivh samba-client-2.2.7a-7.9.0.i386.rpm
warning: samba-client-2.2.7a-7.9.0.i386.rpm: V3 DSA signature: NOKEY, key ID db4
2a60e
Preparing...                ########################################### [100%]
        package samba-client-2.2.7a-7.9.0 is already installed
[root@localhost hwd]# rpm -ivh samba-2.2.7a-7.9.0.i386.rpm
warning: samba-2.2.7a-7.9.0.i386.rpm: V3 DSA signature: NOKEY, key ID db42a60e
Preparing...                ########################################### [100%]
        package samba-2.2.7a-7.9.0 is already installed
[root@localhost hwd]# _
```

图 11.2　RPM 安装 Samba 成功

如果安装的软件包中有一个文件已在安装其他软件包时安装，会出现错误信息，要想让 RPM 忽略该错误信息，请使用--replacefiles 命令行选项。

RPM 软件包可能依赖于其他软件包，也就是说要在安装了特定的软件包之后才能安装该软件包。如果在安装某个软件包时存在这种未解决的依赖关系，请使用--nodeps 命令行选项。

11.2.2　删除安装

卸载软件包就像安装软件包时一样简单，命令为#rpm -e samba。

注意这里使用软件包的名字 samba，而不是软件包文件的名字，如图 11.3 所示。如果其他软件包依赖于要卸载的软件包，则卸载时会产生错误信息，此时可以加--nodeps 完成删除。

```
[root@localhost hwd]# rpm -q samba
samba-2.2.7a-7.9.0
[root@localhost hwd]# rpm -e samba
error: Failed dependencies:
        samba is needed by (installed) redhat-config-samba-1.0.4-1
[root@localhost hwd]# rpm -e --nodeps samba
[root@localhost hwd]# _
```

图 11.3 卸载 Samba

11.2.3 升级

升级就是用较高版本的软件包替换较低版本软件包的过程，使用参数-U。

# rpm -Uvh packagename.rpm	指定一个高版本的软件包，替换当前系统上的包
# rpm -U -ivh zsh-4.3.10-9.el6.x86_64.rpm	如果指定的软件包已经被安装，则升级安装
# rpm -F -ivh zsh-4.3.10-9.el6.x86_64.rpm	如果指定的软件包没有被安装，则不安装该包

11.2.4 查询

# rpm -q bash	查询指定软件包
bash-4.1.2-29.el6.x86_64	
# rpm -qa	查询所有已安装的软件包
# rpm -qa |grep bash	查询所有已安装的包，再通过管道传给 grep 过滤出所需的软件包，此时-a 就显得特别重要
bash-4.1.2-29.el6.x86_64	

实例：指定安装路径。

RPM 包一般都有默认的安装路径，如果要更改默认路径，看下面的例子。例如在安装 JDK（Java Development Kit）或 JRE（Java Runtime Environment）时，这个 Red Hat package 文件的默认安装路径是/usr/java。如果要安装在其他路径下，例如要放到/home/java 目录下，该如何做呢？

首先查看 RPM 包的详细信息。

[root@Oracle ~]# rpm -qpi jdk-6u43-Linux-amd64.rpm

Name: jdk	Relocations: /usr/java
Version: 1.6.0_43	Vendor: Oracle and/or its affiliates.
Release: fcs	Build Date: Fri 01 Mar 2013 09:03:27 PM CST
Install Date: (not installed)	Build Host: jb6-lin-amd64.sfbay.sun.com
Group: Development/Tools	Source RPM: jdk-1.6.0_43-fcs.src.rpm
Size: 127075557	License: Copyright (c) 2011,Oracle and/or its

affiliates. All rights reserved. Also under other license(s) as shown at the Description field.

Signature: (none)

Packager: Java Software <jre-comments@java.sun.com>

URL: http://www.oracle.com/technetwork/java/javase/overview/index.html

Summary: Java(TM) Platform Standard Edition Development Kit

Description:

The Java Platform Standard Edition Development Kit (JDK) includes both the runtime environment (Java virtual machine,the Java platform classes and supporting files) and development tools (compilers, debuggers, tool libraries and other tools).

The JDK is a development environment for building applications,applets and components that can be deployed with the Java Platform Standard Edition Runtime Environment.

Relocations: /usr/java 表示这个 JDK 是默认要装在/usr/java 下的。

接着按下面这样来设置参数，就可以把 JDK 装在指定的目录下。

```
[root@Linuxidc ~]# rpm -i   --relocate /usr/java=/home/java jdk-6u43-Linux-amd64.rpm
Unpacking JAR files...
          rt.jar...
          jsse.jar...
          charsets.jar...
          tools.jar...
          localedata.jar...
          plugin.jar...
          javaws.jar...
          deploy.jar...
ln: creating symbolic link `/usr/java/jdk1.6.0_43': No such file or directory
```

relocate 就是只把应该装到/usr/java 下的文件安装到/home/java，实现将一部分文件安装到其他的路径，而不是把这个包的所有文件都替换。

relocate 不一定都能起作用，因为有的包或者文件不允许装到其他路径，例如：

oracleasm-support-2.1.8-1.el6.x86_64.rpm

```
[root@oracle ~]# rpm -qpi oracleasm-support-2.1.8-1.el6.x86_64.rpm
warning:  oracleasm-support-2.1.8-1.el6.x86_64.rpm:  Header  V3  RSA/SHA256  Signature,key  ID
ec551f03: NOKEY
Name: oracleasm-support   Relocations: (not relocatable)#not relocatable 不能重定位，无法修改安装目录
Version: 2.1.8                              Vendor: Oracle Corporation
Release: 1.el6                              Build Date: Sat 09 Feb 2013 06:46:49 AM CST
Install Date: (not installed)               Build Host: ca-build44.us.oracle.com
Group: System Environment/Kernel            Source RPM: oracleasm-support-2.1.8-1.el6.src.rpm
Size: 221696                                License: GPL
Signature: RSA/8,Sat 09 Feb 2013 06:50:30 AM CST,Key ID 72f97b74ec551f03
Packager: Joel Becker <joel.becker@oracle.com>
URL: http://oss.oracle.com/projects/oracleasm/
Summary: The Oracle Automatic Storage Management support programs.
Description:
Tools to manage the Oracle Automatic Storage Management library driver.
```

11.3   YUM 软件包管理工具

RPM 包有一个问题，当指定安装一个 RPM 包时，可能会出现一个 RPM 包依赖另一个 RPM 包才能安装的情况，也可能一个包会依赖好多包，所以异常麻烦。Red Hat 为了解决这种依赖关系，将各种 RPM 包的依赖关系统一存放在一个数据库中，在需要安装软件包时，先去

查询这个数据库，找到对应的依赖关系，分清这些包安装的先后顺序并安装它们，这种软件管理机制或软件管理器，我们就称之为 YUM。

YUM 基于 RPM 包管理工具，能够从指定的源空间（服务器、本地目录等）自动下载目标 RPM 包并且安装，可以自动处理依赖性关系并进行下载和安装，无须繁琐地手动下载和安装每一个需要的依赖包。YUM 的另一个功能是进行系统中所有软件的升级。YUM 的关键是要有可靠的 repository，顾名思义，这是软件的仓库，它可以是 HTTP 或 FTP 站点，也可以是本地软件池，但必须包含 RPM 的 Header。Header 包括了 RPM 包的各种信息，包括描述、功能、提供的文件、依赖性等。YUM 正是收集了这些 Header 并加以分析，才能自动化地完成余下的任务。它能够从指定的服务器自动下载 RPM 包并且安装，可以自动处理依赖关系，并且一次性安装所有依赖的软件包，无须繁琐地一次次下载和安装。

YUM 的理念是使用一个中心仓库（repository）管理一部分甚至一个分布式的应用程序的相互关系，根据计算出来的软件依赖关系进行相关的升级、安装、删除等操作，减少了 Linux 用户一直头疼的依赖问题。

一般这类软件通过一个或者多个配置文件描述对应的 repository 的网络地址，通过 HTTP 或者 FTP 协议在需要的时候从 repository 获得必要的信息，下载相关的软件包。这样，本地用户通过建立不同 repository 的描述说明，在有 Internet 连接时就能方便地进行系统的升级维护工作。

Cent OS 默认已经安装了 YUM，不需要另外安装。

搭建 YUM 服务器。

挂载系统安装光盘：

> # mount　/dev/cdrom /mnt/cdrom/

配置本地 YUM 源：

> # cd /etc/yum.repos.d/
>
> # ls

会看到几个.repo 文件，如图 11.4 所示。

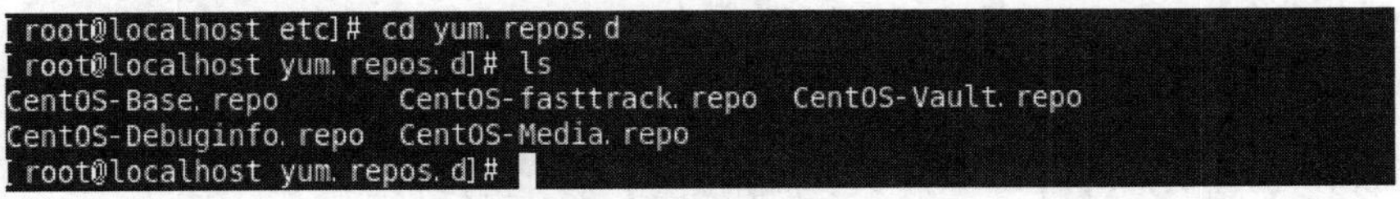

```
[root@localhost etc]# cd yum.repos.d
[root@localhost yum.repos.d]# ls
CentOS-Base.repo        CentOS-fasttrack.repo  CentOS-Vault.repo
CentOS-Debuginfo.repo  CentOS-Media.repo
[root@localhost yum.repos.d]#
```

图 11.4　配置文件

CentOS-Base.repo 是 YUM 网络源的配置文件，CentOS-Media.repo 是 YUM 本地源的配置文件。

CentOS-Media.repo 文件内容如下：

> # CentOS-Media.repo
>
> #
>
> # This repo is used to mount the default locations for a CDROM / DVD on
>
> # CentOS-5. You can use this repo and yum to install items directly off the
>
> # DVD ISO that we release.
>
> #
>
> # To use this repo,put in your DVD and use it with the other repos too:

```
# yum --enablerepo=c5-media [command]
#
# or for ONLY the media repo,do this:
#
# yum --disablerepo=\* --enablerepo=c5-media [command]

[c5-media]
name=CentOS-$releasever - Media
baseurl=file:///media/CentOS/
        file:///mnt/cdrom/
        file:///media/cdrecorder/
gpgcheck=1
enabled=1
gpgkey=file:///etc/pki/rpm-gpg/RPM-GPG-KEY-CentOS-5
```

在 baseurl 中修改第 2 个路径为/mnt/cdrom(即为光盘挂载点),将 enabled=0 改为 enabled=1。

用户也可以创建配置文件,如#vim /etc/yum.repos.d/iso.repo(iso 是随便取的名字,但是一定要以 repo 结尾)。

第一步:挂载光盘。

```
#mount /dev/cdrom /mnt/cdrom
```

第二步:建立 YUM 仓库。

```
#vim /etc/yum.repos.d/iso.repo
[Centos]
name=CentOS
baseurl=file:///mnt/cdrom/
gpgcheck=1
enabled=1
gpgkey=file:///etc/pki/rpm-gpg/RPM-GPG-KEY-CentOS-6
```

第三步:保存退出。

参数说明:

- [Centos]:一个标识,可以随便取,但必须唯一。
- name=CentOS:仓库的描述,一个名字,可以随便取,但必须唯一。
- baseurl=file:///media/Server/:仓库的位置,本地的路径。
- enabled=1:是否启用这个仓库,1 为启用,0 为禁用。
- gpgcheck=1:是否检查 GPG 签名(用来验证要安装的包是不是 Red Hat 官方的)。
- gpgkey=file:///etc/pki/rpm-gpg/RPM-GPG-KEY-CentOS-6:检测公钥值的文件路径。

第四步:配置网络 YUM 源。系统默认的 YUM 源速度往往不尽人意,为了达到快速安装的目的,在这里修改 YUM 源为国内源。

CentOS-Base.repo 文件内容如下:

```
# CentOS-Base.repo
[base]
name=CentOS-$releasever - Base
#mirrorlist=http://mirrorlist.centos.org/?release=$releasever&arch=$basearch&repo=os
baseurl=http://ftp.sjtu.edu.cn/centos/$releasever/os/$basearch/
```

```
gpgcheck=1
#released updates
[updates]
name=CentOS-$releasever - Updates
#mirrorlist=http://mirrorlist.centos.org/?release=$releasever&arch=$basearch&repo=updates
baseurl=http://ftp.sjtu.edu.cn/centos/$releasever/updates/$basearch/
gpgcheck=1
gpgkey=file:///etc/pki/rpm-gpg/RPM-GPG-KEY-CentOS-5
#additional packages that may be useful
[extras]
name=CentOS-$releasever - Extras
#mirrorlist=http://mirrorlist.centos.org/?release=$releasever&arch=$basearch&repo=extras
baseurl=http://ftp.sjtu.edu.cn/centos/$releasever/extras/$basearch/
gpgcheck=1
gpgkey=file:///etc/pki/rpm-gpg/RPM-GPG-KEY-CentOS-5
#additional packages that extend functionality of existing packages
[centosplus]
name=CentOS-$releasever - Plus
#mirrorlist=http://mirrorlist.centos.org/?release=$releasever&arch=$basearch&repo=centosplus
baseurl=http://ftp.sjtu.edu.cn/centos/$releasever/centosplus/$basearch/
gpgcheck=1
enabled=0
gpgkey=file:///etc/pki/rpm-gpg/RPM-GPG-KEY-CentOS-5
#contrib - packages by Centos Users
[contrib]
name=CentOS-$releasever - Contrib
#mirrorlist=http://mirrorlist.centos.org/?release=$releasever&arch=$basearch&repo=contrib
baseurl=http://ftp.sjtu.edu.cn/centos/$releasever/contrib/$basearch/
gpgcheck=1
enabled=0
gpgkey=file:///etc/pki/rpm-gpg/RPM-GPG-KEY-CentOS-5
```

清理 YUM 缓存:

```
#yum clean all
```

将服务器软件包信息缓存至本地,提高搜索安装效率。

```
#yum makecache
```

至此 YUM 源配置结束,可以使用 YUM 来安装文件了。

下面介绍 YUM 的常用命令。

- yum check-update:列出所有可更新的软件清单。
- yum update: 安装所有更新软件。
- yum -y install <package_name>: 安装指定的软件。
- yum update <package_name>: 更新指定的软件。
- yum list <package_name>: 不加<package_name>列出所有可安装的软件清单,加则列出指定的软件清单。
- yum -y remove <package_name>: 删除软件。

- um search <package_name>：查找软件。
- yum list installed：列出所有已安装的软件包。
- yum list extras：列出所有已安装但不在 YUM Repository 内的软件包。
- yum info <package_name>：不加<package_name>列出所有软件包的信息，加则列出指定的软件包信息。
- yum provides <package_name>：列出软件包提供哪些文件。
- yum clean packages：清除缓存目录/var/cache/yum 下的软件包。
- yum clean all：清除缓存目录/var/cache/yum 下的软件包及旧的 Headers。

实例：列出所有可安装的软件清单，如图 11.5 所示。

```
[root@localhost /]# yum list |more
已加载插件 : fastestmirror, refresh-packagekit, security
Loading mirror speeds from cached hostfile
 * base: mirrors.yun-idc.com
 * extras: mirrors.yun-idc.com
 * updates: mirrors.yun-idc.com
已安装的软件包
ConsoleKit.x86_64              0.4.1-6.el6          @anaconda-CentOS-2016052
20104.x86_64/6.8
ConsoleKit-libs.x86_64         0.4.1-6.el6          @anaconda-CentOS-2016052
20104.x86_64/6.8
ConsoleKit-x11.x86_64          0.4.1-6.el6          @anaconda-CentOS-2016052
20104.x86_64/6.8
DeviceKit-power.x86_64         014-3.el6            @anaconda-CentOS-2016052
20104.x86 64/6.8
```

图 11.5　安装的软件清单

执行 yum 命令时，若提示 "Another app is currently holding the yum lock; waiting for it to exit..." 等错误字样，是因为 YUM 被锁定无法使用导致的。

错误信息参考如图 11.6 所示。

```
[root@localhost /]# yum clean all
已加载插件 : fastestmirror, refresh-packagekit, security
/var/run/yum.pid 已被锁定，PID 为 28028 的另一个程序正在运行。
另外一个程序锁定了 yum；等待它退出……
  The other application is: yum
    Memory :  58 M RSS (899 MB VSZ)
    Started: Wed Jan 18 04:25:14 2017 - 18:03 ago
    State  : Traced/Stopped, pid: 28028
另外一个程序锁定了 yum；等待它退出……
  The other application is: yum
    Memory :  58 M RSS (899 MB VSZ)
    Started: Wed Jan 18 04:25:14 2017 - 18:05 ago
    State  : Traced/Stopped, pid: 28028
^Z
[5]+  Stopped                 yum clean all
```

图 11.6　错误信息

问题出现的原因：yum-updatesd 是系统自带的一个提供系统更新的服务，其安装文件也叫做 yum-updatesd，这个服务默认是自动启动的（init 5），它运行的时候会自动给 YUM 加锁，这就导致了开机后不能手动执行 YUM 命令了。解决办法如下：

```
[root@centos5 ~]# rm -r /var/run/yum.pid
rm：是否删除一般文件 "/var/run/yum.pid"？y
[root@centos5 ~]# /sbin/service yum-updatesd restart
停止 yum-updatesd：  [确定]
```

启动 yum-updatesd：　[确定]

再次安装 samba

#yum　install samba

安装顺利进行，具体过程如图 11.7 所示。

```
---> Package libsmbclient.x86_64 0:3.6.23-33.el6 will be 升级
---> Package libsmbclient.x86_64 0:3.6.23-36.el6_8 will be an update
---> Package samba-client.x86_64 0:3.6.23-33.el6 will be 升级
---> Package samba-client.x86_64 0:3.6.23-36.el6_8 will be an update
---> Package samba-winbind.x86_64 0:3.6.23-33.el6 will be 升级
---> Package samba-winbind.x86_64 0:3.6.23-36.el6_8 will be an update
--> 完成依赖关系计算

依赖关系解决

================================================================================
 软件包               架构         版本               仓库       大小
================================================================================
正在安装:
 samba                x86_64       3.6.23-36.el6_8    updates    5.1 M
为依赖而更新:
 libsmbclient         x86_64       3.6.23-36.el6_8    updates    1.6 M
 samba-client         x86_64       3.6.23-36.el6_8    updates     11 M
 samba-common         x86_64       3.6.23-36.el6_8    updates     10 M
 samba-winbind        x86_64       3.6.23-36.el6_8    updates    2.2 M
 samba-winbind-clients x86_64      3.6.23-36.el6_8    updates    2.0 M

事务概要
================================================================================
Install      1 Package(s)
Upgrade      5 Package(s)

总下载量：32 M
确定吗？[y/N]：█
```

图 11.7　YUM 安装 Samba

11.4　APT 工作原理

Ubuntu 采用集中式的软件仓库机制，将各式各样的软件包分门别类地存放在软件仓库中，进行有效的组织和管理。然后将软件仓库置于许多镜像服务器中并保持基本一致。这样，所有的 Ubuntu 用户随时都能获得最新版本的安装软件包。因此对于用户而言，这些镜像服务器就是他们的软件源（Reposity）。然而，由于每位用户所处的网络环境不同，不可能随意地访问各镜像站点。为了能够有选择地访问，在 Ubuntu 系统中，使用软件源配置文件/etc/apt/sources.list 列出最合适访问的镜像站点地址。

实例：apt-get 的更新过程。

root@ubuntu:~# apt-get update

Hit:1 http://us.archive.ubuntu.com/ubuntu yakkety InRelease

Get:2 http://security.ubuntu.com/ubuntu yakkety-security InRelease [102 kB]

Hit:3 http://us.archive.ubuntu.com/ubuntu yakkety-updates InRelease

Hit:4 http://us.archive.ubuntu.com/ubuntu yakkety-backports InRelease

Fetched 102 kB in 3s (26.6 kB/s)

Reading package lists... Done

root@ubuntu:~#

有时更新时会出现以下问题：

```
root@ubuntu:~# apt-get update
Reading package lists... Done
E: Could not get lock /var/lib/apt/lists/lock - open (11: Resource temporarily unavailable)
E: Unable to lock directory /var/lib/apt/lists/
```

解决办法为删除下面的文件：

```
root@ubuntu:~# rm -rf /var/lib/apt/lists/lock
```

程序分析/etc/apt/sources.list 自动连网寻找 list 中对应的 Packages/Sources/Release 列表文件，如果有更新则将其下载，存入/var/lib/apt/lists/目录然后用 apt-get install packagename 命令安装。

下面给出 apt 的常用命令集合。

- apt-cache search packagename：搜索包。
- apt-cache show packagename：获取包的相关信息，如说明、大小、版本等。
- apt-get install packagename：安装包。
- apt-get install packagename -reinstall：重新安装包。
- apt-get -f install：修复安装。
- apt-get remove packagename：删除包。
- apt-get remove packagename --purge：删除包，包括删除配置文件等。
- apt-get update：更新源。
- apt-get upgrade：更新已安装的包。
- apt-get dist-upgrade：升级系统。
- apt-get clean：清理无用的包。
- apt-get autoclean：清理无用的包。
- apt-get check：检查是否有损坏的依赖。
- apt-get dselect-upgrade：使用 dselect 升级。
- apt-cache depends packagename：了解使用依赖。
- apt-cache rdepends packagename：查看该包被哪些包依赖。
- apt-get build-dep packagename：安装相关的编译环境。
- apt-get source packagename：下载该包的源代码。

实例：

（1）更新源。

```
root@ubuntu:/# apt-get update
Get:1 http://security.ubuntu.com/ubuntu yakkety-security InRelease [102 kB]
Hit:2 http://us.archive.ubuntu.com/ubuntu yakkety InRelease
Get:3 http://us.archive.ubuntu.com/ubuntu yakkety-updates InRelease [102 kB]
Get:4 http://us.archive.ubuntu.com/ubuntu yakkety-backports InRelease [102 kB]
Fetched 306 kB in 3s (93.1 kB/s)
Reading package lists... Done
```

（2）获取包的相关信息，如说明、大小、版本等。

```
root@hwd-virtual-machine:/# apt-cache show samba
Package: samba
```

Priority: optional

Section: net

Installed-Size: 22360

Maintainer: Ubuntu Developers <ubuntu-devel-discuss@lists.ubuntu.com>

Original-Maintainer: Debian Samba Maintainers <pkg-samba-maint@lists.alioth.debian.org>

Architecture: i386

Version: 2:3.6.6-3ubuntu5.4

Replaces: samba-common (<= 2.0.5a-2)

Depends: samba-common (= 2:3.6.6-3ubuntu5.4),libwbclient0 (= 2:3.6.6-3ubuntu5.4),libacl1 (>= 2.2.51-8),libattr1 (>= 1:2.4.46-8),libc6 (>= 2.15),libcap2 (>= 2.10),libcomerr2 (>= 1.01),libcups2 (>= 1.6.0-1),libgssapi-krb5-2 (>= 1.10+dfsg~),libk5crypto3 (>= 1.6.dfsg.2),libkrb5-3 (>=1.10+dfsg~), libldap-2.4-2 (>= 2.4.7),libpam0g (>= 0.99.7.1),libpopt0 (>= 1.14),libtalloc2 (>=2.0.4~git20101213), libtdb1 (>= 1.2.7+git20101214),zlib1g (>= 1:1.1.4),debconf (>= 0.5) | debconf-2.0,upstart-job, libpam-runtime (>= 1.0.1-11),libpam-modules,lsb-base (>= 3.2-13),procps,update-inetd, adduser, samba-common-bin

Pre-Depends: dpkg (>= 1.15.7.2)

Recommends: logrotate,tdb-tools

Suggests: openbsd-inetd | inet-superserver,smbldap-tools,ldb-tools,ufw

Conflicts: samba4 (<< 4.0.0~alpha6-2)

Filename: pool/main/s/samba/samba_3.6.6-3ubuntu5.4_i386.deb

Size: 4099372

MD5sum: a4972446b84f26820d6b7af043158a05

SHA1: a8d0b7ad3c067c45bae24a6be593365d2b2e8445

SHA256: 4c03e2dae6116851d2006a818fd8f7b8109bcdd9104fb883af79ce9d9ac1b128

Description: SMB/CIFS file,print,and login server for UNIX

Homepage: http://www.samba.org

Description-md5: 0122ac62ef5f4ae21eb2e195eb45ad1d

Bugs: https://bugs.launchpad.net/ubuntu/+filebug

Origin: Ubuntu

Supported: 18m

（3）安装 Samba。

　　root@hwd-virtual-machine:/# apt-get install samba

过程如图 11.8 所示。

图 11.8　APT 顺利安装 Samba

Ubuntu 图形软件包管理工具 Synaptic。

相比于 Windows 下需要到不同软件供应商的网站上下载安装软件的繁琐，Ubuntu 提供了非常简捷有效的软件管理方法。先来了解在 Ubuntu 环境下对软件以及其他系统资源的管理方案。

Ubuntu 软件中心是 Ubuntu 环境下管理软件安装卸载的一个简便易用的图形界面。选择 Dash 主页→应用程序→Ubuntu 软件中心或者在桌面左侧的导航栏中就可以找到它。Ubuntu 软件中心的名字为 software-center，也就是说在终端输入 software-center 可以打开它、当系统没有默认安装 Ubuntu 软件中心时，可以通过命令行 sudo apt-get install software-center 来下载安装它。

在界面的上面一行有 3 个选项：所有软件、已安装和历史。并且有一个搜索栏可帮助输入关键字搜索想要安装的软件，如图 11.9 所示。安装新的软件非常简单，找到要安装的软件并双击打开，然后单击"安装"（Install）按钮即可，如图 11.10 所示。卸载软件也非常简单，在"已安装"中找到已经安装过的软件，单击"卸载"（Remove）按钮即可。

图 11.9　Ubuntu 软件中心

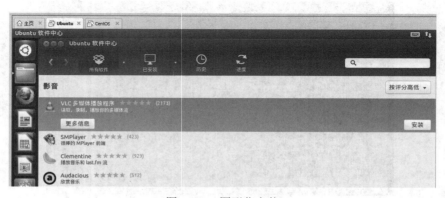

图 11.10　图形化安装

初学 Ubuntu 的用户肯定头疼于软件的安装、卸载等维护操作，虽然终端命令方式很强大，但是习惯 Windows 软件管理器的朋友可能更喜欢用 Synaptic 来进行软件管理。刚开始使用 Ubuntu 的用户经常会有这样的问题，要安装新软件怎么办、.exe 文件在哪里、怎么软件有这么多格式、RPM 包和.tar.gz 是什么等。的确，在 Windows 下安装文件只需要双击即可，所以很多人在 Ubuntu 下觉得很不习惯。事实上，使用 Ubuntu 平台下的"新立得"软件包管理器安装大部分软件比在 Windows 平台下更加简单，操作更加容易。当然，也有很多软件在 Ubuntu 的仓库里面没有，而这些软件有着各式各样的格式，因而安装方法也都不一样。下面就 Ubuntu 下安装软件的方法进行详细总结。

"新立得"软件包管理器起源于 Debian。它是 dpkg 命令的图形化前端，或者说是前端软件套件管理工具。它能够在图形界面内完成 Linux 系统软件的搜索、安装和删除，相当于终端里的 apt 命令。在 Ubuntu 最近的长期支持版里已经预装了"新立得"软件包管理器。在没有安装它的系统中，可以通过 apt-get install synaptic 进行安装。

11.5 dpkg 软件包管理

基于 Debian 的 Linux 系统的软件是使用 APT 和 dpkg 进行管理的。dpkg 是 Debian Packager 的简写，是一个底层的软件包管理工具。

dpkg 命令及说明如下：

- dpkg -l：查看当前系统中已经安装的软件包的信息。
- dpkg –L packagename：查看系统中已经安装的软件文件的详细列表。
- dpkg -s：查看已经安装的指定软件包的详细信息。
- dpkg -S：查看系统中的某个文件属于哪个软件包。
- dpkg -i：*.deb 文件的安装。
- dpkg -r：*.deb 文件的卸载。
- dpkg -P：彻底卸载，包括软件的配置文件等。

实例：

（1）查看当前系统中是否已经安装 Samba 软件包的信息。

```
root@ubuntu:/# dpkg -l|grep samba
ii   python-samba        2:4.4.5+dfsg-2ubuntu5.2        amd64        Python bindings for Samba
ii   samba               2:4.4.5+dfsg-2ubuntu5.2        amd64        SMB/CIFS file,print,and login server for
UNIX
    …
```

（2）查看系统中已经安装的 Samba 文件的详细列表。

```
root@ubuntu:/# dpkg -L samba
/.
/etc
/etc/cron.daily
/etc/cron.daily/samba
/etc/init
    …
```

本章小结

一般一个 Linux 软件包安装完成后都由二进制程序、库文件、配置文件、帮助文件 4 类文件组成。

在 Linux 操作系统中，RPM 和 dpkg 是最常见的两类软件包管理工具。

一般来说 Linux 系统基本上分为以下两大类：

（1）Red Hat 系列：Red Hat、CentOS、Fedora 等。

（2）Debian 系列：Debian、Ubuntu 等。

Red Hat 系列：

（1）常见的安装包格式为 RPM 包，安装 RPM 包的命令是 "rpm -参数"。

（2）包管理工具 YUM。

（3）支持 tar 包。

Debian 系列：

（1）常见的安装包格式为 DEB 包，安装 DEB 包的命令是 "dpkg -参数"。

（2）包管理工具 apt-get。

（3）支持 tar 包。

RPM 是 Red Hat 软件包管理，如今已经成为 Linux 平台下通用的软件包管理方式，Fedora、Red Hat、SUSE、Mandrake 等主流 Linux 发行版本都默认采用了这种软件包管理方式。

YUM 基于 RPM 包管理工具，能够从指定的源空间（服务器、本地目录等）自动下载目标 RPM 包并且安装，可以自动处理依赖关系并进行下载和安装，无须繁琐地手动下载和安装每一个需要的依赖包。

Ubuntu 采用集中式的软件仓库机制，将各式各样的软件包分门别类地存放在软件仓库中，进行有效地组织和管理。

习题

1．在 Ubuntu 系统中使用命令#apt-get update 完成更新。

2．在 Ubuntu 系统中安装 Samba。

3．在 Ubuntu 系统中安装 FTP。

4．在 CentOS 系统中安装 Samba。

5．在 CentOS 系统中安装 FTP。

第 12 章　Shell 编程

本章导读

本章讲解 Shell 编程。Shell 是用户使用 Linux 的桥梁，它既是一种命令语言，又是一种程序设计语言。Shell 是指一种应用程序，这个应用程序提供了一个界面，用户通过这个界面访问操作系统内核的服务。读者首先应掌握 Shell 的一些常用变量，以及赋值和访问。然后像其他高级语言一样要掌握三种语句结构。

本章要点

- Shell 功能
- Shell 的常用参数
- Shell 的赋值、访问和输出
- Shell 循环语句
- Shell 的执行

12.1　Shell 基本概念

Shell 是为用户提供用户界面的软件，通常指的是命令行接口的解析器。一般来说，Shell 是指操作系统中提供访问内核所提供的服务的程序。Shell 也用于泛指所有为用户提供操作界面的程序，也就是程序和用户交互的层面。因此与之相对的是程序内核，内核不提供与用户的交互功能。

同时 Shell 也拿来指应用软件或是任何在特定组件外围的软件，例如浏览器或电子邮件软件是 HTML 排版引擎的 Shell。Shell 这个词是来自于操作系统（内核）与用户界面的外层界面。

12.2　Shell 功能介绍

Shell 是一个命令语言解释器，它拥有自己内建的 Shell 命令集，Shell 也能被系统中其他应用程序所调用。用户在提示符下输入的命令都由 Shell 先解释，然后传给 Linux 内核。虽然 Shell 不是 Linux 系统核心的一部分，但它调用了系统核心的大部分功能来执行程序、建立文件并以并行的方式协调各个程序的运行。因此对于用户来说，Shell 是最重要的实用程序，深入了解和熟练掌握 Shell 的特性及其使用方法，是用好 Linux 系统的关键。

通常将 Shell 分为两类：命令行与图形界面。命令行 Shell 层提供一个命令行接口（CLI），而图形 Shell 层提供一个图形用户界面（GUI）。

　　当用户提交一个命令后，Shell 首先判断提交的命令是否为内置命令，如果是就通过 Shell 内部的解释器将其解释为系统功能调用并转交给内核执行。若是外部命令或程序，Shell 就会尝试在硬盘中查找该命令并将其调入内存，然后再将其解释为系统功能调用并转交给内核执行。如果用户给出了命令路径，Shell 将使用用户给出的路径查找，找到则调入内存，若没有找到则输出提示信息。如果用户没有给出路径，Shell 将会在系统环境变量的路径中进行查找，若找到则调入内存，找不到则输出提示信息。

12.3　Shell 变量

　　Shell 变量是一种弱变量，默认情况下，一个变量保存一个串（串是指一堆内容，例如字符串），Shell 不关心这个串是什么含义。所以若要进行数学运算，必须使用一些命令，例如 let、declare、expr、双括号等。

　　Shell 变量可分为两类：局部变量和环境变量。局部变量只在创建它们的 Shell 中可用，而环境变量则可以在创建它们的 Shell 及其派生出来的任意子进程中使用。有些变量是用户创建的，其他的则是专用 Shell 变量。

　　Shell 中的变量可以分为以下几种。

　　（1）环境变量：用于设置系统运行环境的变量，由系统统一命名，部分环境变量的值可以由用户修改，名称由大写字母组成。

　　（2）位置变量：根据出现在命令行上的参数的位置确定的变量。

　　（3）预定义变量：由系统保留和维护的一组特殊变量，有着特殊的含义，用户不可以更改，所有的预定义变量都由$符号和另外一个符号组成，这些变量通常用于保存程序运行状态等。

　　（4）自定义变量：由用户自行定义的变量，也是接下来我们所讲的主要对象。

　　变量名区分大小写，其命名必须遵循如下规则：

　　（1）首个字符必须为字母（a～z，A～Z）。

　　（2）中间不能有空格，可以使用下划线（_）。

　　（3）不能使用标点符号。

　　（4）不能使用 Bash 中的关键字（可以在 Bash 中使用 help 命令查看保留关键字）。

12.3.1　变量赋值

　　在 Shell 编程中，所有的变量名都由字符串组成，并且不需要对变量进行声明。要赋值给一个变量有多种方式，下面简单介绍几种。

　　（1）变量名=值。

　　在 Shell 编程中使用等号（=）进行变量的直接赋值，在给变量赋值时，等号两边不能有任何空格。同时，在赋值时变量前不能有$符号。

　　例如：root@ubuntu:~# aa=10

　　　　　root@ubuntu:~# xx="I Love You"

　　　　　root@ubuntu:~#

表示把 10 赋值给变量 aa，把字符串"I Love You"赋值给变量 xx。

为了给变量赋空值，可以在等号后跟一个换行符（回车）。

再如：root@ubuntu:~# some=

在定义变量时，变量名不加$符号。一定要注意，变量名和等号之间不能有空格，这一点是和其他大部分高级语言不一样的。

使用 readonly 可以将变量定义为只读变量，只读变量的值不能被改变。

实例：root@ubuntu:~# xx="I Love You"

　　　root@ubuntu:~# readonly xx

　　　root@ubuntu:~# xx="love you"

　　　-su: xx: readonly variable

　　　root@ubuntu:~#

注意：Shell 的默认赋值是字符串赋值，而当我们要进行数学运算时，需要在前面加 let 以表示进行数学运算。

实例：root@ubuntu:~# let "i=i+1"

（2）read 变量。

当 Shell 脚本执行到 read 命令时，将暂停脚本的执行并等待键盘的输入，当用户输入完毕并且按下回车键之后，即完成赋值操作，脚本继续执行。

实例：编辑一个脚本文件。

```
#gedit test
echo input name                 脚本内容
read name
echo print name
echo $(name)
使脚本文件具有可执行权限
huangwd@ubuntu:~$ chmod 777 test
huangwd@ubuntu:~$ ./test        执行脚本
input name
Huangwd                         键盘输入
print name
huangwd
huangwd@ubuntu:~$
```

（3）利用命令的输出结果赋值。

这种赋值方法可以在 Shell 程序中直接处理上个命令产生的数据，也可以将一个命令的输出结果当作变量，不过需要在赋值语句中使用反引号（在 Esc 键正下方的波浪线键）。

实例：#gedit test

　　　name='pwd'   脚本内容：将命令 pwd 的输出赋值给 name

　　　Echo $name

执行结果：

　　　huangwd@ubuntu:~$ ./test

　　　/home/huangwd

　　　huangwd@ubuntu:~$

（4）从文件中读入数据。

这种方式适合处理大批量的数据，例如大量获取下载地址。直接把相应的数据写入文件，然后运行脚本即可。

通常通过循环一行行读入数据，即每循环一次，就从文件中读取一行数据，直到读取到文件的结尾。

实例：先生成一个文件，再将文件内容赋给变量并显示。

```
huangwd@ubuntu:~$ cat>file
how are you
^Z
[1]+    已停止        cat > file
#gedit test
read line<file
Echo $line
```

执行结果：

```
huangwd@ubuntu:~$ ./test
how are you
huangwd@ubuntu:~$
```

（5）使用命令行参数赋值。

在运行脚本文件时，就像运行命令一样，需要赋予脚本某些参数，即直接在命令后面跟参数。在该种方式中获取的对象为参数，例如 ls -l 中的-l。

相应地，系统用$1 来引用第一个参数，第二个参数是$2，第三个参数是$3，依此类推。具体讲解详见 12.4 节。

12.3.2　变量访问

对 Shell 变量的引用方式有很多，用这些方式可以方便地获取 Shell 变量的值、变量值的长度、变量的一个子串、变量被部分替换后的值等。

使用一个定义过的变量，只要在变量名前面加$即可，例如：

```
huangwd@ubuntu:~$ some="how are you"
huangwd@ubuntu:~$ echo $some
how are you
huangwd@ubuntu:~$ echo ${some}
how are you
huangwd@ubuntu:~$
```

变量名外面的花括号是可选的，可有可无。但是加花括号可以提高代码的可读性，帮助解释器识别变量的边界，避免歧义，所以推荐加花括号的写法。

12.3.3　变量输出

（1）在 Shell 中，输出变量最常用的方法就是 echo ${变量名}。

例如：echo ${some}

但是，如果变量与其他字符相连，则需要使用大括号，如图 12.1 所示。

```
huangwd@ubuntu:~$ ./test
This is a test
```

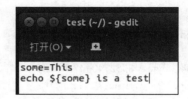

图 12.1 输出变量

（2）显示结果重定向至文件，使用定向输出符号>，如图 12.2 所示。

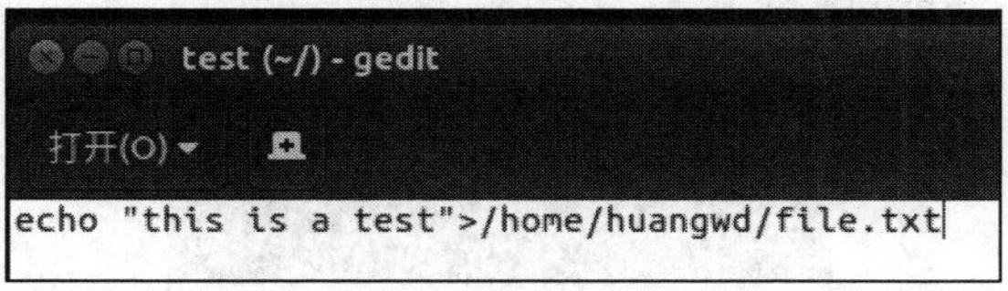

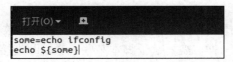

图 12.2 用定向输出符号>

执行结果：

huangwd@ubuntu:~$ ./test
huangwd@ubuntu:~$ cd /home/huangwd
huangwd@ubuntu:~$ ls

| aa.txt | file | 公共的 | 图片 | 下载 | 音乐 |
| Desktop | file.txt | 模板 | 文档 | 新建文件夹 | 桌面 |

huangwd@ubuntu:~$ cat file.txt
this is a test
huangwd@ubuntu:~$

（3）若需要原样输出字符串，则需要使用单引号"。

huangwd@ubuntu:~$ echo '$some'
$some

（4）在将命令结果赋值给变量时，可以使用图 12.3 所示的方式。

▼ some=echo ifconfig echo ${some})

图 12.3 将命令结果赋值给变量

执行结果：

huangwd@ubuntu:~$ ./test
ens33: flags=4163<UP,BROADCAST,RUNNING,MULTICAST>   mtu 1500
         inet 192.168.1.109   netmask 255.255.255.0   broadcast 192.168.1.255
         inet6 fe80::dde2:2459:fe3f:df6c   prefixlen 64   scopeid 0x20<link>
         ether 00:0c:29:34:bc:a9   txqueuelen 1000   (以太网)
         RX packets 346167   bytes 498032824 (498.0 MB)
         RX errors 0   dropped 0   overruns 0   frame 0
         TX packets 133648   bytes 10156432 (10.1 MB)
         TX errors 0   dropped 0 overruns 0   carrier 0   collisions 0

lo: flags=73<UP,LOOPBACK,RUNNING>   mtu 65536

```
inet 127.0.0.1    netmask 255.0.0.0
inet6 ::1    prefixlen 128    scopeid 0x10<host>
loop    txqueuelen 1    (本地环回)
RX packets 805654    bytes 48352740 (48.3 MB)
RX errors 0    dropped 0    overruns 0    frame 0
TX packets 805654    bytes 48352740 (48.3 MB)
TX errors 0    dropped 0 overruns 0    carrier 0    collisions 0
```

（5）也可以在 Shell 编程中使用 printf 函数进行输出。不同的是 printf 输出的是格式化的字符串。需要注意 echo 与 printf 的输出类型，执行代码如图 12.4 所示。

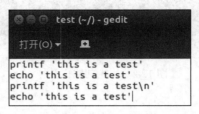

图 12.4　执行代码

执行结果：

```
huangwd@ubuntu:~$ ./test
this is a testthis is a test
this is a test
this is a test
huangwd@ubuntu:~$
```

可以看出，printf 不像 echo 那样会自动换行，必须显式添加换行符（\n）。但是要注意的是，echo 在输出的语句中含有变量时需要用双引号，如 echo "${name} is a good man"。

12.4　Shell 脚本参数

在使用含有多个功能的脚本时，通常需要赋予脚本某些参数以使用特定的功能。在运行脚本文件时，就像运行命令一样，需要赋予脚本某些参数，即直接在命令后面跟参数。在该种方式中，获取的对象为参数，例如 ls -l 中的-l。

相应地，系统用$1 来引用第一个参数，第二个参数是$2，第三个参数是$3，依此类推。

例如在图 12.5 所示的脚本中，设定变量 name 为赋予该脚本的第一个参数。

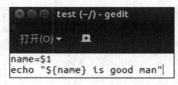

图 12.5　变量 name 为第一个参数

执行以下命令：

```
huangwd@ubuntu:~$ ./test jack
```

在该条命令中，运行脚本 test，赋予脚本 test 的第一个参数为 jack，所以运行结果如下：

```
huangwd@ubuntu:~$ ./test jack
jack is good man
```

在执行一条含有多个参数的 Linux 命令时，对于我们赋予的多个参数程序（脚本）通常是使用循环的方式获取的，并在获取之后判断、跳转和运行，这就是基本的多参数运行方式，如图 12.6 所示。

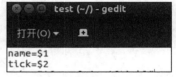

执行结果：

```
huangwd@ubuntu:~$ ./test jack 'a wonderful human'
jack is a wonderful human
huangwd@ubuntu:~$
```

图 12.6　多参数运行方式

在该命令中 jack 是第一个参数，'a wonderful human'是第二个参数。对于字符串的参数一般使用双单引号或双双引号，如'a wonderful human'。

Linux 系统除了提供位置参数外还提供内置参数，内置参数说明如下：

- $#：传递给程序的总参数数目。
- $?：上一个代码或者 Shell 程序在 Shell 中退出的情况，如果正常退出则返回 0，反之为非 0 值。
- $*：传递给程序的所有参数组成的字符串。
- $n：表示第 n 个参数，$1 表示第一个参数，$2 表示第二个参数，……$0 表示当前程序的名称。
- $@：以"参数 1" "参数 2"……形式保存所有参数。
- $$：本程序的（进程 ID 号）PID。
- $!：上一个命令的 PID。

12.5　条件语句

12.5.1　if 语句

if 语句通过关系运算符判断表达式的真假来决定执行哪个分支。Shell 有 3 种 if ... else 语句：

- if ... fi 语句。
- if ... else ... fi 语句。
- if ... elif ... else ... fi 语句。

（1）if ... fi 语句。

if ... fi 语句的语法如下：

```
if[ 表达式 ]
then
    语句
fi
```

如果表达式返回 true，那么 then 后边的语句将会被执行；如果返回 false，则不会执行任何语句。最后必须以 fi 来结尾闭合 if。

注意：表达式和方括号[ ]之间必须有空格，否则会有语法错误。

如图 12.7 所示的 Shell 程序内容。

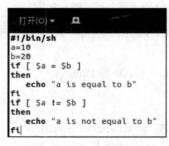

图 12.7　Shell 程序内容

执行结果：

  huangwd@ubuntu:~$ ./test

  a is not equal to b

  huangwd@ubuntu:~$

注意：等号=放在别的地方是赋值，放在 if[ ] 里就是字符串等于，Shell 里面没有==，那是 C 语言的等于。=作为等于时，其两边都必须加空格，否则失效。等号也是操作符，必须跟其他变量和关键字用空格隔开（等号做赋值号时正好相反，其两边不能有空格）。

（2）if ... else ... fi 语句。

if ... else ... fi 语句的语法如下：

  if[表达式]

  then

   语句 1

  else

   语句 2

  fi

如果表达式返回 true，那么 then 后边的语句将会被执行，否则执行 else 后边的语句。如图 12.8 所示的 Shell 程序内容。

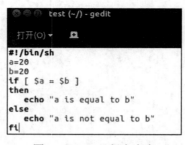

图 12.8　Shell 程序内容

执行结果：

  huangwd@ubuntu:~$ ./test

  a is equal to b

（3）if ... elif ... fi 语句。

if ... elif ... fi 语句可以对多个条件进行判断，语法如下：

```
if [ 表达式 1 ]
then
    语句 1
elif [ 表达式 2 ]
then
    语句 2
elif [ 表达式 3 ]
then
    语句 3
else
    语句 4
fi
```

哪一个表达式的值为 true，就执行哪个表达式后面的语句；如果都为 false，那么执行语句 4，如图 12.9 所示。

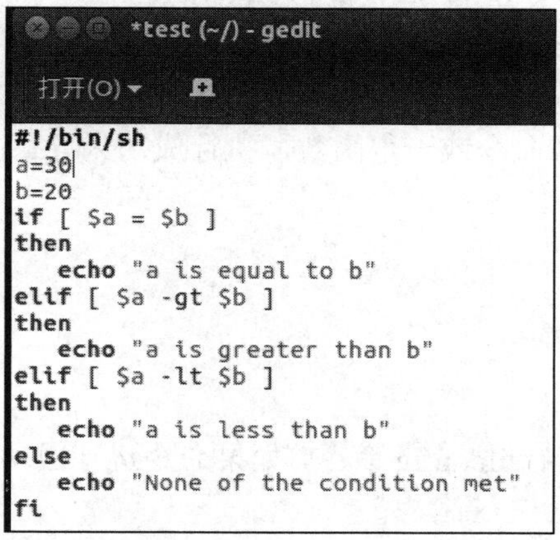

图 12.9　Shell 例题

执行结果：

```
huangwd@ubuntu:~$ ./test
a is greater than b
huangwd@ubuntu:~$
```

if ... else ... fi 语句也经常与 test 命令结合使用，如下：

```
num1=$[2*3]
num2=$[1+5]
if test $[num1] -eq $[num2]
then
    echo 'The two numbers are equal!'
else
    echo 'The two numbers are not equal!'
fi
```

输出：

The two numbers are equal!

test 命令用于检查某个条件是否成立，与方括号[ ]类似。

在实际应用中还会遇到双括号的写法，例如：

if[[${a} = ${b}]]

fi

注意：运算参数和变量之间有空格。

在这种写法中，可以保证最内层的表达式失败后还可以照常运行，而不是像只有一层中括号时直接退出。这样做的目的是对内层表达式的结果再次判断，如果失败则赋值 false。

test 表达式常用参数说明：

● 变量 A = 变量 B：字符串 A 等于字符串 B 则为真。

● 变量 A != 变量 B：字符串 A 不等于字符串 B 则为真。

● 变量 A -eq 变量 B：变量 A 等于变量 B 则为真。

● 变量 A -ne 变量 B：变量 A 不等于变量 B 则为真。

● 变量 A -gt 变量 B：变量 A 大于变量 B 则为真。

● 变量 A -ge 变量 B：变量 A 大于等于变量 B 则为真。

● 变量 A -lt 变量 B：变量 A 小于变量 B 则为真。

● 变量 A -le 变量 B：变量 A 小于等于变量 B 则为真。

条件表达式还可以是一条命令或一个函数，执行成功为 true。

```
if ifconfig
then
    echo true
else
    echo false
fi
```

上面程序中，脚本首先运行 ifconfig 命令，如果命令运行成功则输出 true，否则输出 false。

12.5.2 case 语句

除了 if 之外，Shell 编程中还有 case 语句，该语句适用于需要进行多重分支的应用情况。

case 语句的语法如下：

```
case $变量名 in
        模式 1)
                命令序列 1
                ;;
        模式 2)
                命令序列 2
            ;;
            *)
            默认执行的命令序列   ;;
    esac
```

case 语句结构特点如下：

（1）case 行尾必须为单词 in，每一个模式必须以右括号 "）" 结束。

（2）双分号"::"表示命令序列结束。

（3）匹配模式中可使用方括号表示一个连续的范围，如[0-9]；使用竖杠符号"|"表示"或"。

（4）语句最后的"*)"表示默认模式，当使用前面的各种模式均无法匹配该变量时，将执行"*)"后的命令序列。

实例：由用户从键盘输入一个字符，判断该字符是否为字母、数字或者其他字符，并输出相应的提示信息，程序如图 12.10 所示。

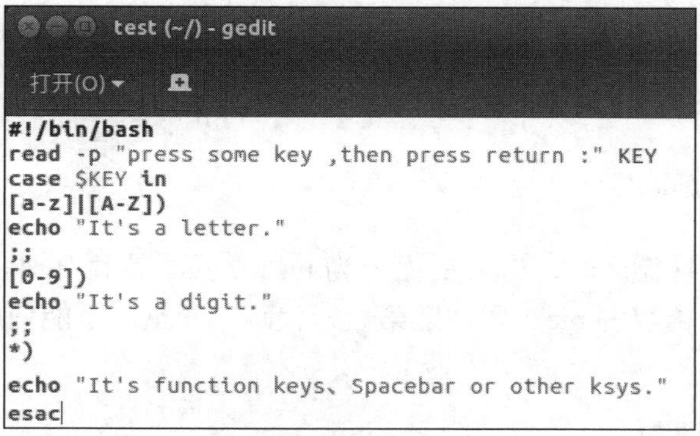

```
#!/bin/bash
read -p "press some key ,then press return :" KEY
case $KEY in
[a-z]|[A-Z])
echo "It's a letter."
;;
[0-9])
echo "It's a digit."
;;
*)
echo "It's function keys、Spacebar or other ksys."
esac
```

图 12.10　Shell 例题

执行结果：

　　huangwd@ubuntu:~$ ./test

　　press some key ,then press return :h　　　　　输入一个字母"h"

　　It's a letter.

再次运行执行结果：

　　huangwd@ubuntu:~$ ./test

　　press some key ,then press return :!　　　　　输入一个字符"!"

　　It's function keys、Spacebar or other ksys.

12.6　循环语句

本节将学习一种固定循环语句（已知循环次数）和两种不定循环语句（未知循环次数）。

12.6.1　固定循环语句 for

for 循环在 Shell 编程中的语法如下：

　　for ((初始值;限制值;执行步长))

　　do

　　　　程序段

　　done

和 C 语言中的格式很相似，在这种格式中只不过是把花括号换成了 do 和 done，而对于第一句，则除了用两组括号外完全相同。例如：

```
aa=2
for ((i=1;i<=$aa;i=i+1))
do
    echo $i
done
```

除了上述写法之外，for 循环还有另一种写法。语法如下：

```
for 变量 in 值 1 值 2 值 3 ...值 N
do
    程序段
done
```

接下来用下面的例子说明语法的作用：

```
for food in meat cake pie
do
    echo 'Eat ${food}'
done
```

在该示例中，第一次循环时，food 的内容为 meat，第二次循环时，food 的内容为 cake，第三次循环时，food 的内容为 pie。要注意第一行代码的变量，不能使用$变量名或${变量名}的格式。

12.6.2　不定循环语句

不定循环有如下两种：

（1）while 表达式。

```
do
    程序段
done
```

（2）until 表达式。

```
do
    程序段
done
```

while 的作用是满足表达式时执行程序段，不需要过多解释。而 until 与 while 正好相反，它的作用是执行程序段直到满足表达式为止。图 12.11 和图 12.12 所示代码段表达了 while 循环与 until 循环的区别。

```
1  i=0
2  sum=0
3
4  while [ "$i" != "100" ]
5  do
6      echo $i
7      $i=$(($i+1))  #或者let "i=i+1"
8      sum=$(($sum+$i))
9  done
10 echo $sum
```

图 12.11　while 代码段

由此可见，在同样的目的下，while 循环与 until 循环的终止条件是相反的，要注意的是在该例中使用的是将其转换为字符串并使用字符串匹配的方式来进行比较的。

```
1    i=0
2    sum=0
3
4    until [ "$i" = "100" ]
5    do
6        echo $i
7        $i=$(($i+1)) #或者let "i=i+1"
8        sum=$(($sum+$i))
9    done
10   echo $sum
11
```

图 12.12　until 代码段

12.7　创建和执行 Shell 程序

Shell 特别擅长系统管理任务，尤其适合那些易用性、可维护性和便携性比效率更重要的任务。用户可以使用任何文本编辑器编辑 Shell 脚本文件，如 vi、gedit 等，如图 12.13 所示。

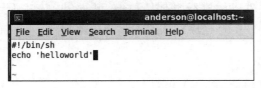

图 12.13　vi 编辑器

编写完毕后保存到文件，然后需要用 chmod 命令赋予该文件可执行权限，执行即可。

对于喜欢用户友好型应用的用户，推荐使用 gedit 进行编辑，如图 12.14 所示。虽然在该类应用中还有同样属于佼佼者的 leafpad，但是由于 gedit 在所有 Linux 发行版本中都是预装的，比较通用，所以选用 gedit。

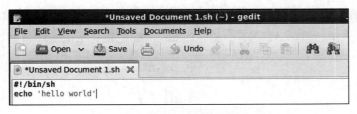

图 12.14　gedit 编辑器

一个标准的 Shell 脚本文件的第一行必须声明用来执行该文件的 Shell：#!/bin/sh。符号#!用来告诉系统它后面的参数是用来执行该文件的程序。在这个例子中使用/bin/sh 来执行程序。在 Linux 中，一般会默认安装如图 12.15 所示的几个 Shell，Shell 存储在/etc/shells 文件中。

```
huangwd@ubuntu:~$ cat /etc/shells
# /etc/shells: valid login shells
/bin/sh
/bin/dash
/bin/bash
/bin/rbash
huangwd@ubuntu:~$
```

图 12.15　默认安装的 Shell

如果没有在第一行声明执行脚本文件的 Shell，脚本依旧是可以运行的，但是可能会因为 Shell 不一致而出现一些意想不到的错误。与很多脚本语言相同，在 Shell 编程中，可以用#符号表示注释，范围为#符号开始直到这一行的结束。

同时，在 Shell 编程中也可以自定义函数，例如：

```
function 函数名(){
    代码段
     return   x;   #返回值
}
```

函数名前的 function 可有可无，没有影响。

执行 Shell 程序有以下 3 种方法：

（1）相对路径。

```
$cd /xxx/xxx         进入到 Shell 程序所在的目录
$./脚本文件
```

切换到 Shell 脚本所在的目录（此时称为工作目录）执行 Shell 脚本。./的意思是说在当前的工作目录下执行脚本文件。如果不加上./，Bash 可能会响应找不到 hello.sh 的错误信息。因为目前的工作目录可能不在执行程序默认的搜索路径范围内，即不在环境变量 PATH 中。

（2）绝对路径。

```
$/xxx/xxx/脚本文件
```

直接输入脚本的绝对地址执行 Shell 脚本。

（3）Bash 调用。

```
$cd /xxx/xxx/
$bash 脚本文件
```

若是以这种方式来执行可以不必事先设定 Shell 的执行权限，甚至都不需要指定 Bash 路径。该方法是将 hello.sh 作为参数传给 sh（或 bash）命令来执行的。这时不是脚本文件自己来执行，而是被调用执行，所以不要执行权限。

以上 3 种方法执行 Shell 脚本时都是在当前 Shell（称为父 Shell）中开启一个子 Shell 环境，然后脚本在子 Shell 环境中执行。Shell 脚本执行完后子 Shell 环境随即关闭，然后又回到父 Shell 中。

本章小结

Shell 是一个命令语言解释器，分为两类：命令行与图形界面。

Shell 变量可分为两类：局部变量和环境变量。局部变量只在创建它们的 Shell 中可用，而环境变量则可以在创建它们的 Shell 及其派生出来的任意子进程中使用。

在 Shell 编程中使用等号（=）进行变量的直接赋值，在给变量赋值时，等号两边不能有任何空格。

在 Shell 中，输出变量最常用的方法就是 echo ${变量名}。也可以在 Shell 编程中使用 printf 函数进行输出。不同的是 printf 输出的是格式化的字符串。

Shell 编程中同样也可以使用 if 条件语句，但是与 C 语言不同的是，在 Shell 编程中，真值为 0。

Shell 编程中固定循环语句使用 for 循环语句。

一个标准的 Shell 脚本文件的第一行必须声明用来执行该文件的 Bash：#!/bin/sh。

习题

1．尝试编写自动化的.tar 包的安装脚本。
2．尝试使用 Shell 编程实现水仙花数的输出。
3．使用 Shell 编程实现对多文件的下载（可利用重定向）。

第 13 章　Linux 网络基础

本章讲解 Linux 网络的相关知识及操作。TCP/IP 基础知识是 Linux 连网的基础，IP 地址的划分是个经常谈起的问题。Linux 系统中的 TCP/IP 网络是通过若干文本文件进行配置的，这些文件非常重要，读者要了解。对 Linux 网络管理的常用命令，如 ifconfig、route、ping 等要熟练掌握。虽然 Telnet 远程登录已经过时，但可以用它来理解远程登录。

- IP 地址的划分
- Linux 网络配置文件
- 网络管理命令
- ifconfig 命令
- route 命令
- 远程登录

13.1　TCP/IP 基础

在世界各地，各种各样的计算机运行着不同的操作系统为大家服务，这些计算机在表达同一种信息的时候所使用的方法千差万别。计算机的使用者意识到，计算机只是单兵作战并不会发挥太大的作用，只有把它们联合起来，才会发挥出最大的潜力。于是人们就想方设法用电线把计算机连接到了一起。

但是简单地连接到一起是远远不够的，就好像语言不通的两个人互相见了面，完全不能交流信息，因而他们需要定义一些共同的东西来进行交流，TCP/IP 就是为此而生的。TCP/IP 不是一个协议，而是一个协议簇的统称，里面包括了 IP、TCP 以及我们更加熟悉的 HTTP、FTP、POP3 等协议。计算机有了这些，就好像学会了外语一样，可以和其他的计算机终端自由地交流了。

在深入学习本章之前，应该具备一些网络基础知识。

（1）IP 地址与子网掩码。

网络上每一个结点都必须有一个独立的 Internet 地址（也叫做 IP 地址）。现在，通常使用的 IP 地址是一个 32 位二进制的数字，也就是常说的 IPv4 标准，这 32 位的数字分成 4 组转变成十进制，也就是常见的 192.168.1.1 的样式。IP 地址需要与子网掩码结合使用，从第 6 章中我们知道，Linux 可以将许多用户加入到用户组中统一管理，而子网掩码的作用也和用户组类似，它将一个 IP 地址划分成网络位和主机位，网络位用来指明 IP 地址位于哪一个网络，主机位标示网络中的一台主机。

与二进制 IP 地址相同，子网掩码由 1 和 0 组成。它的长度也是 32 位，左边是网络位，用二进制数字 1 表示，1 的数目等于网络位的长度；右边是主机位，用二进制数字 0 表示，0 的数目等于主机位的长度。这样做的目的是为了让子网掩码与 IP 地址进行按位与运算时用 0 遮住原主机数，而不改变原网络段数字，而且很容易通过 0 的位数确定子网的主机数（2 的主机位数次方–2，因为主机号全为 1 时表示该网络广播地址，全为 0 时表示该网络的网络号，这是两个特殊地址）。只有通过子网掩码才能表明一台主机所在的子网与其他子网的关系，使网络正常工作。

如 IP 地址为 192.168.1.1，子网掩码为 255.255.255.0，经过与运算后可以得出该 IP 地址的网络位为 192.168.1，主机位为 1，也就是说该地址所在的网络是 192.168.1，并标示出了 1 这台主机。

（2）域名系统（DNS）。

域名系统是一个分布式的数据库，它提供将域名（就是网址）转换成 IP 地址的服务，例如当我们在访问百度时，系统会自动将百度的域名发送到 DNS 域名服务器进行解析，当解析出有效的 IP 地址后，我们才能正常打开百度。

（3）端口（Port）号。

一台拥有 IP 地址的主机可以提供许多服务，如 Web 服务、FTP 服务、SMTP 服务等，这些服务完全可以通过一个 IP 地址来实现。那么，主机怎样区分不同的网络服务呢？显然不能只靠 IP 地址，因为 IP 地址与网络服务是一对多的关系。实际上我们是通过"IP 地址+端口号"来区分不同的网络服务的，端口号在逻辑上区分主机各种不同的网络服务。

服务器上的应用大都是通过知名端口号来识别的。例如，对于每个使用 TCP/IP 的主机来说，默认情况下 FTP 服务器的 TCP 端口号都是 21，每个 Telnet 服务器的 TCP 端口号都是 23，每个 TFTP（简单文件传输协议）服务器的 UDP 端口号都是 69。这些知名端口号由互联网数字分配机构（Internet Assigned Numbers Authority，IANA）来管理。

13.2　TCP/IP 配置文件

在 Linux 操作系统中，绝大部分的系统设置都可以通过命令完成，而系统的设置参数几乎都保存在配置文件中，所以我们在学习 Linux 的网络配置时，有必要介绍一下它的配置文件。

Linux 系统中的 TCP/IP 网络是通过若干文本文件进行配置的，可以手动编辑这些文件来完成连网工作（当然 Ubuntu 系统也提供了人性化的图形界面）。系统中重要的有关网络配置的文件及说明如下：

（1）/etc/network/interfaces：网络设置文件。

（2）/etc/hostname：主机名配置文件。

（3）/etc/hosts：记录了 IP 地址与主机名的映射，即 DNS 的本地缓存。

（4）/etc/services：记录了网络服务名和端口号之间的映射。

（5）/etc/host.conf：DNS 配置文件。

（6）/etc/nsswitch.conf：管理系统中多个配置文件查找的顺序。

（7）/etc/resolv.conf：DNS 客户端配置文件。

在 Linux 的使用过程中，我们不需要对这些文件都很了解，实际上只需要修改 hosts、services、hostname 和 interfaces 这 4 个文件，Ubuntu 系统便可以接入互联网了。

13.2.1　/etc/hosts 文件

hosts 的含义是 the static table lookup for host name（主机名查询静态表）。Linux 的/etc/hosts 文件是配置 IP 地址和其对应主机名（或域名）映射关系的文件，这里可以记录本机的或其他主机的 IP 及其对应主机名信息。

不同的 Linux 版本，这个配置文件也可能不同。比如 Debian 的对应文件是/etc/hostname。

（1）hosts 文件格式说明。

/etc/hosts 一般有如下类似内容：

```
127.0.0.1      localhost
192.168.1.100      yu.com      yu100
192.168.1.120      ftpserver      ftp120
```

一般情况下 hosts 文件的每行对应一个主机，每行由三部分组成，每个部分由空格隔开。

第一部分：网络 IP 地址。

第二部分：主机名或域名。

第三部分：别名。

当然每行也可以是两部分，即主机 IP 地址和主机名（或域名）。

主机名（hostname）和域名（domain）的区别：主机名通常在局域网内使用，通过 hosts 文件，主机名就被解析到对应的 IP；域名通常在 Internet 上使用，但如果本机不想使用 Internet 上的域名解析，这时就可以更改 hosts 文件，加入自己的域名解析。

（2）hosts 文件的用途。

hosts 文件可以配置主机 IP 与其对应的主机名之间的映射，对于服务器类型的 Linux 系统的作用是不可忽略的。

在局域网或者是 Internet 上，每台主机都有一个 IP 地址，它区分每台主机，并可以根据 IP 进行通信。但 IP 地址不方便记忆，所以就有了域名。在一个局域网中，每台机器都有一个主机名，用于区分主机，便于相互访问。

Linux 主机名的相关配置文件就是/etc/hosts。这个文件告诉主机哪些域名对应哪些 IP，哪些主机名对应哪些 IP，以减少查询 DNS 服务器的次数，加快网络访问速度，如图 13.1 所示。

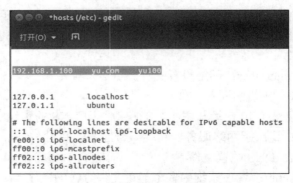

图 13.1　/etc/hosts 文件内容

该文件中有这样一条记录：

192.168.1.100　　　　yu.com　　　　yu100

这条记录就建立起了域名为 yu.com 的这台主机与 192.168.1.100 这个 IP 地址之间的映射关系，假设 192.168.1.100 是一台网站服务器，当在浏览器中访问 yu.com 或 yu100 时，主机就不会向 DNS 查询该域名对应的 IP 地址，而是直接打开 192.168.1.100 这台主机上的网页。

通常情况下这个文件首先记录了本机的 IP 和主机名，比如图 13.1 所示的这台主机在 hosts 文件中可以发现有这样一条记录建立本机的映射关系：

127.0.0.1　　　　localhost

localhost 的意思是本地主机，127.0.0.1 是网络协议中规定的本地回环地址，这条记录建立起了本地回环地址与本地主机间的映射，当我们在本地主机搭建了一个网站时，只需要在本地浏览器上访问 127.0.0.1 或者 localhost 就可以浏览本地搭建的网站了。

（3）hosts 文件可以帮助解决的问题。

1）远程登录 Linux 主机过慢问题。有时候客户端想要远程登录一台 Linux 主机，但每次输入密码后都会等很长一段时间才能登录成功，这是因为 Linux 主机在返回信息时需要解析 IP，如果在 Linux 主机的 hosts 文件中事先就加入客户端的 IP 地址，这时再从客户端远程登录 Linux 就会很快。

2）在局域网内建立小型 Web 服务器。（2）中提到，在 hosts 文件中加入一条记录后，如果要访问该记录中标识的那台服务器，我们的主机会优先使用 hosts 中的映射，而不去查询 DNS。利用这一点便可以在局域网中搭建自己的网站，通过在其他客户机上配置 hosts 文件，从而达到不用配置和使用 DNS 也可以在局域网内访问网站的效果。

13.2.2　/etc/services 文件

在 13.1 节中曾介绍过端口号，端口号用来唯一标识主机上的一个网络应用（服务）。例如 FTP 服务使用 21 端口（其数据传输使用 20 端口），HTTP 服务使用 80 端口。在 TCP/IP 中，这种逻辑端口最多可以有 65536 个，即编号从 0 到 65535（但是 0 端口默认不使用），其中像 21、80 这样的端口为公认端口（well-known ports），也叫做知名端口，其范围是从 1 到 1023，这些端口号通常情况下被固定分配给一些服务，而剩下的端口号多数没有明确定义服务对象，不同程序可根据实际需要自己定义。

/etc/services 文件用于记录网络服务和它们对应使用的端口号及协议。文件中的每一行对应一种服务，它由 4 个字段组成，中间用空格分隔，分别表示"服务名称""使用端口""协议类型"和"别名"。当打开该文件时，开头处会有很多注释帮助我们理解文件的作用。跳过注释部分可以看到下面有一行一行的记录，如图 13.2 所示，FTP 使用 TCP 的 20 和 21 端口，SSH 使用 22 端口，DNS 使用 53 端口，1～1023 端口为系统默认保留分配，约定成俗地，在 Windows 和 Linux 中大多数知名的服务在默认情况下都会自动使用这些端口，所以不能修改这些端口号。

需要注意的是，在编号超过 1023 的端口中，还可以发现一些其他常用的服务，如图 13.3 所示的 openvpn 和 SQL Server，这些服务虽然没使用 1～1023 的知名端口，但它们默认使用的端口长久以来也一直固定，所以这些端口的记录最好也不要修改，以免软件或者服务出错。实际上在运行一个非知名的网络应用程序时，为了避免端口的重用，大都选择使用序号较大的端口，尽量避开知名端口。

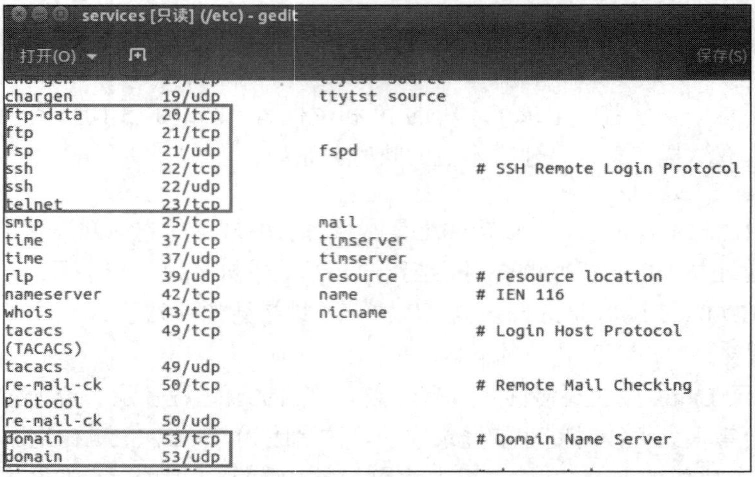

图 13.2　服务端口

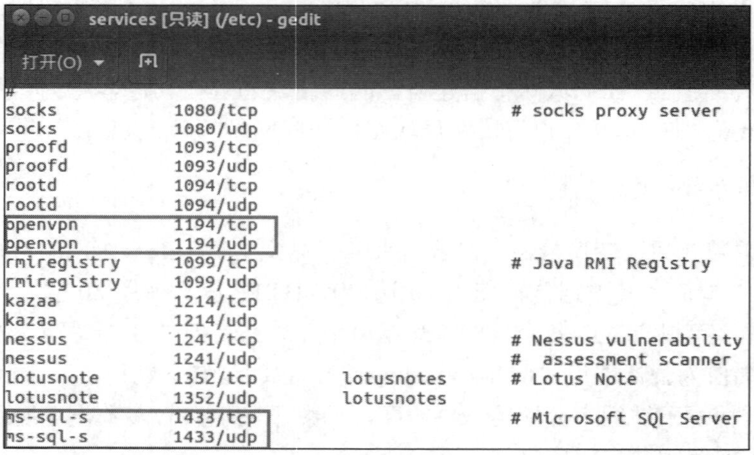

图 13.3　默认使用的端口

13.2.3　/etc/hostname 文件

hostname 是记录主机名称的文件，13.2.1 节中介绍的 hosts 文件用来记录主机名（或域名）和 IP 地址之间的映射，广域网中的主机使用域名，而在局域网中使用主机名，此主机名就是 hostname 文件中所添加的记录。如果我们所使用的 Linux 主机的 IP 地址为 192.168.1.2，hostname 文件中的记录为 Ubuntu，那么位于同一局域网中的其他主机只要在 hosts 中加入了 192.168.1.2 Ubuntu 这条记录，就能通过 Ubuntu 这个名字来访问主机了。

13.2.4　/etc/network/interfaces 和/etc/resolv.conf 文件

和 Windows 一样，给 Linux 主机的网卡配置 IP 地址，也需要设置 IP 地址的获取方式以及

DNS 地址等网络参数，/etc/network/interfaces 和/etc/resolv.conf 文件可以帮我们完成这些工作。

打开 Ubuntu 的/etc/network/interfaces 文件，默认的内容如图 13.4 所示。

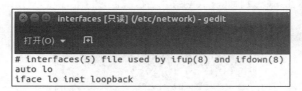

图 13.4　interfaces 文件

其中，lo 是 TCP/IP 定义的 loopback 虚拟网络设备，它使得 TCP/IP 能够以 127.0.0.1 这个 IP 地址（主机名一般为 localhost）来访问自身。默认情况下 eth0 是第一块网卡，如果有多块网卡，将依次是 eth0、eth1、eth2 等。

/etc/resolv.conf 文件用于配置 Linux 主机所使用的 DNS 服务器，如图 13.5 所示。

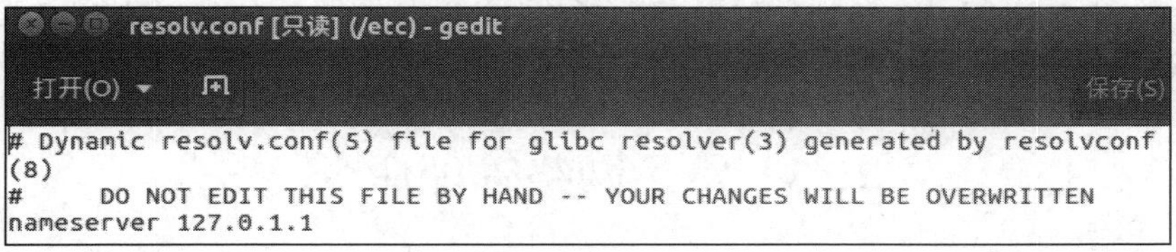

图 13.5　resolv.conf 文件

如果主机使用静态地址 192.168.33.188，子网掩码为 255.255.255.0，网关为 192.168.33.2，DNS 服务器为 114.114.114.114，则可以编辑/etc/network/interfaces（本机的第一块网卡名为 ens33）和/etc/resolv.conf 文件。编辑完成并保存后，可以使用 ifdown ens33 命令关闭 ens33 接口，如图 13.6 所示。再使用 ifup ens33 命令开启接口，如图 13.7 所示，从而使配置生效。

图 13.6　ifdown ens33 命令关闭 ens33 接口

图 13.7　ifup ens33 命令开启接口

设置完成后用 ifconfig 和 nslookup 命令查看网卡和 DNS 信息，可以发现配置信息都如我们所愿进行了正确的修改。

如果主机使用 DHCP 服务自动获取网络参数，那我们只需要在 interfaces 文件中进行如图 13.8 所示的配置。

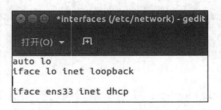

图 13.8　配置 interfaces 文件

保存文件并重启网络接口后，Linux 主机便会自动获取并设置网络参数。

需要注意的是，使用配置文件修改网络配置后会永久有效，除非再次手动修改。假如只是想临时修改一下主机的 IP，只需要使用命令行就可以。使用命令行方式修改的网络参数在主机重启后还是会按照配置文件中的参数进行设置，也就是说主机重启后网络设置被还原了。

13.3　常用网络管理命令

13.3.1　ifconfig 命令

功能说明：显示或设置网络设备。

语法：

ifconfig [网络设备][down up -allmulti -arp -promisc][add<地址>][del<地址>][<hw<网络设备类型><硬件地址>][io_addr<I/O 地址>][irq<IRQ 地址>][media<网络媒介类型>][mem_start<内存地址>][metric<数目>][mtu<字节>][netmask<子网掩码>][tunnel<地址>][-broadcast<地址>][-pointopoint<地址>][IP 地址]

补充说明：ifconfig 可以设置网络设备的状态，或显示目前的设置。

参数说明：

- add<地址>：设置网络设备 IPv6 的 IP 地址。
- del<地址>：删除网络设备 IPv6 的 IP 地址。
- down：关闭指定的网络设备。
- <hw<网络设备类型><硬件地址>：设置网络设备的类型与硬件地址。
- io_addr<I/O 地址>：设置网络设备的 I/O 地址。
- irq<IRQ 地址>：设置网络设备的 IRQ。
- media<网络媒介类型>：设置网络设备的媒介类型。
- mem_start<内存地址>：设置网络设备在主内存所占用的起始地址。
- metric<数目>：指定在计算数据包的转送次数时所要加上的数目。
- mtu<字节>：设置网络设备的 MTU。
- netmask<子网掩码>：设置网络设备的子网掩码。
- tunnel<地址>：建立 IPv4 与 IPv6 之间的隧道通信地址。

- up：启动指定的网络设备。
- -broadcast<地址>：将要送往指定地址的数据包当成广播数据包来处理。
- -pointopoint<地址>：与指定地址的网络设备建立直接连线，此模式具有保密功能。
- -promisc：关闭或启动指定网络设备的 promiscuous 模式。
- [IP 地址]：指定网络设备的 IP 地址。
- [网络设备]：指定网络设备的名称。

　　ifconfig 命令可以查看当前网络接口（网卡）的设置，也可以修改当前网络接口（网卡）的设置，它有两种格式：ifconfig [interface]和 ifconfig interface [aftype] option | address ...。其中第一种格式为查看当前设置，第二种格式为修改当前设置。使用 ifconfig 命令修改网卡设置后，操作会立即生效。

　　查看网络设置。ifconfig 命令后面的选项[interface]为网卡的设备名，eth0 表示系统的第一块以太网卡（本机的第一块网卡为 ens33），eth1 表示系统的第二块网卡，依此类推。当网卡的设备名为 lo 时，表示纯软件网卡，其作用主要是当系统无网卡或网卡无连接时，让系统仍然认为自己工作在网络环境中，lo 经常被称为"回绕设备"或"本地回环设备"，它的 IP 地址为本机测试地址，即 127.0.0.1。当 ifconfig 命令后面没有选项时，表示查看所有网卡的设置，否则查看指定网卡的设置。具体使用如图 13.9 所示。

```
root@ubuntu:/etc/network# ifconfig
ens33     Link encap:以太网  硬件地址 00:0c:29:5b:15:7b
          inet 地址:192.168.33.133  广播:192.168.33.255  掩码:255.255.255.0
          UP BROADCAST RUNNING MULTICAST  MTU:1500  跃点数:1
          接收数据包:146 错误:0 丢弃:0 过载:0 帧数:0
          发送数据包:243 错误:0 丢弃:0 过载:0 载波:0
          碰撞:0 发送队列长度:1000
          接收字节:19205 (19.2 KB)  发送字节:27611 (27.6 KB)
          中断:19 基本地址:0x2000

lo        Link encap:本地环回
          inet 地址:127.0.0.1  掩码:255.0.0.0
          inet6 地址: ::1/128 Scope:Host
          UP LOOPBACK RUNNING  MTU:65536  跃点数:1
          接收数据包:291 错误:0 丢弃:0 过载:0 帧数:0
          发送数据包:291 错误:0 丢弃:0 过载:0 载波:0
          碰撞:0 发送队列长度:1
          接收字节:22470 (22.4 KB)  发送字节:22470 (22.4 KB)
```

图 13.9　ifconfig 命令

图 13.10 所示是 ifconfig 命令后面为网卡的设备名。

```
root@ubuntu:/etc/network# ifconfig ens33
ens33     Link encap:以太网  硬件地址 00:0c:29:5b:15:7b
          inet 地址:192.168.33.133  广播:192.168.33.255  掩码:255.255.255.0
          inet6 地址: fe80::a8d7:b450:d77a:911a/64 Scope:Link
          UP BROADCAST RUNNING MULTICAST  MTU:1500  跃点数:1
          接收数据包:198542 错误:314 丢弃:3 过载:0 帧数:0
          发送数据包:103546 错误:0 丢弃:0 过载:0 载波:0
          碰撞:0 发送队列长度:1000
          接收字节:265648345 (265.6 MB)  发送字节:5717159 (5.7 MB)
          中断:19 基本地址:0x2000
```

图 13.10　ifconfig 查看网卡 ens33

　　修改网络设置。ifconfig 命令用于修改网络设置时，参数[aftype]表示所使用的网络协议，默认为 inet（TCP/IP），还可以是 inet6（IPv6）、ax25、ddp、ipx、netrom 等。

参数说明：

- up：激活指定网卡。
- down：关闭指定网卡。
- netmask：设置子网掩码。
- media：设置网卡速度类型。
- pointopoint：设置当前主机以点对点方式通信时对方主机的网络地址。
- address：设置指定网卡的 IP 地址。

常用的修改网络设置的命令如下：

- #ifconfig ens33 up：激活网卡 ens33。
- #ifconfig lo down：关闭本地回绕网卡，关闭后用户就无法通过 127.0.0.1 来 ping 通自己。
- #ifconfig ens33 192.168.0.22 netmask 255.255.255.0：设置网卡 ens33 的 IP 地址为 192.168.0.22，子网掩码为 255.255.255.0。

操作结果如图 13.11 所示。

```
root@ubuntu:~# ifconfig ens33 192.168.33.22 netmask 255.255.255.0
root@ubuntu:~# ifconfig ens33
ens33     Link encap:以太网  硬件地址 00:0c:29:5b:15:7b
          inet 地址:192.168.33.22  广播:192.168.33.255  掩码:255.255.255.0
          inet6 地址: fe80::a8d7:b450:d77a:911a/64 Scope:Link
          UP BROADCAST RUNNING MULTICAST  MTU:1500  跃点数:1
          接收数据包:199188 错误:314 丢弃:0 过载:0 帧数:0
          发送数据包:104313 错误:0 丢弃:0 过载:0 载波:0
          碰撞:0 发送队列长度:1000
          接收字节:266179837 (266.1 MB)  发送字节:5797269 (5.7 MB)
          中断:19 基本地址:0x2000
```

图 13.11   ifconfig 命令修改网络设置

注意：使用 ifconfig 命令修改网络配置，新的网络配置会立即生效，当修改完成后可能会发现主机无法连接到互联网，这是因为原来的网络参数被新的配置覆盖了，但新的网络参数并没有指明网络的网关或者默认路由，所以需要再配置一下主机的默认路由。

13.3.2   route 命令

route 命令用于查看或修改主机和网络的路由信息，直接执行 route 命令便会显示本机当前的路由信息，如图 13.12 所示。

图 13.12   路由信息

图 13.12 中并没有默认的路由表项，也就是主机不知道数据该往哪里发，使用 ping 命令检测到 114 DNS 的连通性，发现提示 network is unreachable，即网络不可达，所以要添加一条默认路由将其指向本地网关。

      #route add default gw 192.168.33.2

执行完成后再次使用 route 命令查看本地路由表，可以发现默认路由已被添加，具体信息如图 13.13 所示。

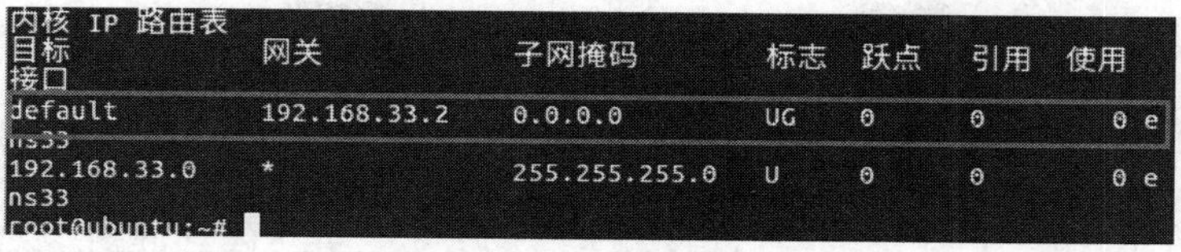

```
内核 IP 路由表
目标            网关            子网掩码         标志  跃点   引用  使用
接口
default         192.168.33.2    0.0.0.0         UG    0      0        0 e
ns33
192.168.33.0    *               255.255.255.0   U     0      0        0 e
ns33
root@ubuntu:~#
```

图 13.13　添加默认路由

再 ping 一下 114DNS，发现可以正常通信了。

```
root@ubuntu:/etc# ping 114.114.114.114
PING 114.114.114.114 (114.114.114.114) 56(84) bytes of data.
64 bytes from 114.114.114.114: icmp_seq=1 ttl=64 time=34.6 ms
64 bytes from 114.114.114.114: icmp_seq=2 ttl=94 time=29.7 ms
^Z
[3]+  已停止                 ping 114.114.114.114
```

route 命令的使用方式还有很多，例如：

```
#route add -host 192.168.1.110 dev eth0
```

给网卡 eth0 的路由表中加入新地址 192.168.1.110。

```
#route add -net 192.168.1.0 netmask 255.255.255.0 gw 192.168.1.1
```

给子网 192.168.1.0 添加路由和网关，新增加的路由和网关地址为 192.168.1.1。

```
#route del -host 192.168.1.110 dev eth0
```

删除网卡 eth0 路由表中的地址 192.168.1.110。

```
#route del -net 192.168.1.0 netmask 255.255.255.0
```

在路由表中删除子网 192.168.1.0 的路由信息。

```
#route change 192.168.1.0 mask 255.255.255.0 192.168.10.100
```

将子网 192.168.1.0 的下一跃点地址设置为 192.168.10.100。

但在一般情况下，只需要设置好 IP 地址、DNS 和默认路由（网关），Linux 主机就可以正常访问互联网了。

13.3.3　netstat 命令

netstat 命令用于显示本机上与 IP、TCP、UDP 和 ICMP 相关的统计数据，该命令经常被用于检验本机各端口的网络连接情况。

netstat 命令使用举例说明：

- #netstat：显示本机网络连接情况。
- #netstat -a：显示所有的有效连接信息，包括已建立的（established）连接和监听（listening）的连接请求。
- #netstat -ac：以连续的形式显示所有的有效连接信息，每隔 1 秒刷新 1 次显示，直到用户中断显示。
- #netstat -i：显示系统中所有网络接口信息，包括物理网卡、网卡别名和本地回环网卡。
- #netstat -n：显示系统中所有已建立的连接。
- #netstat -r：显示路由表。
- #netstat -ta：显示有效的 TCP 连接。
- #netstat -ua：显示有效的 UDP 连接。
- #netstat -s：显示各个协议的统计信息。

● #netstat -an | grep 2811：显示端口号为 2811 的网络连接信息。

实例：#netstat -a

具体显示信息如图 13.14 所示。

```
root@ubuntu:~# netstat -a
激活Internet连接 (w/o 服务器)
Proto Recv-Q Send-Q Local Address        Foreign Address        State
活跃的UNIX域套接字 (w/o 服务器)
Proto RefCnt Flags       Type       State       I-Node  路径
unix  2      [ ]        数据报                 18537   /run/user/1000/systemd/n
otify
unix  8      [ ]        数据报                 12488   /run/systemd/journal/soc
ket
unix  2      [ ]        数据报                 7725    /run/systemd/journal/sys
log
unix  20     [ ]        数据报                 7730    /run/systemd/journal/dev
-log
unix  3      [ ]        数据报                 12482   /run/systemd/notify
unix  3      [ ]        流        已连接      20266   @/tmp/dbus-LN8HN7ospi
unix  3      [ ]        流        已连接      18870
```

图 13.14　所有的有效连接信息

13.3.4　ping 命令

功能说明：检测主机。

语法：

　　ping [-dfnqrRv][-c<完成次数>][-i<间隔秒数>][-I<网络界面>][-l<前置载入>] [-p<范本样式>][-s<数据包大小>][-t<存活数值>][主机名称或 IP 地址]

补充说明：执行 ping 命令会使用 ICMP 发出要求回应的信息，若远端主机的网络功能没有问题，就会回应该信息，因而得知该主机运作正常。

参数说明：

● -d：使用 Socket 的 SO_DEBUG 功能。

● -c<完成次数>：设置完成要求回应的次数。

● -f：极限检测。

● -i<间隔秒数>：指定收发信息的间隔时间。

● -I<网络界面>：使用指定的网络界面送出数据包。

● -l<前置载入>：设置在送出要求信息之前先行发出的数据包。

● -n：只输出数值。

● -p<范本样式>：设置填满数据包的范本样式。

● -q：不显示指令执行过程，开头和结尾的相关信息除外。

● -r：忽略普通的路由表，直接将数据包送到远端主机上。

● -R：记录路由过程。

● -s<数据包大小>：设置数据包的大小。

● -t<存活数值>：设置存活数值 TTL。

● -v：详细显示指令的执行过程。

ping 命令通常用来检测本地主机与外网的连通性，例如在介绍 route 命令时我们曾使用它来检测过本机与 114DNS 的连通性。它的使用方式也很简单，只需在 ping 后面加上需要检测的 IP 或者域名（前提是域名能成功解析）即可，如#ping www.baidu.com。

13.3.5　traceroute 命令

功能说明：显示数据包到主机间的路径。

语法：

traceroute [-dFlnrvx][-f<存活数值>][-g<网关>...][-i<网络界面>]
[-m<存活数值>][-p<通信端口>][-s<来源地址>][-t<服务类型>][-w<超时秒数>]
[主机名称或 IP 地址][数据包大小]

补充说明：traceroute 命令用来追踪网络数据包的路由路径，预设数据包大小是 40 字节，用户可另行设置。

参数说明：

- -d：使用 Socket 层级的排错功能。
- -f<存活数值>：设置第一个检测数据包的存活数值 TTL。
- -F：设置勿离断位。
- -g<网关>：设置来源路由网关，最多可设置 8 个。
- -i<网络界面>：使用指定的网络界面送出数据包。
- -I：使用 ICMP 回应取代 UDP 信息。
- -m<存活数值>：设置检测数据包的最大存活数值 TTL。
- -n：直接使用 IP 地址而非主机名称。
- -p<通信端口>：设置 UDP 的通信端口。
- -r：忽略普通的路由表，直接将数据包送到远端主机上。
- -s<来源地址>：设置本地主机送出数据包的 IP 地址。
- -t<服务类型>：设置检测数据包的 TOS 数值。
- -v：详细显示指令的执行过程。
- -w<超时秒数>：设置等待远端主机回报的时间。
- -x：开启或关闭数据包的正确性检验。

traceroute 命令和 Windows 中的 tracert 命令类似，用于追踪本地主机到目标主机之间的路由路径，可以使用该命令确定数据包在网络上的停止位置，也就是看一下网络传输中的哪一跳出现了问题。命令的使用方式也很简单：

```
#traceroute 114.114.114.114
```

执行该条命令后，会得到类似图 13.15 所示的结果。

```
[root@mmdkxsw ~]# traceroute 114.114.114.114
traceroute to 114.114.114.114 (114.114.114.114), 30 hops max, 40 byte packets
 1  * * *
 2  ae21.dar01.hkg02.networklayer.com (119.81.138.138)  0.300 ms  0.287 ms  0.290 ms
 3  ae8.bbr01.pn01.hkg01.networklayer.com (50.97.19.28)  0.602 ms  0.593 ms  0.580 ms
 4  63-217-17-5.static.pccwglobal.net (63.217.17.5)  1.523 ms  1.614 ms  1.497 ms
 5  TenGE0-2-0-1.br04.sjo01.pccwbtn.net (63.218.178.54)  148.249 ms  146.440 ms  146.435 ms
 6  be3044.ccr41.sjc03.atlas.cogentco.com (154.54.11.81)  152.439 ms  152.768 ms  151.310 ms
 7  be2047.ccr22.sjc01.atlas.cogentco.com (154.54.5.113)  155.678 ms be2000.ccr21.sjc01.atlas.cogentco.co
m (154.54.6.105)  149.499 ms  147.831 ms
 8  be2165.ccr22.sfo01.atlas.cogentco.com (154.54.28.65)  156.933 ms  155.765 ms  156.664 ms
 9  be3109.ccr21.slc01.atlas.cogentco.com (154.54.44.138)  166.210 ms  167.533 ms  165.280 ms
10  be3037.ccr21.den01.atlas.cogentco.com (154.54.41.146)  203.908 ms  201.324 ms  202.173 ms
11  be3036.ccr22.mci01.atlas.cogentco.com (154.54.31.90)  201.638 ms  201.474 ms be3035.ccr21.mci01.atlas
.cogentco.com (154.54.5.90)  204.019 ms
12  be2831.ccr41.ord01.atlas.cogentco.com (154.54.42.166)  207.036 ms  204.977 ms be2832.ccr42.ord01.atla
s.cogentco.com (154.54.44.170)  198.600 ms
13  38.122.242.54 (38.122.242.54)  207.575 ms 38.104.242.146 (38.104.242.146)  208.385 ms  208.275 ms
14  * * *
```

图 13.15　网络数据包的路由路径

图 13.15 中显示出从本机到 114.114.114.114 的每一条路由信息，*代表的意思可能是路由器禁止了路由追踪或者响应超时。

以上介绍的几条命令也带有许多参数，但一般情况下几乎用不到，若读者有需要，可查阅相关专业书籍或者参考 Linux 的命令行帮助。

另外 Linux 也提供了图形化的方式供用户修改网络参数，需要注意的是，用命令行和配置文件修改的网络设置优先级大于图形化的修改方式。

13.4　Telnet 远程登录

Telnet 协议是 TCP/IP 协议簇中的一员，是 Internet 远程登录服务的标准协议和主要方式。它为用户提供了在本地计算机上完成远程主机工作的能力。在终端使用者的计算机上使用 Telnet 程序，用它连接到服务器。终端使用者可以在 Telnet 程序中输入命令，就像直接在服务器的控制台上输入一样。这些命令会在服务器上运行，终端使用者在本地就能控制服务器。要开始一个 Telnet 会话，必须输入用户名和密码来登录服务器。

Telnet 在如今的网络环境下已经过时了，因为其数据信息在网络中是明文传送的，安全性较差，但它依然是常用的远程控制 Web 服务器的方法。下面介绍如何在 Ubuntu 系统上启用 Telnet 服务，并通过 Windows 主机连接到该 Linux 主机。

默认情况下，新安装的 Ubuntu 系统中并没有自带 Telnet 的服务端，可以使用#netstat -a | grep telnet 命令查看 Telnet 的运行状态，发现并没有任何显示，也就是本机没有启用 Telnet，所以需要先安装 Telnet 的服务端。安装步骤如下：

（1）安装 openbsd-inetd。

　　#apt-get install openbsd-inetd

如果已经安装过了，会提示已安装，直接执行下面的步骤即可。

（2）安装 telnetd。

　　#apt-get install telnetd

安装完之后，使用：

　　#cat /etc/inetd.conf | grep telnet

会显示：

　　telnet　　stream　tcp　　nowait　telnetd /usr/sbin/tcpd　/usr/sbin/in.telnetd

（3）重启 openbsd-inetd。

　　# /etc/init.d/openbsd-inetd restart

会显示：

　　* Restarting internet superserver inetd

（4）查看 Telnet 运行状态。

　　#netstat -a | grep telnet

会显示：

　　tcp　　0　　0 *:telnet　　*:*　　LISTEN

此时表明已经开启了 Telnet 服务。

（5）Telnet 登录测试。

　　#telnet 127.0.0.1

会显示：

```
root@ubuntu:~# telnet 127.0.0.1
Trying 127.0.0.1...
Connected to 127.0.0.1.
Escape character is '^]'.
Ubuntu 16.04 LTS
ubuntu login:
```
　　　　　　　（停在这里的时候要按 Ctrl+]组合键然后回车）
```
telnet>
```
　　　　　　（表示登录成功）

现在 Linux 主机已经启用了 Telnet 服务，可以使用同一局域网内的 Windows 主机连接到这台 Linux 主机，如果该 Linux 主机拥有公网 IP，那么全球范围的任意主机都可以访问它。需要注意的是，Windows 主机默认也没有启用 Telnet 客户端，需要在"控制面板"的"程序与功能"选项中将其启用，然后才能使用 CMD 的 Telnet + IP（或域名）的命令方式连接到该服务器。

13.5　SSH 远程登录

Telnet 是一种古老的远程登录认证服务，它在网络上用明文传送口令和数据，因此别有用心的人就会非常容易截获这些口令和数据。而且，Telnet 服务程序的安全验证方式也极其脆弱，攻击者可以轻松将虚假信息传送给服务器。如今远程登录基本抛弃了 Telnet 这种方式，取而代之的是通过 SSH 服务远程登录服务器。

SSH 为 Secure Shell 的缩写，由国际互联网工程任务组（IETF）的网络工作小组（Network Working Group）制定。SSH 是建立在应用层和传输层基础上的安全协议，是目前较可靠的专为远程登录会话和其他网络服务提供安全性的协议，常用于远程登录和用户之间进行数据拷贝。利用 SSH 协议可以有效防止远程管理过程中的信息泄露问题。SSH 最初是 UNIX 系统上的一个程序，后来迅速扩展到其他操作平台。SSH 在正确使用时可弥补网络中的漏洞。SSH 客户端适用于多种平台，几乎所有 UNIX 平台（包括 HP-UX、Linux、AIX、Solaris、Digital UNIX、Irix）以及其他平台都可运行。

13.5.1　安装 OpenSSH

OpenSSH 是 Linux 中最常用的 SSH 服务器/客户端软件，用户可通过以下命令安装：

```
root@ubuntu:~# apt-get install ssh
Reading package lists... Done
Building dependency tree
Reading state information... Done
…
Need to get 642 kB of archives.
After this operation,5,261 kB of additional disk space will be used.
Do you want to continue? [Y/n] y
…
Setting up ssh (1:7.3p1-1) ...
Processing triggers for ureadahead (0.100.0-19) ...
```

Processing triggers for systemd (231-9git1) ...
Processing triggers for ufw (0.35-2) ...
root@ubuntu:~#

启动 SSH 服务：

root@ubuntu:~# /etc/init.d/ssh start
[ok] Starting ssh (via systemctl): ssh.service.

13.5.2 Windows 客户端登录

Windows 上有多种 SSH 客户端，其中源代码开放的 PuTTY 是使用最广泛的一款绿色软件，不需要安装，直接下载运行 putty.exe 即可，运行界面如图 13.16 所示。

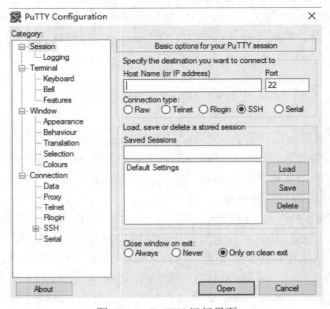

图 13.16 PuTTY 运行界面

本书实验平台采用在 Windows 系统上安装 VMware 虚拟机，在虚拟机上安装了 Ubuntu Linux 操作系统。虚拟机上的 Linux 系统采用桥接的方式与主机相连，如图 13.17 所示。

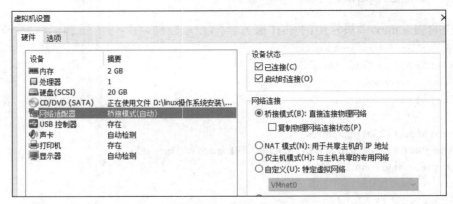

图 13.17 虚拟机与主机桥接

Linux 虚拟主机的 IP 地址可通过命令 ifconfig 得到。

```
root@ubuntu:~# ifconfig
ens33: flags=4163<UP,BROADCAST,RUNNING,MULTICAST>    mtu 1500
        inet 192.168.1.109    netmask 255.255.255.0    broadcast 192.168.1.255
…
```

Windows 端的 PuTTY 输入虚拟机的 IP 地址，如图 13.18 所示。

单击 Open 按钮，就会出现一个要求登录主机的界面，然后用一个 Linux 用户账户登录即可，如图 13.19 所示。

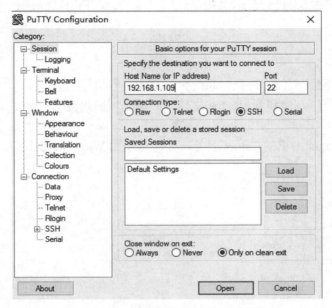

图 13.18　PuTTY 输入虚拟机的 IP 地址

图 13.19　用户远程登录

本章小结

TCP/IP 不是一个协议，而是一个协议簇的统称。

IP 地址需要与子网掩码结合使用。

使用各种配置文件配置 Linux 主机的网络参数。

网络配置时，有多个配置文件。我们只需要修改 hosts、services、hostname 和 interfaces 这 4 个 Ubuntu 系统文件便可以接入互联网了。

使用 ifconfig、route 等命令行方式修改 Linux 主机的网络参数。

使用 ping 命令检查网络连通性。

使用 traceroute 命令获取到目标主机的路由信息。

使用 Telnet 连接到 Linux 主机。

SSH 是建立在应用层和传输层基础上的安全协议。

Windows 上有多种 SSH 客户端，其中源代码开放的 PuTTY 是使用最广泛的一款绿色软件。

习题

1．在修改网络配置文件的时候，系统允许直接进行修改吗？

2．尝试通过设置 hosts 和 hostname 文件，使得局域网内的 Linux 主机可以通过主机名互相访问。

3．启用本地 Linux 主机的 Telnet 服务，并尝试使用 Windows 主机进行连接。

第 14 章　NFS 服务器配置

本章导读

本章主要讲解 NFS 服务器的设置过程。首先讲解 NFS 服务器的基础和所起的作用，然后讲解如何安装 NFS 服务器及如何具体设置，最后讲解如何挂载使用，并介绍设置过程中的参数及其具体意义。

本章要点

- NFS 的功能
- 安装和启动 NFS 服务器
- 设置 NFS 服务器
- 客户端挂载 NFS 目录

NFS（Network File System，网络文件系统）是由 SUN 公司开发，并于 1984 年推出的技术，用于在不同机器和不同操作系统之间通过网络互相分享各自的文件。NFS 设计之初就是为了在不同的系统间使用，所以它的通信协议设计与主机及操作系统无关。

14.1　NFS 的功能

NFS 最大的功能就是可以通过网络，使不同的机器、不同的操作系统可以彼此分享各自的文件（share file），所以，也可以简单地将它看作是一个文件服务器。这个 NFS 服务器可以让一台 PC 将网络远程的 NFS 主机分享的目录挂载到本地端的机器当中，所以在本地端的机器看起来，那个远程主机的目录就好像是自己的本地目录一样。NFS 在数据传送或者其他相关信息传递的时候，使用的是一个称为远程过程调用（Remote Procedure Call，RPC）的协议来协助 NFS 本身的运作。NFS 分服务器和客户机，当使用远端文件时只要用 mount 命令就可把远端 NFS 服务器上的文件系统挂载到本地文件系统下，操作远程文件与操作本地文件没有不同。NFS 服务器所共享的文件或目录记录在/etc/exports 文件中。

当使用某些服务来进行远程联机的时候，有些信息，例如主机的 IP、服务的端口号与对应到的服务的 PID 等，都需要管理与对应，这些管理端口的对应与服务相关性的工作就是 RPC 的任务。同时要注意，NFS 的服务器端需要激活 RPC 的服务，要挂载 NFS 共享目录的客户机也需要同步激活 RPC 才行。这样服务器端与客户端才能通过 RPC 协议来进行程序端口的对应。NFS 主要是管理分享出来的目录，数据的传递由 RPC 协议负责。

在嵌入式 Linux 开发中，会经常使用 NFS，目标系统通常作为 NFS 客户机使用，Linux

主机作为 NFS 服务器。在目标系统上通过 NFS 将服务器的 NFS 共享目录挂载到本地,可以直接运行服务器上的文件。在调试系统驱动模块以及应用程序时,NFS 都是十分必要的,并且 Linux 还支持 NFS 根文件系统,能直接从远程 NFS root 启动系统,这对嵌入式 Linux 根文件系统裁剪和集成也是十分有必要的。

14.2　安装和启动 NFS 服务器

14.2.1　确认 NFS 已经安装

(1)检测是否安装过,如图 14.1 所示。

```
[root@localhost cdrom]# rpm -qa|grep nfs
nfs-utils-lib-1.1.5-11.el6.x86_64
nfs4-acl-tools-0.3.3-8.el6.x86_64
nfs-utils-1.2.3-70.el6_8.2.x86_64
nfs-utils-lib-devel-1.1.5-11.el6.x86_64
[root@localhost cdrom]#
```

图 14.1　检测 NFS 安装包

(2)安装 NFS 命令。

```
root@ubuntu:/# apt-get install nfs
Reading package lists... Done
Building dependency tree
Reading state information... Done
…
```

(3)检查 RPC 程序是否启动。

启动服务。要先保证 rpcbind 是开启状态,检测是否开启:

```
pstree | grep rpcbind
```

一般都是开启状态,如未开启,则启动:

```
service rpcbind start
```

然后再启动 NFS。

14.2.2　启动 NFS 服务器

使用命令#/etc/rc.d/init.d/nfs start 或者#service nfs start,如图 14.2 所示。

```
[root@localhost cdrom]# service nfs start
启动 NFS 服务：                                    [确定]
关掉 NFS 配额：                                    [确定]
启动 NFS mountd：                                  [确定]
启动 NFS 守护进程：                                [确定]
正在启动 RPC idmapd：                              [确定]
[root@localhost cdrom]#
```

图 14.2　启动 NFS 服务

14.3 设置 NFS 服务器

NFS 服务器的搭建很简单,只要编辑好主要配置文件/etc/exports 即可。安装好上述软件之后,会在/etc 目录下有一个名叫 exports 的文件。

NFS 的常用目录及说明:

- /etc/exports:NFS 服务的主要配置文件。
- /usr/sbin/exportfs:NFS 服务的管理命令。
- /usr/sbin/showmount:客户端的查看命令。
- /var/lib/nfs/etab:记录 NFS 分享出来的目录的完整权限值。
- /var/lib/nfs/xtab:记录曾经登录过的客户端信息。

/etc/exports 是 NFS 的主要配置文件,不过系统并没有默认值,所以这个文件不一定会存在,可能要使用 vim 手动建立,然后在文件里面写入配置内容。

14.3.1 设置共享目录

/etc/exports 文件内容格式:

```
root@ubuntu:~# gedit /etc/exports
# Example for NFSv4:
   /srv/nfs4          gss/krb5i(rw,sync,fsid=0,crossmnt,no_subtree_check)
   /srv/nfs4/homes    gss/krb5i(rw,sync,no_subtree_check)
#
```

文件中的每一行都是一个共享文件夹的信息,分成以下几个字段:

<输出目录> [客户端 1 选项(访问权限、用户映射、其他)] [客户端 2 选项(访问权限、用户映射、其他)]

每个字段的含义解释如下:

(1)输出目录:NFS 系统中需要共享给客户机使用的目录。

(2)客户端:网络中可以访问这个 NFS 输出目录的计算机。

客户端常用的指定方式举例如下:

- 指定 IP 地址的主机:192.168.0.200。
- 指定子网中的所有主机:192.168.0.0/24 192.168.0.0/255.255.255.0。
- 指定域名的主机:david.bsmart.cn。
- 指定域中的所有主机:*.bsmart.cn。
- 所有主机:*。

(3)选项:用来设置输出目录的访问权限、用户映射等。

NFS 主要有 3 类选项:访问权限选项、用户映射选项、其他选项。

1)访问权限选项:设置输出目录只读 ro 或读写 rw。

2)用户映射选项。

all_squash:所有的普通用户使用 NFS 时都将使用权限压缩,即将远程访问的所有普通用户及其所属用户组都映射为匿名用户或者用户组(一般均为 nobody)。

no_all_squash：与 all_squash 取反（默认设置）。所有的普通用户使用 NFS 时都不使用权限压缩，即不将远程访问的所有普通用户及其所属用户组都映射为匿名用户或者用户组（默认设置）。

root_squash：将 root 用户及其所属组都映射为匿名用户或用户组（默认设置）。使用 NFS 时，如果用户是 root，则进行权限压缩，即把 root 用户在 NFS 上创建的文件属组和属主修改为 nfsnobody。

no_root_squash：与 root-squash 取反。

anonuid=xxx：将远程访问的所有用户都映射为匿名用户，并指定该用户为本地用户（UID=xxx）。

anongid=xxx：将远程访问的所有用户组都映射为匿名用户组账户，并指定该匿名用户组账户为本地用户组账户（GID=xxx）。

all_squash 和 anonuid=xxx 联用。

3）其他选项。

secure：限制客户端只能从小于 1024 的 TCP/IP 端口连接 NFS 服务器（默认设置）。

insecure：允许客户端从大于 1024 的 TCP/IP 端口连接服务器。

sync：将数据同步写入内存缓冲区与磁盘中，效率低，但可以保证数据的一致性。

async：将数据先保存在内存缓冲区中，必要时才写入磁盘。

wdelay：检查是否有相关的写操作，如果有则将这些写操作一起执行，这样可以提高效率（默认设置）。

no_wdelay：若有写操作则立即执行，应与 sync 配合使用。

subtree：若输出目录是一个子目录，则 NFS 服务器将检查其父目录的权限（默认设置）。

no_subtree：即使输出目录是一个子目录，NFS 服务器也不检查其父目录的权限，这样可以提高效率。

14.3.2 设置共享目录实例讲解

（1）设置的实例。

```
/tmp *(rw,no_root_squash)               //*号表示所有的 IP 都可以访问
/tmp *(rw)
/home/public    192.168.0.*(rw) *(ro)   //下面两行作用一样
/home/public    192.168.0.0/24(rw) *(ro)
/home/test    192.168.0.50(rw)          //只对某部机器设置权限，即用户只能从
                                        //IP 为 192.168.0.50 的机器登录此主机
/home/Linux    *.Linux.org(rw,all_squash,anonuid=500,anongid=500)
//当*.Linux.org 登录此 NFS 主机，并且在/home/Linux 下写入文件时，该文件的拥有者及其所属组
就会变成/etc/passwd 里面对应的 UID 为 500 那个身份的使用者了
```

（2）权限问题。

假设/etc/exports 里面的内容为：

```
#vi m /etc/exports
/tmp *(rw,no_root_squash)
/home/public 192.168.0.*(rw) *(ro)
/home/test 192.168.0.50(rw)
/home/Linux *.Linux.org(rw,all_squash,anonuid=500,anongid=500)
```

假设在 IP 为 192.168.0.50 这个客户端登录此 NFS 主机（192.168.0.5），那么分下面 3 种情况考虑。

情况一：在 192.168.0.50 登录的账户为 test，同时 NFS 主机上也有 test 这个账户。

1）由于 NFS 主机的/tmp 权限为-rwxrwxrwt，所以用户（test 在 192.168.0.50 上）在/tmp 下具有存取的权限，并且写入文件的拥有者也是 test。

2）在/home/public 中，如果 NFS 主机在/home/public 这个目录的权限对于 test 开放写入，那么就可以读写，并且写入文件的拥有者是 test。如果 NFS 主机的/home/public 对于 test 这个使用者并没有开放写入权限，那么无法写入，即使/etc/exports 中是 rw 也不起作用。可以看出，目录本身的权限设置起着关键作用。

3）在/home/test 中，权限与/home/public 有相同的状态，需要 NFS 主机的/home/test 对于 test 有开放的权限。

4）在/home/Linux 中，不论登录用户是何种身份，都会被当作本地 UID=500 这个账户。

情况二：在 192.168.0.50 的身份为 test2，但是 NFS 主机上没有 test2 这个账户。

1）在/tmp 下还是可以写入，但是写入的文件拥有者变成了 nobody。

2）在/home/public 与/home/test 中是否可以写入，还需要看/home/public 的权限，不过身份就变成了 nobody。

3）在/home/Linux 下的身份还是变成 UID=500 的账户。

情况三：在 192.168.0.50 的身份为 root，在/tmp 中可以写入，但是由于 no_root_squash 的参数，所以在/tmp 中写入文件的拥有者为 root。

1）在/home/public 下的身份被压缩成了 nobody，因为默认属性都具有 root_squash，所以文件的拥有者就变成了 nobody。

2）/home/test 情况与/home/public 相同。

3）在/home/Linux 中，root 的身份也被压缩成 UID=500 那个账户了。

（3）启动服务 portmap 和 nfs。

```
root@ubuntu:/home# service portmap start
root@ubuntu:/home# service nfs-kernel-server start
```

（4）exportfs 的用法。

在修改了/etc/exports 后，并不需要重启 NFS 服务，只要用 exportfs 重新扫描一次/etc/exports 并且重新加载即可。

语法：exportfs [-aruv]

参数说明：

-a：全部挂载（或卸载）/etc/exports 文件内的设定。

-r：重新挂载/etc/exports 中的设定，也同步更新/etc/exports 和/var/lib/nfs/xtab 中的内容。

-u：卸载某一目录。

-v：在输出的时候将分享的目录显示到屏幕上。

实例：

```
root@ubuntu:/home# gedit /etc/exports
# Example for NFSv4:
# /srv/nfs4          gss/krb5i(rw,sync,fsid=0,crossmnt,no_subtree_check)
```

```
# /srv/nfs4/homes   gss/krb5i(rw,sync,no_subtree_check)
/home/hwd   *(rw)
```

保存退出。

```
#exportfs -rv              //重新输出一次
root@ubuntu:/home# exportfs -rv
exportfs: /etc/exports [1]: Neither 'subtree_check' or 'no_subtree_check' specified for export
"*:/home/hwd".
Assuming default behaviour ('no_subtree_check').
NOTE: this default has changed since nfs-utils version 1.0.x
exporting *:/home/hwd
```

14.4 客户端挂载 NFS 目录

本实例采用开启两台虚拟机，且都采用桥接方式。用#ifconfig 命令可查看 DNS 服务器端的 IP 地址 192.168.1.111。

14.4.1 查看 NFS 服务器共享的目录

客户端使用 showmount 命令查询 NFS 的共享状态，如图 14.3 所示。

```
# showmount -e NFS 服务器 IP
```

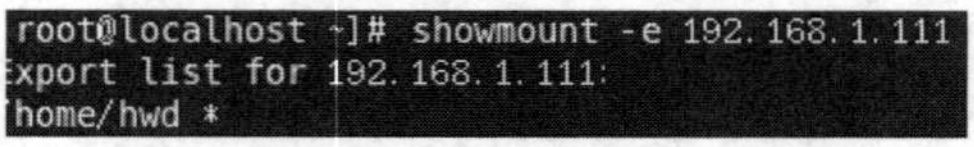

图 14.3 客户端查询 NFS 的共享状态

14.4.2 挂载共享目录到本机文件系统

NFS 客户端的设定。

（1）创建挂载点。

```
#mkdir /mnt/hwd2
```

（2）挂载。

```
#mount -t nfs 192.168.1.111:/home/hwd /mnt/hwd2
```

具体执行实例如图 14.4 所示。

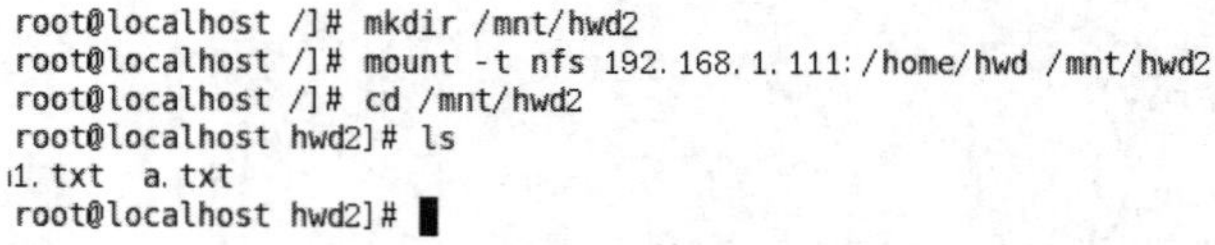

图 14.4 挂载共享目录

（3）卸载 NFS 挂载的共享目录。

```
#umount /mnt/hwd2
```

（4）开机自动挂载 NFS 共享。

```
#vi /etc/fstab
```

格式：

NFS 共享目录	本机挂载点	文件系统	权限	是否检测	检测顺序
192.168.1.111:/homehwd	/mnt/hwd2	nfs	rw	0	0

如果要马上生效，使用命令行/etc/rc.d/rc.local 并回车即可。

本章小结

NFS 是由 SUN 公司开发并于 1984 年推出的技术，用于在不同机器和不同操作系统之间通过网络互相分享各自的文件。

安装和启动 NFS 服务器，重点检查 RPC 程序是否启动。

NFS 服务器的搭建很简单，只要编辑好主要配置文件/etc/exports 即可。

/etc/exports 文件中的每一行就是一个共享文件夹的信息，分成这样几个字段：<输出目录> [客户端 1 选项（访问权限、用户映射、其他）] [客户端 2 选项（访问权限、用户映射、其他）]。

客户端挂载 NFS 目录首先要查看 NFS 服务器共享的目录，客户端使用 showmount 命令查询 NFS 的共享状态。

NFS 客户端的设定要先创建挂载点，然后使用 mount 命令挂载。卸载 NFS 挂载的共享目录使用 umount 命令。开机自动挂载 NFS 共享使用命令#vi /etc/fstab。

可能出现的问题：

（1）权限的设定不符合。

（2）忘记激活 portmap，此时会报错：

> mount: RPC: Port mapper failure - RPC: Unable to receive

或者

> mount: RPC: Program not registered

解决办法：启动 portmap，并且重新启动 NFS。

> #service portmap start
> #service nfs restart

（3）被防火墙拦截。

解决办法：重新设置防火墙，包括 iptables 与 TCP_Wrappers，因为激活了 portmap，所以 port 111 必须提供出去。因此在 iptables rules 中要增加：

> iptables -A INPUT -p TCP --dport 111 -j ACCEPT
> iptables -A INPUT -p UDP --dport 111 -j ACCEPT

习题

在自己的计算机上安装 NFS，并完成下列各题。

1．下载相关软件。

2．建立共享目录。

3．修改该配置文件。

4．重启服务。

5．测试服务器。

6．测试客户端。

第 15 章　Samba 服务器配置

本章导读

　　本章主要讲解 Samba 服务器的设置过程。首先简述 Samba 的功能，即解决 Linux 和 Windows 之间的共享问题。然后通过实例演示如何安装和启动 Samba 服务器及图像化配置工具。Samba 的配置文件及内容的讲解是本章重点，是 Samba 服务器能否顺利使用的关键。在配置文件中的安全等级又是重点要关注的地方。最后讲解客户端如何使用服务器提供的资源。

本章要点

- Samba 简介
- 安装与启动 Samba
- Samba 服务器的配置文件
- Security 的安全等级
- 查看服务器共享目录
- Windows 客户端访问共享目录

15.1　Samba 简介

　　Samba 服务程序是一组使 Linux 支持 SMB 通信协议，并由服务端和客户端组成的开源文件共享软件，它实现了 Linux 与 Windows 系统间的文件共享。Samba 基于 GPL 原则发行，源码完全公开。

　　SMB（Server Message Block）通信协议是微软（Microsoft）和英特尔（Intel）在 1987 年制定的协议，主要是作为 Microsoft 网络的通信协议。它运行在 TCP/IP 之上，使用 NetBIOS 的应用程序接口。SMB 是客户机/服务器型协议，客户机通过该协议可以访问服务器上的共享文件系统、打印机及其他资源。微软已经将 SMB 改名为公共因特网文件系统（Common Internet File System，CIFS）。

　　对于 Windows 的网上邻居来讲，共享文件的方式用的是 SMB、CIFS 和 NetBIOS 协议。Linux/UNIX 之间用的是 NFS 协议。但是 Linux 和 Windows 之间是不能共享的，所以澳大利亚国立大学的 Andrew Tridgell 决定开发一款软件，以实现不同系统之间的文件共享，于是 Samba 诞生了。Samba 是将 SMB 协议搬到 UNIX 上来应用，其核心是 SMB 协议。Samba 能够为选定的 Linux 目录（包括所有子目录）建立网络共享，使得 Windows 用户可以像访问普通 Windows 下的文件夹那样来通过网络访问这些 Linux 目录。Samba 的核心是两个守护进程 smbd 和 nmbd。

smbd 守护进程负责建立对话、验证用户、提供文件和打印机共享服务等。nmbd 守护进程负责实现网络浏览。

15.2　安装与启动 Samba

在 Ubuntu 上安装 Samba 之前要确保机器网络畅通。

（1）安装 Samba 文件。

可以在 Ubuntu 软件中心搜索软件，然后安装 Samba。也可以通过终端安装，使用命令 #apt-get install samba 下载 Samba 软件包，不用再安装其他软件，因为它会自动帮用户下载所需要的其他依赖包。

安装实例：

```
root@ubuntu:/home/hwd# apt-get install samba
Reading package lists... Done
Building dependency tree
Reading state information... Done
The following additional packages will be installed:
    attr libaio1 python-crypto python-dnspython python-ldb python-samba
    python-tdb samba-common samba-common-bin samba-dsdb-modules
    samba-vfs-modules tdb-tools
Suggested packages:
    python-crypto-dbg python-crypto-doc bind9 bind9utils ctdb ldb-tools ntp
    smbldap-tools winbind heimdal-clients
The following NEW packages will be installed:
    attr libaio1 python-crypto python-dnspython python-ldb python-samba
    python-tdb samba samba-common samba-common-bin samba-dsdb-modules
    samba-vfs-modules tdb-tools
0 upgraded,13 newly installed,0 to remove and 136 not upgraded.
Need to get 3,452 KB of archives.
After this operation,26.1 MB of additional disk space will be used.
```

（2）安装 Samba 服务器图形化配置工具。

system-config-samba 是 Red Hat 公司专门为 Samba 服务器管理编写的图形界面管理工具，通过它几乎可以完成对 Samba 服务器的所有配置，所以在只希望通过 Samba 服务器实现一些简单的资源共享时，system-config-samba 是一个不错的选择。

安装实例：

```
root@ubuntu:/home/hwd# apt-get install system-config-samba
Reading package lists... Done
Building dependency tree
Reading state information... Done
The following additional packages will be installed:
    libglade2-0 libuser1 python-cairo python-glade2 python-gobject-2 python-gtk2
    python-libuser
Suggested packages:
    python-gtk2-doc python-gobject-2-dbg
```

The following NEW packages will be installed:
    libglade2-0 libuser1 python-cairo python-glade2 python-gobject-2 python-gtk2
    python-libuser system-config-samba
0 upgraded,8 newly installed,0 to remove and 136 not upgraded.
Need to get 1234 KB of archives.
After this operation,9847 KB of additional disk space will be used.

（3）Samba 服务器的启动、关闭和重启。

启动 Samba 服务器只需执行如下命令：

root@ubuntu:/home/hwd# /etc/init.d/samba start
[ok] Starting nmbd (via systemctl): nmbd.service.
[ok] Starting smbd (via systemctl): smbd.service.

关闭 Samba 服务器命令如下：

root@ubuntu:/home/hwd# /etc/init.d/samba stop
[ok] Stopping smbd (via systemctl): smbd.service.
[ok] Stopping nmbd (via systemctl): nmbd.service.

重新启动 Samba 服务器命令如下：

root@ubuntu:/home/hwd# /etc/init.d/samba restart
[ok] Restarting nmbd (via systemctl): nmbd.service.
[ok] Restarting smbd (via systemctl): smbd.service.

15.3　Samba 服务器的配置文件

Samba 的核心是两个守护进程 smbd 和 nmbd。其中 smbd 处理 Samba 软件与 Linux 协商，nmbd 使其他主机能浏览 Linux 服务器。它们的配置信息都保存在/etc/samba/smb.conf 中。

可以使用命令查看并修改配置文件，在修改之前可将配置文件做一个备份且改名，执行如下命令进行备份：

smb.conf 配置文件由两部分组成：①Samba Global Settings（全局参数设置），该部分由 [global]段来完成配置，主要是设置整体的规则；②Share Definitions（共享定义），该部分有很多段，都是用[ ]标志开始的，这里要使用者根据情况修改。

```
# cp /etc/samba/smb.conf /etc/samba/smb_conf_backup
#gedit /etc/samba/smb.conf
#======================= Global Settings =======================
[global]
## Browsing/Identification ###
# Change this to the workgroup/NT-domain name your Samba server will part of
    workgroup = WORKGROUP
# server string is the equivalent of the NT Description field
      server string = %h server (Samba,Ubuntu)
# Windows Internet Name Serving Support Section:
# WINS Support - Tells the NMBD component of Samba to enable its WINS Server
#     wins support = no
# WINS Server - Tells the NMBD components of Samba to be a WINS Client
# Note: Samba can be either a WINS Server,or a WINS Client,but NOT both
;     wins server = w.x.y.z
# This will prevent nmbd to search for NetBIOS names through DNS.
    dns proxy = no
```

…

========================= Share Definitions =========================

\# Un-comment the following (and tweak the other settings below to suit)
\# to enable the default home directory shares. This will share each
\# user's home directory as \\server\username
;[homes]
;　　comment = Home Directories
;　　browseable = no

\# By default,the home directories are exported read-only. Change the
\# next parameter to 'no' if you want to be able to write to them.
;　　read only = yes
\# File creation mask is set to 0700 for security reasons. If you want to
\# create files with group=rw permissions,set next parameter to 0775.
;　　create mask = 0700

\# Directory creation mask is set to 0700 for security reasons. If you want to
\# create dirs. with group=rw permissions,set next parameter to 0775.
;　　directory mask = 0700
…

15.3.1　全局选项

[global]是 Samba 服务器的全局参数设置部分，对整个服务器有效。下面对该部分进行详解。

（1）workgroup。

语法：workgroup = <工作组群>。

默认：workgroup = MYGROUP。

说明：设定 Samba 服务器的工作组。

例：workgroup = workgroup 表示和一台 Windows 主机设为一个组，可在网上邻居中看到共享。

（2）server string。

语法：server string = <说明>。

默认：server string = Samba Server。

说明：设定 Samba 服务器的注释。

其他：支持变量 t%（访问时间）、I%（客户端 IP）、m%（客户端主机名）、M%（客户端域名）、S%（客户端用户名）。

例：server string = this is a Samba Server 表示设定出现在 Windows 网上邻居中的 Samba 服务器注释为 this is a Samba Server。

（3）hosts allow。

语法：hosts allow = <IP 地址>。

说明：限制允许连接到 Samba 服务器的机器，多个参数以空格隔开。表示方法可以为完整的 IP 地址，如 192.168.0.1，也可以是网段，如 192.168.0。

例：hosts allow = 192.168.1.　192.168.0.1 表示允许网段为 192.168.1 的机器及网址为 192.168.0.1 的机器连接到自己的 Samba 服务器。

（4）guest account。

语法：guest account = <账户名称>。

说明：设定访问 Samba 服务器的来宾账户。

例：guest account = test 表示设定访问 Samba 服务器的来宾账户以 test 用户登录，则此登录账户享有 test 用户的所有权限。

（5）log file。

语法：log file = <日志文件>。

默认：log file = /var/log/samba/%m.log。

说明：设定 Samba 服务器日志文件的储存位置和文件名（%m 代表客户端主机名）。

（6）Security。

语法：security = <安全等级>。

默认：security = user。

说明：设定访问 Samba 服务器的安全级别，共有以下 4 种：

● share：不需要提供用户名和密码。

● user：需要提供用户名和密码，而且身份验证由 Samba 服务器负责。

● server：需要提供用户名和密码，可指定其他机器（WinNT/2000/XP）或另一台 Samba 服务器作身份验证。

● domain：需要提供用户名和密码，指定 WinNT/2000/XP 域名服务器作身份验证。注意，只要输入用户名和密码的级别，其用户名一定首先是 Linux 系统内的用户。

（7）password server。

语法：password server = <IP 地址/主机名>。

默认：password server = <NT-Server-Name>。

说明：指定某台服务器（包括 Windows 和 Linux）的密码作为用户登录时验证的密码。

其他：需要配合 security = server 时，才可设定本参数。

（8）smb passwd file。

语法：smb passwd file = <密码文件>。

默认：smb passwd file = /etc/samba/smbpasswd。

说明：设定 Samba 的密码文件。

15.3.2　共享选项

共享设置部分可以有很多段，都是用[ ]标志开始的，这里要使用者根据情况修改。该部分主要涉及 Samba 服务器需要共享的资源。系统默认已设置用户家目录从[home]标识开始，打印机共享从[printers]标识开始。有关用户家目录的配置及用户自定义共享目录配置信息也在此处定义。

例如：

```
[homes]
comment = Home Directories
browseable = no
writable = yes
valid users = %S
valid users = MYDOMAIN\%S
```

添加一个共享文件夹应该使用的参数设置及解释如下：

- [share]：共享文件名，不需要与实际文件名一致。
- comment = my share directory：对这个共享分支目录的描述。
- path = /home/share：想要共享出去的目录，必须为绝对路径。
- public = yes：是否允许拥有者都能够看到此目录，no 为看不到。
- writable = yes：是否允许用户在此目录下可写，如果可写，还需要目录具有写权限。
- read only = yes：设置用户是否只读。
- valid users = username：设置只有 username 是有效用户。

15.3.3　Samba 设置举例

例 1　账户对其根目录的访问权限。

```
[homes]
comment = Home Directories
browseable = no
writable = yes
valid users=%s                 可访问的用户，Samba 会自动将%s 转换成登录用户
Create mode=0664               默认的文件权限
Directory mode=0775            默认的目录权限
```

例 2　设置/usr/local/samba/lib 为共享目录，不可写。

```
[netlogon]
comment = Network Logon Service
path = /usr/local/samba/lib    指定共享目录
writable = no                  不可写
```

例 3　设置公用的可访问的目录/home/hwd。

```
[public]
comment = Public Stuff
path = /home/hwd
public = yes
writable = yes
printable = no
```

例 4　指定一个共享目录，仅能对 Tom 开放。

```
[tomsdir]
  comment = TOM's Service
  path = /usr/somewhere/private
  valid users = tom           可以访问的用户
  public = no                 其他用户看不到
  writable = yes              注意 Tom 对这个目录需要实际写访问的权限
```

例 5　共享一个目录给两个用户，在这个共享目录中他们能放置文件且分别属于各自所有。

```
[myshare]
comment = Mary's and Fred's stuff
path = /usr/somewhere/shared
valid users = mary fred
public = no
writable = yes
```

printable = no

create mode = 0765　　　　　　　　　默认的文件权限，directory 默认的目录权限

在这个设置中，目录将能被两个用户同时使用。当然也能扩展为多个用户的情况。

15.4　Samba 的相关命令

15.4.1　检查配置文件正确性命令 testparm

```
root@ubuntu:/# testparm
Load smb config files from /etc/samba/smb.conf
rlimit_max: increasing rlimit_max (1024) to minimum Windows limit (16384)
WARNING: The "syslog" option is deprecated
Processing section "[homes]"
Processing section "[hwd]"
Processing section "[printers]"
Processing section "[print$]"
Loaded services file OK.
Server role: ROLE_STANDALONE
[homes]
    comment = Home Directories
[hwd]
    comment = Public Stuff
    path = /home/hwd
    guest ok = Yes
    read only = No
```

15.4.2　查看服务器共享目录命令 smbclient

在 Linux 客户端使用命令 smbclient。

```
root@hwd-virtual-machine:~# smbclient -L 192.168.1.111
Enter root's password:
Domain=[WORKGROUP] OS=[Windows 6.1] Server=[Samba 4.4.5-Ubuntu]

    Sharename     Type     Comment
    ---------     ----     -------
    homes         Disk     Home Directories
    hwd           Disk     Public Stuff
    print$        Disk     Printer Drivers
    IPC$          IPC      IPC Service (ubuntu server (Samba,Ubuntu))
Domain=[WORKGROUP] OS=[Windows 6.1] Server=[Samba 4.4.5-Ubuntu]

    Server                Comment
    ---------             -------
    LENOVO-PC
    UBUNTU                ubuntu server (Samba,Ubuntu)
```

```
Workgroup          Master
---------          -------
WORKGROUP          UBUNTU
```

15.4.3　在 Linux 客户端挂载共享目录

```
root@ubuntu:/# mkdir /mnt/gongxiang              建立一个挂载点目录
root@ubuntu:/# mount 192.168.1.111:/home/hwd   /mnt/gongxiang   将共享目录挂载到客户机
root@ubuntu:/# cd /mnt
root@ubuntu:/mnt# cd gongxiang
root@ubuntu:/mnt/gongxiang# ls              查看共享目录内容。共享成功
a1.txt    a.txt
```

15.5　Windows 客户端访问共享目录

在 Windows 的客户端直接选择"开始"→"运行"，输入\\IP 地址即可，如图 15.1 所示。

图 15.1　Windows 客户端访问共享目录

IP 地址 192.168.1.111 是运行 Samba 服务的 Ubuntu 虚拟机的地址。双击 hwd 图标可查看目录内容，如图 15.2 所示。

图 15.2　Windows 客户端查看共享目录内容

当在该目录下新建文件夹时，出现提示，如图 15.3 所示，说明操作受到权限限制。

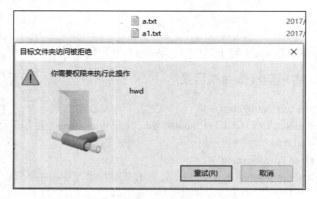

图 15.3　访问权限受限

15.6　图形界面配置 Samba

15.6.1　启动配置 Samba 的图形配置工具

root@ubuntu:/# system-config-samba

图 15.4 所示界面即是启动以后的配置界面。

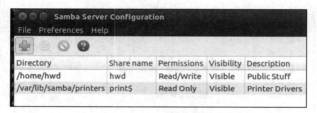

图 15.4　Samba 图形配置

15.6.2　设置全局参数

全局参数设置如图 15.5 和图 15.6 所示。

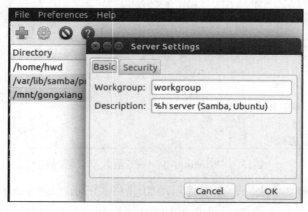

图 15.5　全局参数设置

图 15.6　安全等级设置

15.6.3　添加 Samba 用户

选择 Preferences→Samba Users，在 Create New Samba User 窗口中添加用户，如图 15.7 所示。

图 15.7　添加 Samba 用户

15.6.4　添加共享目录

选择 Create Samba Share 窗口中的 Basic 选项卡，如图 15.8 所示。

图 15.8　添加共享目录

15.6.5 添加允许访问的用户

选择 Edit Samba Share 窗口中的 Access 选项卡，如图 15.9 所示。

图 15.9　为目录添加允许访问的用户

可以看出，图形配置方式快捷方便，但功能弱。

本章小结

Samba 服务程序是一组使 Linux 支持 SMB 通信协议，从并由服务端和客户端组成的开源文件共享软件，它实现了 Linux 与 Windows 系统间的文件共享。

Samba 的核心是两个守护进程 smbd 和 nmbd。smbd 守护进程负责建立对话、验证用户、提供文件和打印机共享服务等。nmbd 守护进程负责实现网络浏览。

在 Ubuntu 上安装 Samba 之前要确保机器网络畅通。

可以在 Ubuntu 软件中心搜索软件，然后安装 Samba。也可以通过终端安装，使用命令#apt-get install samba 下载 Samba 软件包，不用再安装其他软件，因为它会自动帮用户下载所需要的其他依赖包。

Samba 服务器的启动、关闭和重启执行如下命令：

　　　root@ubuntu:/home/hwd# /etc/init.d/samba start
　　　root@ubuntu:/home/hwd# /etc/init.d/samba stop
　　　root@ubuntu:/home/hwd# /etc/init.d/samba restart

Samba 服务器的配置信息都保存在/etc/samba/smb.conf 中。

smb.conf 配置文件由两部分组成：①Samba Global Settings（全局参数设置），该部分由 [global]段来完成配置，主要是设置整体的规则；②Share Definitions（共享定义），该部分有很多段，都是用[ ]标志开始的，这里要使用者根据情况修改。

在 Linux 客户端使用命令 smbclient 查看服务器共享目录。在 Windows 的客户端直接选择"开始"→"运行"，输入\\IP 地址即可访问共享目录。

习题

1．在 Ubuntu 系统中完成 Samba 服务器的下载和安装。
2．实现将目录/home/user1 共享并限定访问的 IP 地址。
3．什么是自由软件？

第 16 章　FTP 服务器配置

本章重点讲解 FTP 服务器的设置过程。首先讲解 FTP 服务器的一些基础，包括 FTP 协议和 FTP 服务的安装与启动。然后讲解 FTP 相关配置文件/etc/vsftpd.conf，这是本章重点，三种不同的登录模式有不同的设置，其根本还是对用户权限的限制。同时讲解一些细节，如服务器端的防火墙等可能会造成访问失败。最后讲解客户端如何访问 FTP 服务器以及一些上传、下载的命令。

- FTP 服务器基础
- 安装与启动 FTP
- FTP 相关配置文件/etc/vsftpd.conf
- 匿名服务器的设置
- 实名服务器的设置
- 客户端的访问登录

16.1　FTP 概述

FTP 是用于 TCP/IP 网络的最简单的协议之一，是英文 File Transfer Protocol 的缩写。该协议是一个 8 位的客户端/服务器协议，能操作任何类型的文件而不需要进一步处理，是 Internet 文件传输的基础。它由一系列规格说明文档组成，用于将文件从网络上的一台计算机传送到同一网络上的另一台计算机。

FTP 服务一般运行在 20 和 21 两个端口上。端口 20 用于在客户端和服务器之间传输数据流，而端口 21 用于传输控制流，并且是命令通向 FTP 服务器的入口。当数据通过数据流传输时，控制流处于空闲状态。而当控制流空闲很长时间后，客户端的防火墙会将其会话置为超时，这样当大量数据通过防火墙时，会产生一些问题。此时，虽然文件可以成功传输，但因为控制会话会被防火墙断开，传输会产生一些错误。

同大多数 Internet 服务一样，FTP 也是一个客户端/服务器系统。用户通过一个客户机程序 FTP 连接在远程计算机上运行的服务器程序。从概念上简单说，用户发出一条命令，要求服务器向用户传送某个文件的一份拷贝，服务器会响应这条命令，将指定文件送至用户的机器上。客户机程序代表用户接收到这个文件，将其存放在用户目录中。通俗地说，FTP 就是完成两台计算机之间的拷贝。从远程计算机拷贝文件至自己的计算机上，称之为下载（download）文件。

若将文件从自己的计算机中拷贝至远程计算机上，则称之为上传（upload）文件。

16.2　安装与启动 FTP

在 Linux 中实现 FTP 服务的软件有很多，最常见的有 vsftpd、wu-ftpd 和 proftpd 等。本书采用 vsftpd 进行讲解。

先用 rpm -qa| grep vsftpd 命令检查 FTP 是否已经安装，如果没有安装，则在 Ubuntu 中使用 apt-get install vsftpd 安装，在 CentOS 中使用 yum -y install vsftpd 安装。

安装 vsftpd：

```
root@ubuntu:~# apt-get install vsftpd
Reading package lists... Done
Building dependency tree
Reading state information... Done
The following additional packages will be installed:
    libeatmydata1
The following NEW packages will be installed:
    libeatmydata1 vsftpd
0 upgraded,2 newly installed,0 to remove and 136 not upgraded.
Need to get 123 KB of archives.
After this operation,366 KB of additional disk space will be used.
Do you want to continue? [Y/n] y
Get:1 http://us.archive.ubuntu.com/ubuntu yakkety/main amd64 libeatmydata1 amd64 105-3 [7280 B]
Get:2 http://us.archive.ubuntu.com/ubuntu yakkety/main amd64 vsftpd amd64 3.0.3-7 [116 KB]
Fetched 123 KB in 4s (25.5 KB/s)
Preconfiguring packages ...
…
```

启动 vsftpd 服务：

```
#service vsftpd start
```

重启 vsftpd 服务：

```
#service vsftpd restart
```

停止服务：

```
#ervice vsftpd stop
```

16.3　FTP 相关配置文件

vsftpd 提供了 3 种 FTP 登录模式。

（1）anonymous（匿名账户）登录。

使用 anonymous 是应用广泛的一种 FTP 服务器登录模式。如果用户在 FTP 服务器上没有账户，那么可以 anonymous 为用户名，以自己的电子邮件地址为密码进行登录。当匿名用户登录 FTP 服务器后，其登录的目录为匿名 FTP 服务器的根目录/home/ftp。为了减轻 FTP 服务器的负载，一般情况下应关闭匿名账户的上传功能。

（2）real（真实账户）登录。

real 也称为本地账户，就是以真实的用户名和密码进行登录，但前提条件是用户在 FTP

服务器上拥有自己的账户。用真实账户登录后，其登录的目录为用户自己的目录，该目录在系统建立账户时就自动创建。

（3）guest（虚拟账户）登录。

如果用户在 FTP 服务器上拥有账户，但此账户只能用于文件传输服务，那么该账户就是 guest。guest 是真实账户的一种形式，它们的不同之处在于，guest 在登录 FTP 服务器后不能访问除宿主目录以外的内容。

16.3.1　/etc/vsftpd.conf

Ubuntu 的 vsftpd 服务器的主配置文件/etc/vsftpd.conf。

常用参数详解：

- anonymous_enable=YES：允许匿名访问。
- local_enable=YES：允许本地用户访问（/etc/passwd 中的用户）。
- write_enable=YES：允许写入权限，包括修改、删除。
- local_umask=022：本地用户文件上传后的权限是-rw-r-r。
- anon_umask=077：匿名用户上传后的权限是-rw----。
- anon_world_readable_only=YES：允许匿名用户浏览、下载文件。
- anon_upload_enable=YES：允许匿名用户上传文件。
- anon_mkdir_write_enable=YES：允许匿名用户建立目录。
- anon_other_write_enable=YES：允许匿名用户具有建立目录和上传之外的权限，如重命名、删除。
- chroot_list_enable=YES：限制使用者不能离开家目录，例如 blue 登录/home/blue 下，设置该选项后，他不可以转到/home/blue 的上层目录/bin、/usr、/opt 等。
- chroot_list_file=/etc/vsftpd.chroot_list：与上一参数同时使用，设置限制使用者的存放文件为/etc/vsftpd.chroot_list。建立文件/etc/vsftpd.chroot_list，写入要限制的用户，一行一个。如果希望限制所有用户，则可以设置 chroot_local_user=YES?代替上面两行。
- pmax_clients=100：最大用户在线数量。
- anon_max_rate=30000：匿名用户最大传输速度，单位：字节/秒。
- local_max_rate=50000：本地用户最大传输速度，单位：字节/秒。
- user_config_dir=/etc/userconf：个别用户配置目录（用来设定特殊账户）。
- anon_root=/home/ftp：设定匿名用户登录后所在的目录。
- local_root=/var/local_user：设定所有本地用户登录后所在的目录，如不设置此项，则本地用户登录后位于各自家目录下。

16.3.2　/etc/ftpusers

ftpusers 文件是用来记录不允许登录到 FTP 服务器的用户，通常是一些系统默认的用户。下面是该文件中默认的不允许登录的名单。

```
root@ubuntu:/etc# more ftpusers
# /etc/ftpusers: list of users disallowed FTP access. See ftpusers(5).
root
```

```
daemon
bin
sys
sync
games
man
lp
mail
news
uucp
nobody
```

默认情况下，root 和它以下的用户是不允许登录 FTP 服务器的。可以将不允许登录的用户添加到这里来，但切记每个用户都要单独占用一行。

16.3.3　/etc/user_list

user_list 文件的内容跟 ftpusers 一样，只是在系统对文件 vsftpd.conf 进行检测时会检测到 userlist_deny=YES，因此这个文件必须存在。下面是这个文件的内容。

```
# vsftpd userlist
# If userlist_deny=NO,only allow users in this file
# If userlist_deny=YES (default),never allow users in this file,and
# do not even prompt for a password.
# Note that the default vsftpd pam config also checks /etc/vsftpd.ftpusers
# for users that are denied.
root
bin
daemon
adm
lp
sync
shutdown
halt
mail
news
uucp
operator
games
nobody
```

16.4　匿名账户服务器配置

创建一个匿名用户目录，并将此目录拥有者改为 FTP 用户。

```
#mkdir /home/ftp
#chown ftp /home/ftp
```

vsftpd 的默认主目录是/home/ftp/，主配置文件是/etc/vsftpd.conf。

```
root@ubuntu:/etc# gedit vsftpd.conf
listen=YES
anonymous_enable=YES
anon_upload_enable=YES
anon_mkdir_write_enable=YES
anon_umask=022
anon_root=/home/ftp
```

anonymous_enable=YES 表示允许匿名用户访问。vsftpd 中的匿名用户有两个：anonymous 和 ftp，在客户端可以用这两个匿名用户中的任意一个访问服务器。

local_enable=YES 表示允许使用系统用户访问，但是系统用户在访问时默认只能访问自己的主目录。

write enable=YES 表示允许写入。这项设置只是一个开关，要使匿名用户或系统用户具有写入权限，还得进行其他的设置。

在/home/ftp 目录下创建一个测试文件：

```
# touch /home/ftp/a.txt
```

在匿名用户访问 FTP 服务器之前，要将 FTP 服务器端的防火墙关闭。

```
#ufw disable
```

下面分别以 Ubuntu 和 Windows 为客户端测试。

（1）Ubuntu 客户端测试。

```
hwd@hwd-virtual-machine:~$ ftp 192.168.1.111
Connected to 192.168.1.111.
220 (vsFTPd 3.0.3)
Name (192.168.1.111:hwd): anonymous
331 Please specify the password.
Password:
230 Login successful.
Remote system type is UNIX.
Using binary mode to transfer files.
ftp> ls
200 PORT command successful. Consider using PASV.
150 Here comes the directory listing.
-rw-r--r--    1 126        0               0 Jan 24 04:42 a.txt
226 Directory send OK.
```

（2）Windows 客户端测试。

在 Windows 客户端登录 FTP 服务器，需要匿名用户名，如图 16.1 所示。登录以后显示内容如图 16.2 所示。

但此时匿名用户却无法上传文件，原因很简单，因为匿名用户对/home/ftp 目录不具备写入权限，因此我们还需要对配置文件进行设置。

在配置文件/etc/vsftpd.conf 中增加以下几行命令：

anon_upload_enable=YES：允许匿名用户上传。

anon_mkdir_write_enable=YES：允许匿名用户创建目录。

anon_umask=022：设置匿名用户的 umask 值。

这样在客户端再次测试，匿名用户就可以上传文件了。

service vsftpd reload

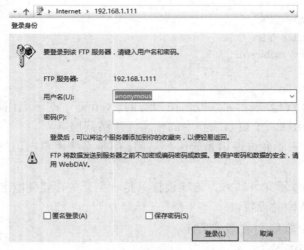

图 16.1　Windows 客户端匿名登录

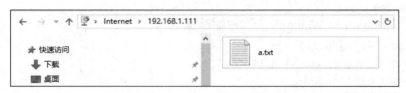

图 16.2　匿名登录共享目录内容

添加 anon_other_write_enable=YES 后可以匿名删除。但是匿名用户删除并不建议在 FTP 中使用，因为会造成 FTP 服务器难以管理。

16.5　真实账户服务器配置

16.5.1　Linux 客户端访问 FTP 服务器

vsftpd 可以直接使用 Linux 系统的本地用户作为 FTP 用户，提供基于用户名/密码的登录验证。使用本地用户登录 FTP 服务器后，默认位于用户自己的主目录中，且具有读写权限。例如利用 huangwd 用户访问 FTP，那么默认将进入到的目录是/home/huangwd。

配置文件/etc/vsftpd.conf 中关于本地用户的默认设置。

系统默认已经允许系统用户访问，由于系统用户默认只能访问自己的用户主目录，所以自然就具备了写入的权限，写入时的 umask 值也是 022。然后在 Windows 客户端利用资源管理器测试访问，在空白界面中右击之后选择"登录"，输入用户名及密码就可以进入到用户的主目录中并具备写入权限。也可以在 Linux 客户端通过 ftp 命令行访问。

注意，系统用户虽然默认访问到的是自己的主目录，但是却可以用 cd 命令切换到服务器端任何具备访问权限的目录，比如切换到/etc/目录。而这会带来很大的安全风险，所以一般都需要将系统用户禁锢于其主目录中，禁止随意切换。在 vsftpd.conf 文件中增加一行

chroot_local_user=YES，其作用就是将用户禁锢在自己的主目录中。设置完成后，保存退出，重启服务。

> # service vsftpd restart

在客户端利用命令行重新登录，此时再切换到其他目录时便会被拒绝。

设置用户列表。默认设置下，FTP 服务器中的所有系统用户都可以访问 FTP，那么如何来设置只有指定的用户可以访问呢？

vsftpd 中提供了两个与本地用户相关的配置文件：/etc/ftpusers 和/etc/user_list。这两个文件中均包含一份 FTP 用户名的列表，但是它们的作用截然不同。/etc/ftpusers 文件中包含的用户账户将被禁止登录 vsftpd 服务器，不管该用户是否在/etc/user_list 文件中出现。通常将 root、bin、daemon 等特殊用户列在该文件中，禁止用于登录 FTP 服务。/etc/user_list 文件中包含的用户账户可能被禁止登录，也可能被允许登录，需要在主配置文件 vsftpd.conf 中决定。当存在 userlist_enable=YES 配置项时，/etc/user_list 文件生效；如果配置 userlist_deny=YES，则仅禁止列表中的用户账户登录；如果配置 userlist_deny=NO，则仅允许列表中的用户账户登录。

综合来看，/etc/ftpusers 文件为 vsftpd 服务提供了一份用于禁止登录的 FTP 用户列表，而/etc/user_list 文件则提供了一份可灵活控制的 FTP 用户列表。通常都是将二者相互结合使用。

16.5.2　Windows 客户端访问 FTP 服务器

使用 Windows 的 CMD 进行 FTP 连接即可访问 FTP 服务器。建议关闭 Windows 操作系统的防火墙。

> C:\Users\lenovo>ftp 192.168.1.111
> 连接到 192.168.1.111。
> 220 (vsFTPd 3.0.3)
> 200 Always in UTF8 mode.
> 用户(192.168.1.111:(none)): huangwd
> 331 Please specify the password.
> 密码：
> 230 Login successful.
> ftp> ls
> 200 PORT command successful. Consider using PASV.
> 150 Here comes the directory listing.
> Desktop
> examples.desktop
> 下载
> 公共的
> 图片
> 文档
> 新建文件夹
> 新建文件夹 (2)
> 新建文件夹 (3)
> 新建文件夹 (4)
> 桌面
> 模板
> 视频

音乐

226 Directory send OK.

ftp: 收到 177 字节，用时 0.01 秒 19.67 千字节/秒。

ftp>

Microsoft Windows [版本 10.0.14393]

(c) 2016 Microsoft Corporation。保留所有权利。

C:\Users\lenovo>ftp 192.168.1.111

连接到 192.168.1.111。

220 (vsFTPd 3.0.3)

200 Always in UTF8 mode.

用户(192.168.1.111:(none)): huangwd

331 Please specify the password.

密码:

230 Login successful.

ftp> ls

200 PORT command successful. Consider using PASV.

150 Here comes the directory listing.

Desktop

examples.desktop

下载

公共的

图片

文档

新建文件夹

新建文件夹 (2)

新建文件夹 (3)

新建文件夹 (4)

桌面

模板

视频

音乐

226 Directory send OK.

ftp: 收到 177 字节，用时 0.01 秒 25.29 千字节/秒。

ftp> quit

221 Goodbye.

C:\Users\lenovo>ftp 192.168.1.111

连接到 192.168.1.111。

220 (vsFTPd 3.0.3)

200 Always in UTF8 mode.

用户(192.168.1.111:(none)): huangwd

331 Please specify the password.

密码:

230 Login successful.

ftp> ls

200 PORT command successful. Consider using PASV.

150 Here comes the directory listing.

Desktop

examples.desktop

下载

公共的

图片

文档

新建文件夹

新建文件夹 (2)

新建文件夹 (3)

新建文件夹 (4)

桌面

模板

视频

音乐

226 Directory send OK.

ftp: 收到 177 字节，用时 0.01 秒 19.67 千字节/秒。

ftp> dir

200 PORT command successful. Consider using PASV.

150 Here comes the directory listing.

drwxr-xr-x	4 1000	1000	4096 Jan 22 02:31	Desktop
-rw-r--r--	1 0	0	0 Jan 24 12:43	aa.txt
-rw-r--r--	1 1000	1000	8980 Jan 19 06:55	examples.desktop
drwxr-xr-x	2 1000	1000	4096 Jan 19 08:52	下载
drwxr-xr-x	2 1000	1000	4096 Jan 19 08:52	公共的
drwxr-xr-x	2 1000	1000	4096 Jan 19 08:52	图片
drwxr-xr-x	2 1000	1000	4096 Jan 19 08:52	文档
drwxr-xr-x	2 1000	1000	4096 Jan 22 02:28	新建文件夹
drwx------	2 1000	1000	4096 Jan 24 12:30	新文件夹
drwxr-xr-x	2 1000	1000	4096 Jan 19 08:52	桌面
drwxr-xr-x	2 1000	1000	4096 Jan 19 08:52	模板
drwxr-xr-x	2 1000	1000	4096 Jan 19 08:52	视频
drwxr-xr-x	2 1000	1000	4096 Jan 19 08:52	音乐

226 Directory send OK.

ftp: 收到 864 字节，用时 0.03 秒 27.00 千字节/秒。

ftp>

ftp> get aa.txt

200 PORT command successful. Consider using PASV.

150 Opening BINARY mode data connection for aa.txt (0 bytes).

226 Transfer complete.

ftp>ftp: 收到 1230 字节，用时 0.01 秒 94.62 千字节/秒。

　　Windows 资源管理器及 IE 仅适合作为一种补充的手段来管理 FTP 资源，检查和传输空间的小文件。它们除了传输速度不快外，FTP 站点信息也无法保存，每次登录都需要重新输入站点信息，非常麻烦。另外传输数据不支持断点续传，如果在传输文件中途网络出现问题，只得重新传输。所以一般还是建议使用 FlashFXP、CuteFTP 等 FTP 工具来传输文件。FlashFXP 和 CuteFTP 不仅支持断点续传、下载队列、站点对传等功能，而且速度快很多。

16.6   主要命令介绍

- ● ascii：以 ASCII 码传输数据。
- ● binary：以二进制方式传输数据。
- ● chmod：修改权限。
- ● cd：切换目录。
- ● lcd：本地目录切换。
- ● delete：删除文件。
- ● get：下载。
- ● put：上传。
- ● mget：一次下载多个。
- ● mput：一次上传多个。
- ● pwd：显示当前所在位置。
- ● Bye：退出。

本章小结

FTP 是用于 TCP/IP 网络的最简单的协议之一，是 Internet 文件传输的基础，用于将文件从网络上的一台计算机传送到同一网络上的另一台计算机。

实现 FTP 服务的软件很多，最常见的有 vsftpd、wu-ftpd 和 proftpd 等。

vsftpd 提供了 3 种 FTP 登录模式：anonymous（匿名账户）、real（真实账户）和 guest（虚拟账户）。

Ubuntu 的 vsftpd 服务器的主配置文件/etc/vsftpd.conf，其主要的常用参数要记住。

ftpusers 文件是用来记录不允许登录到 FTP 服务器的用户，通常是一些系统默认的用户。

在匿名用户访问 FTP 服务器之前，要将 FTP 服务器端的防火墙关闭。

Windows 客户端访问 FTP 服务器，使用 Windows 的 CMD 进行 FTP 连接即可。建议关闭 Windows 操作系统的防火墙。

习题

1．在 Ubuntu 系统中完成 FTP 服务器的安装。
2．对匿名用户设置只能上传。

第 17 章　DNS 服务器配置

本章导读

  本章主要讲解 DNS 服务器的设置，并在虚拟机上进行测试。首先要求读者掌握 DNS 的基本概念，它是后续讲解的基础。然后通过具体实例讲解安装与启动 DNS 服务器。在配置服务器环节我们举例将主机搭建成主 DNS 服务器，要求能解析 hwd.example.com 192.168.1.109 和 www.example.com 192.168.1.110。主要的配置文件有/etc/named.conf，其中包含解析文件 zones.rfc1918，在文件 zones.rfc1918 中包含正向解析库文件/etc/bind/db.empty，文件 db.empty 中包含解析对应关系。

本章要点

- 域名解析
- BIND 的安装与启动
- 配置正向解析文件
- 配置反向解析文件

  DNS 服务器的作用就好比生活中的电话簿和 114 查号台，为各种网络程序找到对应目标主机的 IP 地址或对应的主机域名。域名解析是把域名指向网站空间 IP，让人们通过注册的域名可以方便地访问到网站的一种服务。IP 地址是网络上标识站点的数字地址，为了方便记忆，采用域名来代替 IP 地址标识站点地址。域名解析就是从域名到 IP 地址的转换过程。域名的解析工作由 DNS 服务器完成。

  域名解析也叫域名指向、服务器设置、域名配置或反向 IP 登记等。说得简单点就是将好记的域名解析成 IP。服务由 DNS 服务器完成，即把域名解析到一个 IP 地址，然后在此 IP 地址的主机上将一个子目录与域名绑定。

17.1　DNS 简介

  DNS（Domain Name System，域名解析系统）帮助用户在互联网上寻找路径。在互联网上的每一台计算机都拥有一个唯一的地址，称为 IP 地址（互联网协议地址）。由于 IP 地址（为一串数字）不方便记忆，DNS 允许用户用一串常见的字母（即域名）取代。比如，用户只需键入 www.icann.org 而不是 192.0.34.163，即可访问 ICANN 的官方网站。DNS 命名用于 Internet 等 TCP/IP 网络中，通过用户友好的名称查找计算机和服务。当用户在应用程序中输入 DNS 名称时，DNS 服务可以将此名称解析为与之相关的其他信息，如 IP 地址。因为用户在上网时输入的网址是通过域名解析系统解析找到相对应的 IP 地址才能上网的。其实域名的最终指向是 IP。

因特网上指定了组织名称的域结构层次，而在 DNS（Domain Name Space，域名空间）中，每个层级都有不同的名称，大多数的 DNS 都将它分为 5 种识别名称，表 17.1 中列出了这 5 种识别名称及范例。

表 17.1　DNS（域名空间）的结构层次

名称类型	说明	范例
根域	域名空间的最顶层级，它可使用 2 个空的引号（""）、单个点（.）或在域名后加入一个点来表示	""、. 或 .baidu.com
顶级域	2 个或 3 个字母的名称，用于表示国家、地区或组织类型	.com.net.cn.org
第二层域	个人或组织注册的名称，因此没有特定的长度，但必须位于指定类型的顶级域之下	baidu.com google.com
子域	由已注册的第二层域名衍生而来，可增加组织中的 DNS 树型目录，并且将它们按部门或地理位置命名	map.baidu.com
主机名称	代表特定主机在 DNS 域名空间中的名称，而最左边部分常用来识别网络主机的功能	www.map.baidu.com

DNS 服务器分为以下 3 种：

（1）本地域名服务器。也称默认域名服务器，当一个主机发出 DNS 查询报文时，这个报文就首先被送往该主机的本地域名服务器。在用户的计算机中设置网卡的"Internet 协议（TCP/IP）属性"对话框中设置的"首选 DNS 服务器"即为本地域名服务器。

（2）根域名服务器。目前因特网上有十几个根域名服务器，大部分都在北美。当一个本地域名服务器不能立即回答某个主机的查询时，该本地域名服务器就以 DNS 客户的身份向某一根域名服务器查询。

（3）授权域名服务器。每一个主机都必须在授权域名服务器处注册登记。通常，一个主机的授权域名服务器就是它的本地 ISP（互联网服务提供商）的一个域名服务器。实际上，为了更加可靠地工作，一个主机最好有至少两个授权域名服务器。许多域名服务器同时充当本地域名服务器和授权域名服务器。授权域名服务器总是能够将其管辖。

17.2　BIND 的安装与启动

BIND 是一种开源的 DNS 协议的实现，包含对域名的查询和响应所需的所有软件。它是互联网上最广泛使用的一种 DNS 服务器，下面讲解在 Linux 系统下如何安装 DNS 服务器 BIND。

```
root@ubuntu:/home/hwd# apt-get install bind9
Reading package lists... Done
Building dependency tree
Reading state information... Done
The following additional packages will be installed:
    bind9utils libirs141
Suggested packages:
```

　　bind9-doc
The following NEW packages will be installed:
　　bind9 bind9utils libirs141

...

　　DNS 配置文件在/etc/bind 目录中。安装 BIND9 后会生成 3 个配置文件：named.conf、named.conf.options 和 named.conf.local。

```
root@ubuntu:/etc/bind# cat named.conf
// This is the primary configuration file for the BIND DNS server named.
//
// Please read /usr/share/doc/bind9/README.Debian.gz for information on the
// structure of BIND configuration files in Debian,*BEFORE* you customize
// this configuration file.
//
// If you are just adding zones,please do that in /etc/bind/named.conf.local

include "/etc/bind/named.conf.options";
include "/etc/bind/named.conf.local";
include "/etc/bind/named.conf.default-zones";
```

其中 named.conf 是主配置文件，可以看出里面包含了 named.conf.options 和 named.conf.local。在搭建本地 DNS 时，只需改动 named.conf.local 即可。

```
root@ubuntu:/etc/bind# cat named.conf.local
// Do any local configuration here
// Consider adding the 1918 zones here，if they are not used in your
// organization
//include "/etc/bind/zones.rfc1918";
root@ubuntu:/etc/bind# cat zones.rfc1918
zone "10.in-addr.arpa"      { type master; file "/etc/bind/db.empty"; };
zone "16.172.in-addr.arpa"  { type master; file "/etc/bind/db.empty"; };
zone "17.172.in-addr.arpa"  { type master; file "/etc/bind/db.empty"; };
.........
root@ubuntu:/etc/bind# cat db.empty
; BIND reverse data file for empty rfc1918 zone
; DO NOT EDIT THIS FILE - it is used for multiple zones.
; Instead,copy it,edit named.conf,and use that copy.
;
$TTL86400
@    IN    SOA localhost. root.localhost. (
                  1           ; Serial
             604800           ; Refresh
              86400           ; Retry
            2419200           ; Expire
              86400 )  ; Negative Cache TTL
;
@    IN    NS    localhost.
```

从上面几个文件内容看出，可以将正向和反向两个解析文件放在文件 named.conf.local 中。

例如：@ubuntu:/etc/bind$ sudo cat /etc/bind/named.conf.local

```
//include "/etc/bind/zones.rfc1918";
zone "example.com" IN {
type master;
file "/etc/bind/db.example.com";
};
//上面是正向解析，下面是反向解析
zone"1.168.192.in-addr.arpa" IN {
type master;
file"/etc/bind/db.192.168.1";
};
```

17.3　DNS 服务器配置举例

现在将主机搭建成主 DNS 服务器，要求能解析 hwd.example.com 192.168.1.109 和 www.example.com 92.168.1.110。

配置过程中应注意，测试端客户机的 DNS IP 地址一定要设置为实验 DNS 服务器的 IP。

例如，在 resolv.conf 文件中加入 nameserver 192.168.1.112（设置 DNS 服务器主机的 IP），如图 17.1 所示。

```
$ sudo gedit /etc/resolv.conf
```

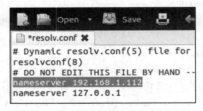

图 17.1　编辑 resolv.conf 文件

17.3.1　配置文件/etc/named.conf.local

在文件 named.conf 中添加：

```
zone "example.com" IN {
    type master;
    file "/etc/bind/db.example.com";      //正向配置文件
};

zone"1.168.192.in-addr.arpa" IN {
    type master;
    file"/etc/bind/db.192.168.1";         //反向配置文件

};
```

这两个文件的路径一定要完整。

17.3.2 配置正向解析文件/etc/bind/db.example.com

```
    ;;
; BIND data file for local loopback interface
;
$TTL604800
@    IN    SOA example.com. root.localhost. (
                    2          ; Serial
                 604800        ; Refresh
                  86400        ; Retry
                2419200        ; Expire
                 604800 )   ; Negative Cache TTL
;
@    IN    NS    example.com.
@    IN    A     127.0.0.1
@    IN    AAAA    ::1
hwd       IN        A        192.168.1.109
www       IN        A        192.168.1.110
```

17.3.3 配置反向解析文件/etc/bind/db.192.168.1

```
    ;
; BIND data file for local loopback interface
;
$TTL604800
@    IN    SOA localhost. root.localhost. (
                    2          ; Serial
                 604800        ; Refresh
                  86400        ; Retry
                2419200        ; Expire
                 604800 )   ; Negative Cache TTL
;
@    IN    NS    localhost.
@    IN    A     127.0.0.1
@    IN    AAAA    ::1
109 IN PTR hwd.example.com
110 IN PTR www.example.com
```

17.3.4 启动 DNS 服务

```
$sudo service bind9 start
```

17.4　客户端测试

17.4.1 本机测试

```
huangwd@ubuntu:~$ host hwd.example.com
hwd.example.com has address 192.168.1.109
```

huangwd@ubuntu:~$ host 192.168.1.110
110.1.168.192.in-addr.arpa domain name pointer www.example.com.1.168.192.in-addr.arpa.
huangwd@ubuntu:~$ host 192.168.1.109
109.1.168.192.in-addr.arpadomain name pointer hwd.example.com.1.168.192.in-addr.arpa.

17.4.2 Red Hat 客户端测试

在 Red Hat 9 客户端测试 DNS 服务器，效果如图 17.2 所示。

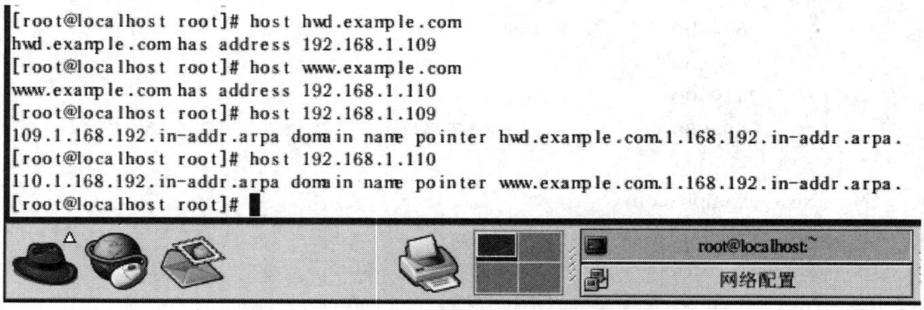

```
[root@localhost root]# host hwd.example.com
hwd.example.com has address 192.168.1.109
[root@localhost root]# host www.example.com
www.example.com has address 192.168.1.110
[root@localhost root]# host 192.168.1.109
109.1.168.192.in-addr.arpa domain name pointer hwd.example.com.1.168.192.in-addr.arpa.
[root@localhost root]# host 192.168.1.110
110.1.168.192.in-addr.arpa domain name pointer www.example.com.1.168.192.in-addr.arpa.
[root@localhost root]#
```

图 17.2 Red Hat 9 客户端测试 DNS 服务器

17.4.3 在 Windows 客户端测试

在 Windows 的命令窗口中用命令 nslookup 测试 DNS 服务器，效果如图 17.3 所示。

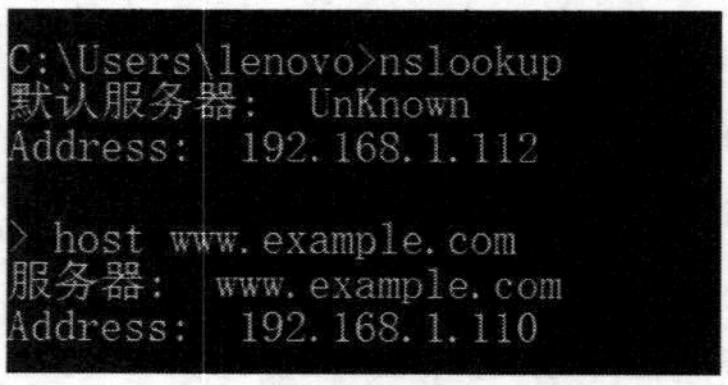

```
C:\Users\lenovo>nslookup
默认服务器:  UnKnown
Address:  192.168.1.112

> host www.example.com
服务器:  www.example.com
Address:  192.168.1.110
```

图 17.3 Windows 客户端测试 DNS

本章小结

DNS 服务器的作用是为各种网络程序找到对应目标主机的 IP 地址或对应的主机域名。域名解析也叫域名指向、服务器设置、域名配置或反向 IP 登记。

DNS 服务器分为 3 种：本地域名服务器、根域名服务器和授权域名服务器。

DNS 配置文件在/etc/bind 目录中。安装 BIND9 后会生成 3 个配置文件：named.conf、named.conf.options 和 named.conf.local。

习题

在 Ubuntu 系统中配置一个 DNS 服务器，实现 test.example.cn 192.168.1.10 的正向解析和反向解析。

第 18 章　Apache 的安装与配置

本章导读

本章对 Web 服务器的基础知识进行讲解,并介绍了几种常见的 Web 服务器,重点是 Apache Web 服务器的安装过程以及如何高效地配置。

本章要点

- Apache Web 服务器的安装
- Apache Web 服务器的配置

18.1　Web 简介

Web 服务器也称为 WWW（World Wide Web）服务器，主要功能是提供网上信息浏览服务。WWW 是 Internet 的多媒体信息查询工具，是 Internet 上近年才发展起来的服务，也是发展最快和目前使用最广泛的服务。正是因为有了 WWW，才使得近年来 Internet 迅速发展，且用户数量飞速增长。

Web 服务器是可以向发出请求的浏览器提供文档的程序。

（1）服务器是一种被动程序：只有当 Internet 上运行的其他计算机中的浏览器发出请求时，服务器才会响应。

（2）最常用的 Web 服务器是 Apache 和 Microsoft 的 Internet 信息服务（Internet Information Services，IIS）。

（3）Internet 上的服务器也称为 Web 服务器，是一台在 Internet 上具有独立 IP 地址的计算机，可以向 Internet 上的客户机提供 WWW、Email 和 FTP 等各种 Internet 服务。

（4）Web 服务器是指驻留于 Internet 上某种类型计算机的程序。当 Web 浏览器（客户端）连到服务器上并请求文件时，服务器将处理该请求并将文件反馈到该浏览器上，附带的信息会告诉浏览器如何查看该文件（即文件类型）。服务器使用 HTTP（超文本传输协议）与客户机浏览器进行信息交流，这就是人们常把它称为 HTTP 服务器的原因。

（5）Web 服务器不仅能够存储信息，还能在用户通过 Web 浏览器提供的信息的基础上运行脚本和程序。

（6）Web 服务器可以解析（handles）HTTP 协议。当 Web 服务器接收到一个 HTTP 请求（request）时，会返回一个 HTTP 响应（response），例如送回一个 HTML 页面。为了处理一个请求，Web 服务器可以响应一个静态页面或图片，进行页面跳转（redirect），或者把动态响应（dynamic response）的产生委托（delegate）给一些其他的程序，例如 CGI 脚本、JSP（Java Server Pages）脚本、Servlets、ASP（Active Server Pages）脚本、服务器端 JavaScript，或者一些其他的服务器端技术。无论脚本的目的如何，这些服务器端的程序通常产生一个 HTML 的响应来让浏览器可以浏览。

　　Apache 仍然是世界上使用最多的 Web 服务器，其市场占有率达 60%左右。它源于 NCSAhttpd 服务器，当 NCSAWWW 服务器项目停止后，那些使用 NCSAWWW 服务器的用户开始交换用于此服务器的补丁，这也是 Apache 名称的由来（pache 即补丁）。世界上很多著名的网站都是 Apache 的产物，它的成功之处主要在于它的源代码开放、有一支开放的开发队伍、支持跨平台的应用（可以运行在几乎所有的 UNIX、Windows、Linux 系统平台上）以及它的可移植性等方面。

18.2　Ubuntu 安装和配置 Apache

　　Apache2 是 Ubuntu 下发行的架构网站的版本，它和 Apache 有些不同，如配置文件名的不同等。

```
root@ubuntu:~# apt-get install apache2
Reading package lists... Done
Building dependency tree
Reading state information... Done
The following additional packages will be installed:
    apache2-bin apache2-data apache2-utils libapr1 libaprutil1
    libaprutil1-dbd-sqlite3 libaprutil1-ldap liblua5.1-0
Suggested packages:
    apache2-doc apache2-suexec-pristine | apache2-suexec-custom
The following NEW packages will be installed:
    apache2 apache2-bin apache2-data apache2-utils libapr1 libaprutil1
    libaprutil1-dbd-sqlite3 libaprutil1-ldap liblua5.1-0
0 upgraded,9 newly installed,0 to remove and 202 not upgraded.
Need to get 1536 KB of archives.
After this operation,6349 KB of additional disk space will be used.
Do you want to continue? [Y/n] y
0% [Connecting to us.archive.ubuntu.com]
…

root@ubuntu:~#    /etc/init.d/apache2 restart
[ ok ] Restarting apache2 (via systemctl): apache2.service.
root@ubuntu:~#
```

Apache 安装完成，其安装路径为/var，默认的网站根目录的路径为/var/www/html。

　　打开 Ubuntu 中的火狐浏览器，在地址栏中输入 http://127.0.0.1 或 http:localhost，回车之后看到/var/www/html 路径下的 index.html 页面内容，表明访问成功，如图 18.1 所示。

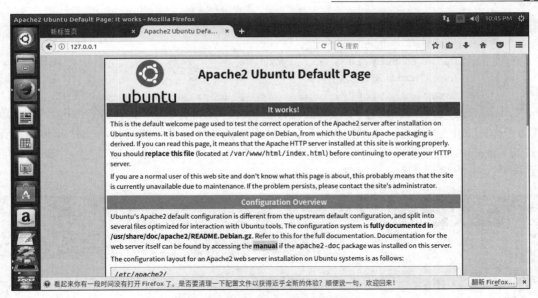

图 18.1　访问 Apache 服务器

从 Windows 主机访问虚拟机，查看虚拟机的 IP 地址：在终端中输入 ifconfig，得到 IP 地址为 192.168.253.66。

在 Windows 的浏览器地址栏中输入 http://192.168.253.66，回车可以看到与本机访问一样的效果。

安装完成后，进入到/etc/apache2 中（根据自己的实际安装目录）。

```
root@ubuntu:/var/www/html# cd /etc/apache2
root@ubuntu:/etc/apache2# ls
apache2.conf    conf-enabled    magic        mods-enabled    sites-available conf-available
envvars         mods-available  ports.conf   sites-enabled
```

我们看到没有想象中的 httpd.conf 配置文件。这里要说明的是，Apache2 的配置文件是apache2.conf，而不是 httpd.conf。打开 apache2.conf，写入如下两条语句：

```
ServerName localhost
DirectoryIndex index.html index.htm index.php
```

这里的 ServerName localhost 是为了防止最后开启 Apache2 服务的时候会提示 DNS 出错。DirectoryIndex index.html index.htm index.php 是默认目录的写法。

可以在 apache2.conf 中写入 AddDefaultCharset GB2312，设置默认字符集，定义服务器返回给客户机的默认字符集（由于 UTF-8 是 Apache 的默认字符集，因此当访问有中文的网页时会出现乱码，这时只要将字符集改成 GB2312，再重启 Apache 服务即可）。

listen 192.168.253.66:8080 表示设置监听 IP 为 192.168.253.66 和端口为 8080。

创建名为/down 的虚拟目录，它对应的物理路径是/softWare /download。

```
Alias /down      "/softWare /download"
```

创建为/ftp 的虚拟目录，它对应的物理路径是/var/ftp。

```
Alias /ftp       "/var/ftp"
```

设置目录权限，设置格式为<Directory "目录路径">此次写设置目录权限的语句</Directory>。

例如：

    <Directory "/var/www/html">

        Options FollowSymLinks   page:116

        AllowOverride None

    </Directory>

要说明的是，在 Apache2 中，根（默认主目录）设置在/etc/apache2/sites-A Vailable/000-default 中，打开 default 进行配置，如图 18.2 所示。这里默认主目录设置的路径是/var/www，文档最上方的 VirtualHost 后面的*代表通配符，即表示所有本机 IP 地址，监听端口为 80，ServerName 填写用户注册的域名，没有可以不填。设置完后保存退出。

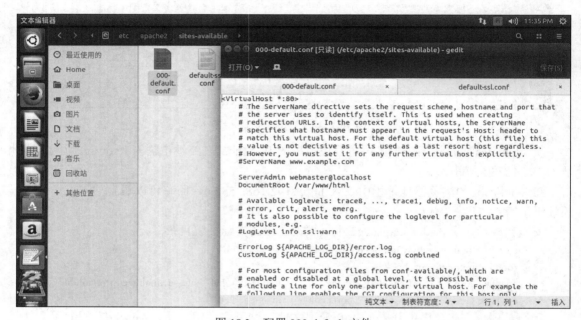

图 18.2　配置 000-default 文件

本章小结

Web 服务器是可以向发出请求的浏览器提供文档的程序。

Apache 是世界上使用最多的 Web 服务器。

Apache2 是 Ubuntu 下发行的架构网站的版本，它和 Apache 有些不同。

习题

在 Ubuntu 系统中安装配置一个 Apache 服务器，并将一个简单网页发布其上，通过浏览器访问。

第 19 章　Linux 下的 C 语言编程

本章导读

本章讲解的主要内容是如何处理编辑完成的 C 语言，重点是如何使用 GCC 编译器及如何编写 makefile 文件。

本章要点

- GCC 编辑器的使用
- makefile 文件的编写规则

本章旨在介绍如何在 Linux 中进行 C 语言程序设计，以及如何使用程序设计和调试工具编写 C 程序。使读者学会使用 GCC 及 GDB 等工具进行 Linux 中的 C 程序编写和调试。

输入程序需要一个编辑器。vim 和 Emacs 是 Linux 中最常用的源码编辑器，读者不仅要学会用它们编辑源码，还要学会用它们进行查找、定位、替换等。

常用的 C 语言编译器有 GNU 的 GCC（编译 C 程序）和 G++（编译 C++程序）。调试程序的常用工具是 GDB。

以 Linux 中的 GCC-C 编译器为例，编译一个 C 语言程序需要经过以下几个步骤：

（1）将 C 语言源程序预处理，生成.i 文件。

（2）将预处理后的.i 语言编译成汇编语言，生成.s 文件。

（3）汇编语言经过汇编，生成目标文件.o。

（4）将各个模块的.o 文件连接起来，生成一个可执行程序文件。

19.1　GCC 编译器

GCC（GNU Compiler Collection，GNU 编译器套件）是由 GNU 开发的编程语言编译器。它是以 GPL 协议所发行的自由软件，也是 GNU 计划的关键部分。GCC 原本作为 GNU 操作系统的官方编译器，现已被大多数类 UNIX 操作系统（Linux、BSD、Mac OS X 等）采纳为标准的编译器，且同样适用于微软的 Windows。GCC 很快地扩展，起初可处理 C++，后来又扩展能够支持更多编程语言，如 Fortran、Pascal、Objective-C、Java、Ada、Go 以及各类处理器架构上的汇编语言等，所以改名为 GNU 编译器套件。

掌握 GCC 的用法对于构建一个软件包很有益处，当软件包包含的文件比较多的时候，能用 GCC 把它手动编译出来，就会对软件包中各个文件间的依赖关系有一个清晰的了解。

GCC 是 Linux 平台下最重要的开发工具，是 GNU 的 C 和 C++编译器，其基本用法如下：

```
gcc [options] [filenames]
```

其中 options 为编译选项，GCC 总共提供的编译选项超过 100 个，但只有少数几个会被频繁使用，下面仅对几个常用选项进行介绍。

假设我们编译一个输出 Hello World 的程序：

```
/* Filename:helloworld.c */
#include<stdio.h>
int main()
{
printf("Hello World\n");
return 0;
}
```

编译选项详解：

（1）无选项编译连接。

将 hello.c 预处理、汇编、编译并连接形成可执行文件。这里未指定输出文件，默认输出为 a.out。

用法举例：

```
root@ubuntu:/home/hwd# gcc hello.c
root@ubuntu:/home/hwd# ls
  a.out      hello.c
```

（2）-c 只激活预处理、编译和汇编，也就是只把程序做成 obj 文件。

用法举例：

```
root@ubuntu:/home/hwd# gcc -c hello.c      将汇编输出文件 hello.c 编译输出 hello.o 文件
root@ubuntu:/home/hwd# ls
a1.txt  a.out  a.txt  hello.c  hello.o       生成.o 的 obj 文件
```

（3）无选项连接。

```
root@ubuntu:/home/hwd# gcc hello.o -o hello
root@ubuntu:/home/hwd# ls
  a.out     hello   hello.c   hello.o      将编译输出文件 hello.o 连接成最终的可执行文件 hello
root@ubuntu:/home/hwd# ./hello        执行 hello
Hello World
```

（4）-S 只激活预处理和编译，也就是指把文件编译成为汇编代码。

用法举例：

```
root@ubuntu:/home/hwd# gcc -S hello.c        生成.s 的汇编代码，可以用文本编辑器查看
root@ubuntu:/home/hwd# ls
a1.txt  a.out  a.txt  hello  hello.c  hello.o  hello.s
root@ubuntu:/home/hwd# cat hello.s
        .file   "hello.c"
        .section    .rodata
.LC0:
        .string     "Hello World"
        .text
```

```
        .globlmain
        .type main,@function
main:
.LFB0:
        .cfi_startproc
        pushq       %rbp
        .cfi_def_cfa_offset 16
          …
          …
```

（5）-E 只激活预处理，不生成文件，需要把它重定向到一个输出文件里面。
用法举例：

```
root@ubuntu:/home/hwd# gcc -E hello.c>a.txt
root@ubuntu:/home/hwd# cat a.txt
# 1 "hello.c"
# 1 "<built-in>"
# 1 "<command-line>"
# 31 "<command-line>"
# 1 "/usr/include/stdc-predef.h" 1 3 4
# 32 "<command-line>" 2
# 1 "hello.c"
…
```

或者使用如下命令：

```
#gcc -E hello.c | more
```

命令执行结果如图 19.1 所示。

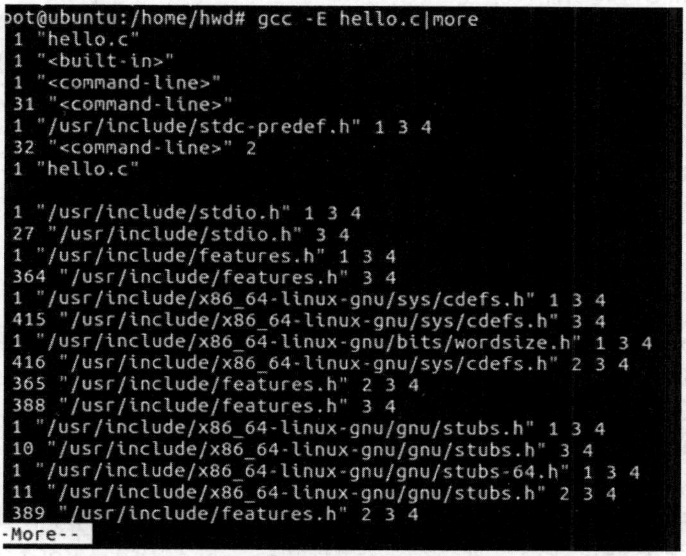

```
ot@ubuntu:/home/hwd# gcc -E hello.c|more
1 "hello.c"
1 "<built-in>"
1 "<command-line>"
31 "<command-line>"
1 "/usr/include/stdc-predef.h" 1 3 4
32 "<command-line>" 2
1 "hello.c"

1 "/usr/include/stdio.h" 1 3 4
27 "/usr/include/stdio.h" 3 4
1 "/usr/include/features.h" 1 3 4
364 "/usr/include/features.h" 3 4
1 "/usr/include/x86_64-linux-gnu/sys/cdefs.h" 1 3 4
415 "/usr/include/x86_64-linux-gnu/sys/cdefs.h" 3 4
1 "/usr/include/x86_64-linux-gnu/bits/wordsize.h" 1 3 4
416 "/usr/include/x86_64-linux-gnu/sys/cdefs.h" 2 3 4
365 "/usr/include/features.h" 2 3 4
388 "/usr/include/features.h" 3 4
1 "/usr/include/x86_64-linux-gnu/gnu/stubs.h" 1 3 4
10 "/usr/include/x86_64-linux-gnu/gnu/stubs.h" 3 4
1 "/usr/include/x86_64-linux-gnu/gnu/stubs-64.h" 1 3 4
11 "/usr/include/x86_64-linux-gnu/gnu/stubs.h" 2 3 4
389 "/usr/include/features.h" 2 3 4
-More--
```

图 19.1　gcc -E hello.c | more 命令执行结果

（6）-o 指定目标名称，缺省时编译出来的文件是 a.out。

用法举例：

```
root@ubuntu:/home/hwd# gcc -o hello1 hello.c
root@ubuntu:/home/hwd# ls
 a.out   a.txt   hello   hello1   hello.c   hello.o   hello.s
```

19.2　GNU make

19.2.1　GNU make 简介

编译器使用源码文件来产生某种形式的目标文件（object files），在编译过程中，外部的符号参考并没有被解释或替换（即外部全局变量和函数并没有被找到）。因此，在编译阶段所报的错误一般都是语法错误。而连接器则用于连接目标文件和程序包，生成一个可执行程序。在连接阶段，一个目标文件中对别的文件中的符号的参考被解释，如果有符号不能找到，会报告连接错误。

编译和连接的一般步骤：第一阶段把源文件一个一个地编译成目标文件，第二阶段把所有的目标文件加上需要的程序包连接成一个可执行文件。这样的过程很麻烦，需要使用大量的 GCC 命令。而 make 可把大量源文件的编译和连接工作综合为一步完成。GNU make 的主要工作是读进一个文本文件，称为 makefile。这个文件记录了哪些文件（目的文件，它不一定是最后的可执行程序，可以是任何一种文件）由哪些文件（依赖文件）产生，用什么命令来产生。make 依靠此 makefile 中的信息检查磁盘上的文件，如果目的文件的创建或修改时间比它的一个依赖文件旧的话，make 就执行相应的命令，以更新目的文件。

19.2.2　makefile 基本结构

makefile 是 make 读入的唯一配置文件，在一个 makefile 中的编写规则通常包含如下内容：

（1）需要由 make 创建的目标体（target），通常是目标文件或可执行文件。

（2）要创建的目标体所依赖的文件（dependency file）。

（3）创建每个目标体时需要运行的命令（command）。

格式：

```
target: dependency files
command
```

例如，有两个文件分别为 hello.c 和 hello.h，创建的目标体为 hello.o，执行的命令为 GCC 编译指令 gcc -c hello.c，那么对应的 makefile 就可以写为：

```
#The simplest example
hello.o: hello.c hello.h
gcc -c hello.c -o hello.o
```

makefile 的作用就是告诉 make 维护一个大型程序时该做什么。makefile 说明了组成程序的各模块间的相互关系及更新模块时必须进行的动作，make 按照这些说明自动地维护这些模块。比如图 19.2 所示为某程序各模块间的相互关系。

在 makefile 中，自顶向下说明各模块之间的依赖关系及实现方法：

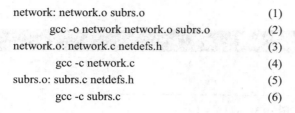

```
network: network.o subrs.o              (1)
    gcc -o network network.o subrs.o    (2)
network.o: network.c netdefs.h          (3)
    gcc -c network.c                    (4)
subrs.o: subrs.c netdefs.h              (5)
    gcc -c subrs.c                      (6)
```

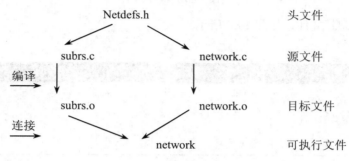

图 19.2　某程序各模块间的相互关系

19.2.3　运行 makefile

一般来说，运行 makefile 最简单的方法就是直接在命令行下输入 make 命令，make 命令会找当前目录的 makefile 来执行，一切都是自动的。GNU make 寻找默认的 makefile 的规则是在当前目录下依次找 3 个文件：GNU makefile、makefile 和 Makefile。其按顺序找这 3 个文件，一旦找到，就开始读取并执行。当前，也可以给 make 命令指定一个特殊名字的 makefile。要达到这个功能，我们要使用 make 的-f 或--file 参数（--makefile 参数也行）。例如，有一个 makefile 的名字是 hchen.mk，那么我们可以这样来让 make 执行该文件：

　　#make -f hchen.mk

如果在 make 的命令行不只一次地使用了-f 参数，那么所有指定的 makefile 将会被连在一起传递给 make 执行。

指定目标。一般来说，make 的最终目标是 makefile 中的第一个目标，而其他目标一般是由这个目标连带出来的，这是 make 的默认行为。当然，一般来说 makefile 中的第一个目标是由许多个目标组成的，make 命令执行后有 3 个退出码：

- 0：表示成功执行。
- 1：如果 make 运行时出现任何错误，则返回 1。
- 2：如果使用了 make 的-q 选项，并且 make 使得一些目标不需要更新，那么返回 2。
  可以指示 make 让其完成所指定的目标。

19.3　创建一个 C 程序实例

写 3 个文件：add.h 用于声明 add 函数，add.c 提供两个整数相加的函数体，在 main.c 中调用 add 函数。

（1）编写 add.h 文件，如图 19.3 所示。

#gedit add.h

| add.h × | add.c × | main.c × | makefile × |
```
extern int add(int i, int j);
```

图 19.3　add.h 文件

（2）编写 add.c 文件，如图 19.4 所示。

#gedit add.c

| add.h × | add.c × | main.c × | makefile × |
```
/* filename:add.c */
int add(int i, int j)
{
return i + j;
}
```

图 19.4　add.c 文件

（3）编写 main.c 文件，如图 19.5 所示。

#gedit main.c

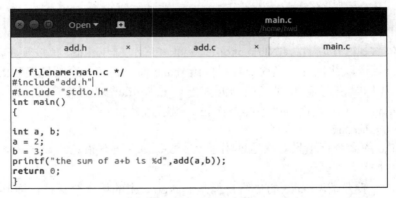

```
/* filename:main.c */
#include"add.h"
#include "stdio.h"
int main()
{
int a, b;
a = 2;
b = 3;
printf("the sum of a+b is %d",add(a,b));
return 0;
}
```

图 19.5　main.c 文件

（4）编写 makefile 文件，如图 19.6 所示。

#gedit makefile

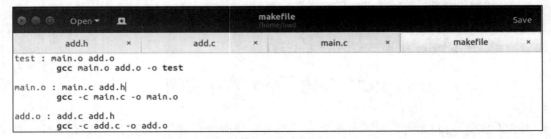

```
test : main.o add.o
        gcc main.o add.o -o test

main.o : main.c add.h
        gcc -c main.c -o main.o

add.o : add.c add.h
        gcc -c add.c -o add.o
```

图 19.6　makefile 文件

（5）运行 make 并执行程序 test，效果如图 19.7 所示。

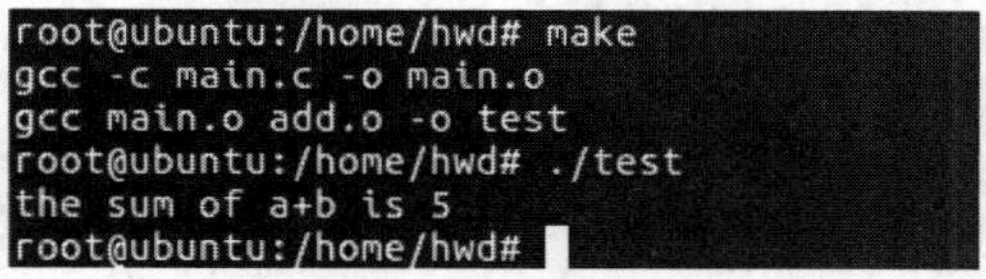

图 19.7 运行 make 并执行程序 test

上述 makefile 利用 add.c 和 add.h 文件执行 gcc -c add.c -o add.o 命令产生 add.o 目标代码，利用 main.c 和 add.h 文件执行 gcc -c main.c -o main.o 命令产生 main.o 目标代码，最后利用 main.o 和 add.o 文件（两个模块的目标代码）执行 gcc main.o add.o -o test 命令产生可执行文件 test。

19.4　调试工具 GDB

GDB（GNU Debugger）是 GNU 开源组织发布的一个强大的 UNIX 下的程序调试工具。可以使用它通过命令行的方式调试程序。它使用户能在程序运行时观察程序的内部结构和内存的使用情况。用户也可以使用它分析程序崩溃发生了什么，从而找出程序崩溃的原因。相对于 Windows 下图形界面的 VC 等调试工具，它提供了更强大的功能。

一般来说，GDB 能完成以下 4 个方面的工作：

（1）启动程序，修改一些东西，从而影响程序运行的行为。

（2）可以指定断点。程序执行到断点处会暂停执行。

（3）当程序停止时，可以用 GDB 来观察发生了什么事情。

（4）动态地改变程序的执行环境，尝试修正 bug。

19.4.1　启动 GDB

在使用 GDB 之前，先确定 Linux 操作系统是否安装了 GDB。可以使用如下命令来确定是否安装了 GDB：

```
root@ubuntu:/home/hwd# gdb --version
GNU gdb (Ubuntu 7.11.90.20161005-0ubuntu1) 7.11.90.20161005-git
Copyright (C) 2016 Free Software Foundation,Inc.
License GPLv3+: GNU GPL version 3 or later <http://gnu.org/licenses/gpl.html>
This is free software: you are free to change and redistribute it.
…
```

如果没有安装，可使用如下命令安装：

```
root@ubuntu:/home/hwd# apt-get install gdb
Reading package lists... Done
Building dependency tree
Reading state information... Done
```

19.4.2　GDB 基本命令

下面通过一个例子来讲解一些基本的命令。

程序 test2.c 如下：

```
#include<stdio.h>
        int func(int n)
```

```
            {
                int sum=0,i;
                    for(i=0; i<n; i++)
                    {
                            sum+=i;
                    }
                    return sum;
            }
        int main()
        {
            int i;
            int result= 0;
            for(i=1; i<=20; i++)

            result += i;
                printf("result[1-20] = %d\n",result );
                printf("result[1-20] = %d\n",func(20) );
                return 0;
        }
```

编译生成执行文件：

```
root@ubuntu:/home/hwd# gcc -g test2.c -o test2
```

（1）启动 GDB。

```
root@ubuntu:/home/hwd# gdb
GNU gdb (Ubuntu 7.11.90.20161005-0ubuntu1) 7.11.90.20161005-git
Copyright (C) 2016 Free Software Foundation,Inc.
License GPLv3+: GNU GPL version 3 or later <http://gnu.org/licenses/gpl.html>
This is free software: you are free to change and redistribute it.
There is NO WARRANTY,to the extent permitted by law.    Type "show copying"
and "show warranty" for details.
This GDB was configured as "x86_64-Linux-gnu".
Type "show configuration" for configuration details.
For bug reporting instructions,please see:
<http://www.gnu.org/software/gdb/bugs/>.
Find the GDB manual and other documentation resources online at:
<http://www.gnu.org/software/gdb/documentation/>.
For help,type "help".
Type "apropos word" to search for commands related to "word".
(gdb)
```

这样便可以和 GDB 进行交互了。

（2）启动 GDB，并且分屏显示源代码。

```
#gdb -tui
```

使用-tui 选项，启动 GDB 可以直接将屏幕分成两个部分，上面显示源代码，比用 list 方便很多。这时候使用上下方向键可以查看源代码。

（3）启动 GDB 调试指定程序 gdb app。

```
root@ubuntu:/home/hwd# gdb test2
GNU gdb (Ubuntu 7.11.90.20161005-0ubuntu1) 7.11.90.20161005-git
```

Copyright (C) 2016 Free Software Foundation,Inc.

License GPLv3+: GNU GPL version 3 or later <http://gnu.org/licenses/gpl.html>

This is free software: you are free to change and redistribute it.

There is NO WARRANTY,to the extent permitted by law.　Type "show copying"

and "show warranty" for details.

This GDB was configured as "x86_64-Linux-gnu".

Type "show configuration" for configuration details.

For bug reporting instructions,please see:

<http://www.gnu.org/software/gdb/bugs/>.

Find the GDB manual and other documentation resources online at:

<http://www.gnu.org/software/gdb/documentation/>.

For help,type "help".

Type "apropos word" to search for commands related to "word"...

Reading symbols from test2...done.

(gdb)

这样就在启动 GDB 之后直接载入了可执行程序 app。需要注意的是，载入的 app 程序必须在编译的时候有 GDB 调试选项，例如 gcc -g app app.c。

下面是进入 GDB 后的使用命令。

（4）载入指定的程序。

(gdb) file app

实例：

(gdb) file test2

Reading symbols from test2...done.

(gdb)

这样就在 GDB 中载入了想要调试的可执行程序 app。如果刚开始运行 gdb 而不是用 gdb app 启动的话可以这样载入 app 程序，当然编译 app 的时候要加入-g 调试选项。

（5）重新运行调试的程序。

(gdb) run

实例：

(gdb) run

Starting program: /home/hwd/test2

result[1-20] = 210

result[1-20] = 190

[Inferior 1 (process 8950) exited normally]

(gdb)

要想运行准备调试的程序，可使用 run 命令，在它后面可以跟随发给该程序的任何参数，包括标准输入和标准输出说明符（<和>）和 Shell 通配符（*、? 、[、]）。

```
(gdb) l        #include<stdio.h>              \\ 1命令相当于 list，从第一行开始列出源码
2              int func(int n)
3              {
4                  int sum=0,i;
5                      for(i=0; i<n; i++)
6                      {
```

```
7                          sum+=i;
8                    }
9                  return sum;
10          }
11
12
(gdb)                        \\直接回车表示重复上一次命令
13
14      int main()
15      {
16        int i;
17          int result= 0;
18          for(i=1; i<=20; i++)
19          {
20              result += i;
21          }
22      }
(gdb) break 16                    \\ 设置断点, 在源程序第 16 行处
Breakpoint 1 at 0x5555555546d6: file test2.c,line 16.
(gdb) info break                 \\查看断点信息
Num      Type        Disp Enb Address              What
1        breakpoint     keep y    0x00005555555546d6 in main at test2.c:16
(gdb) r                          \\运行程序, run 命令简写
Starting program: /home/hwd/test2

Breakpoint 1,main () at test2.c:17      \\在断点处停住
17              int result= 0;
(gdb) n                          \\单步执行, next 命令简写
18          for(i=1; i<=20; i++)
(gdb) n
20                  result += i;
(gdb) n
18          for(i=1; i<=20; i++)
(gdb) n
20                  result += i;
(gdb) c                          \\继续运行程序, continue 命令简写
Continuing.
result[1-20] = 210
result[1-20] = 190
[Inferior 1 (process 8956) exited normally]
(gdb) q                          \\退出
root@ubuntu:/home/hwd#
```

本章小结

输入程序需要一个编辑器。常用的编辑器有 vim 和 Emacs。

常用的 C 语言编译器有 GNU 的 GCC（编译 C 程序）和 G++（编译 C ++程序）。

调试程序的常用工具是 GDB。

GNU make 使用户从大量源文件的编译和连接工作中解放出来，其主要工作是读进一个文本文件，称为 makefile。

在一个 makefile 中的编写规则通常包含如下内容：

（1）需要由 make 创建的目标体（target），通常是目标文件或可执行文件。

（2）要创建的目标体所依赖的文件（dependency file）。

（3）创建每个目标体时需要运行的命令（command）。

GDB（GNU Debugger）是 GNU 开源组织发布的一个强大的 UNIX 下的程序调试工具。可以使用它通过命令行的方式调试程序。它使用户能在程序运行时观察程序的内部结构和内存的使用情况。

GDB 能完成以下 4 个方面的工作：

（1）启动程序，修改一些东西，从而影响程序运行的行为。

（2）可以指定断点。程序执行到断点处会暂停执行。

（3）当你的程序停止时，可以用 GDB 来观察发生了什么事情。

（4）动态地改变程序的执行环境，尝试修正 bug。

习题

编写一个将 10 个数进行排序的 C 语言程序，程序的输入、输出、排序这 3 部分由 3 个函数完成，并写出 makefile 文件。

第二部分 实验

实验 1 Linux 操作系统的安装

一、实验目的

- 掌握创建虚拟机及安装 Ubuntu 的过程。
- 熟悉 Ubuntu 的 Unity 桌面环境。
- 掌握 Linux 操作系统的安装方法和基本系统设置。

二、实验内容

（1）硬件环境：实验室台式机或个人笔记本电脑。

（2）软件环境：Windows 7 及以上版本，VMware Workstation 12 Pro，Ubuntu-16.10-desktop-amd64.iso。

（3）利用 VMware Workstation 虚拟机软件，在实验用计算机上建立一个用于安装 Ubuntu 的虚拟计算机。

（4）在虚拟计算机上利用 Ubuntu 镜像文件安装 Ubuntu。

（5）通过 Ubuntu 的 Unity 桌面环境操作 Ubuntu。

三、实验步骤

（1）安装 VMware Workstation 软件。采用典型方式安装即可。

（2）创建用于安装 Ubuntu 的虚拟计算机。虚拟计算机的要求如下：

1）使用一个单核 CPU。

2）内存容量为 1GB。

3）网络连接使用桥接网络方式。

4）硬盘使用 SCSI 接口，容量为 20GB，按 Split virtual disk into multiple files 方式存放。

5）其他设备由 VMware Workstation 自动创建。

（3）设置虚拟计算机使用 Ubuntu 光盘镜像文件启动，安装 Ubuntu 的过程参考第 2 章内容。主要注意以下 5 点：①语言选择；②硬盘分区采用手动方式进行，文件系统采用 Ext3 或 Ext4 皆可；③位置选择 shanghai；④键盘布局选择 English（US）；⑤用户账户及密码自定义，但要符合规范。

（4）启动安装好 Ubuntu 的虚拟计算机，验证 Ubuntu 是否能正常运行。认识 Ubuntu 的 Unity 桌面环境，完成在 Unity 桌面环境中进入终端的操作。

（5）使用 VMware Workstation 虚拟机软件的快照功能创建一个系统当前状态的快照，快照名称为"系统安装成功"。

四、实验思考

（1）VMware Workstation 常用的网络连接方式有哪些？各种网络连接方式的含义是什么？

（2）Linux 操作系统交换分区的作用是什么？

五、实验小结

解决安装 Linux 系统有两种可行方案：①在一台计算机上安装双系统，但此方案过程复杂，易出问题，甚至影响已有的 Windows 系统的安全；②在 Windows 系统上安装一个虚拟机软件，创建一个虚拟机并在虚拟机上安装 Linux 操作系统。

通过本实验可以让实验者熟悉 VMware Workstation 或类似虚拟机软件的功能，并掌握 Ubuntu 等 Linux 操作系统的安装过程。在实验过程中应注意以下几点：

（1）VMware Workstation 就是一款应用软件，其创建的虚拟机可视为一台独立的计算机。

（2）虚拟机硬件配置的设置应在物理机的软硬件支撑范围内。

（3）虚拟机的 CD/DVD 设置，如果安装的是 ISO 镜像文件，应设置为安装镜像文件所在的目录。

（4）在安装 Ubuntu 系统时创建的用户和密码要符合规范并记牢。

（5）如果在安装过程中需要网络配置，要提前准备相关网络 IP 地址等信息，并搞清楚虚拟机与物理主机相联的 3 种方式。

实验 2　Linux 基本命令

一、实验目的

● 熟悉 Linux 操作环境。
● 掌握 Linux 文件和目录类命令的使用方法。

二、实验内容

在 Ubuntu 系统的文本终端练习使用 Linux 常用命令：①用户的登录与退出；②目录操作命令；③文件操作命令，并能熟记一些常用的参数。

三、实验步骤

（1）启动计算机，利用 root 用户登录到系统，进入字符提示界面。
（2）用 pwd 命令查看当前所在的目录。
（3）用 ls 命令列出此目录下的文件和目录。
（4）用-a 参数列出此目录下包括隐藏文件在内的所有文件和目录。
（5）用 man 命令查看 ls 命令的使用手册。
（6）在当前目录下，创建测试目录 test。
（7）利用 ls 命令列出文件和目录，确认 test 目录创建成功。
（8）进入 test 目录，利用 pwd 查看当前工作目录。
（9）利用 touch 命令，在当前目录创建一个新的空文件 newfile。
（10）利用 cp 命令复制系统文件/etc/profile 到当前目录下。
（11）复制文件 profile 到一个新文件 profile.bak，作为备份。
（12）用 ll 命令以长格形式列出当前目录下的所有文件，注意每个文件的长度和创建时间的不同。
（13）用 less 命令分屏查看文件 profile 的内容，注意练习 less 命令的各个子命令，如 b、p、q 等，并对 then 关键字进行查找。
实验命令执行结果：
　　huangwd@ubuntu:~$ su root
密码：
　　root@ubuntu:/home/huangwd# pwd
　　/home/huangwd
　　root@ubuntu:/home/huangwd# ls
　　a3.txt　　file
　　root@ubuntu:/home/huangwd# mkdir test
　　root@ubuntu:/home/huangwd# cd test
　　root@ubuntu:/home/huangwd/test# pwd

/home/huangwd/test
root@ubuntu:/home/huangwd/test# touch newfile
root@ubuntu:/home/huangwd/test# cp /etc/profile /home/huangwd/test
root@ubuntu:/home/huangwd/test# ls
newfile   profile
root@ubuntu:/home/huangwd/test# cp profile profile.bak
root@ubuntu:/home/huang/test# ll
总用量 16
drwxr-xr-x 2 root root 4096 Jan   1 23:48 ./
drwxr-xr-x 3 root root 4096 Jan   1 23:46 ../
-rw-r--r-- 1 root root   0 Jan   1 23:46 newfile
-rw-r--r-- 1 root root   581 Jan   1 23:48 profile
-rw-r--r-- 1 root root   581 Jan   1 23:48 profile.bak

四、实验思考

下列命令执行后有什么结果？
（1）ls *.?
（2）alias dir='ls -d [a-z]* '
（3）find ./tmp /usr/tmp -name core -exec rm{}\;
（4）grep '^user[0-9]$ ' /etc/passed

五、实验小结

（1）命令能否顺利执行和用户及权限有关。
（2）通配符可以解决一次对多个文件系统对象执行单一操作的问题。

实验 3　文件权限管理

一、实验目的

- 深入理解 r、w、x、_ 这 4 种权限在不同位置对文件或目录的不同影响。
- 掌握文字权限和数字权限的转换。
- 掌握利用 chmod 和 chgrp 等命令实现 Linux 文件权限管理。
- 加深理解权限对文件系统安全的重要性。

二、实验内容

某单位有 10 名工作人员，分别在 3 个部门工作。需要在服务器上为每个人创建不同的账户，同一部门人员在一个组中，每个用户都有自己的工作目录。对每个部门和每个用户在服务器上的工作目录进行限制。

（1）用户在自己的工作目录下创建文件及设定权限，检验其他用户和组对该文件的实际使用权限是否和设想一致。

（2）以超级用户身份改变文件或目录的拥有者，再次检验权限的实际效果。

（3）练习 chmod、chgrp 等命令的使用。

三、实验步骤

子项目 1：设置文件权限。

（1）在用户 user1 主目录下创建目录 test，进入 test 目录创建空文件 file1，并以长格形式显示文件信息，注意文件的权限及所属用户和组。命令执行效果如实验图 3.1 所示。

```
$ cd /home
$ mkdir test
$ ls -l
total 12
drwxrwxrwx  4 ftp      root     4096 Jan 24 02:21 ftp
drwxr-xr-- 19 huangwd  huangwd  4096 Feb 26 23:06 huangwd
drwxrwxr-x  2 user1    user1    4096 Jul 19 19:48 test
$ cd test
$ touch file1
$ ls -l
total 0
-rw-rw-r-- 1 user1 user1 0 Jul 19 19:51 file1
$
```

实验图 3.1　创建目录及文件

（2）对文件 file1 设置权限，使其他用户可以对此文件进行写操作，并查看设置结果。注意对比权限更改前后的不同。命令执行效果如实验图 3.2 所示。

```
$ ls -l
total 0
-rw-rw-r-- 1 user1 user1 0 Jul 19 19:51 file1
$ chmod o+w file1
$ ls -l
total 0
-rw-rw-rw- 1 user1 user1 0 Jul 19 19:51 file1
$
```

实验图 3.2　对文件设置权限

（3）取消同组用户对此文件的读取权限。查看设置结果，如实验图 3.3 所示。

```
$ chmod g-r  file1
$ ls -l
total 0
-rw--w-rw- 1 user1 user1 0 Jul 19 19:51 file1
$
```

实验图 3.3　取消文件读权限

（4）用数字形式为文件 file1 设置权限，使所有者可读、可写、可执行，其他用户和所属组用户只有读和执行的权限。设置完成后查看命令执行结果，如实验图 3.4 所示。

```
$ chmod 755 file1
$ ls -l
total 0
-rwxr-xr-x 1 user1 user1 0 Jul 19 19:51 file1
$
```

实验图 3.4　设置权限

（5）用数字形式更改文件 file1 的权限，只有所有者能完全操作此文件，其他任何用户都没有权限。查看设置结果，如实验图 3.5 所示。

```
$ chmod 700 file1
$ ls -l
total 0
-rwx------ 1 user1 user1 0 Jul 19 19:51 file1
$
```

实验图 3.5　更改文件 file1 的权限

（6）为同组用户添加写权限。查看设置结果，如实验图 3.6 所示。

```
$ chmod g+w file1
$ ls -l
total 0
-rwx-w---- 1 user1 user1 0 Jul 19 19:51 file1
$
```

实验图 3.6　为同组用户添加写权限

（7）回到上层目录，查看 test 的权限，如实验图 3.7 所示。

```
$ cd ..;ls -l
total 12
drwxrwxrwx  4 ftp      root     4096 Jan 24 02:21 ftp
drwxr-xr-- 19 huangwd  huangwd  4096 Feb 26 23:06 huangwd
drwxrwxr-x  2 user1    user1    4096 Jul 19 19:51 test
$
```

实验图 3.7　查看 test 的权限

（8）为其他用户添加对此目录的写权限，命令执行结果如实验图 3.8 所示。

```
$ chmod o=rwx test
$ ls -l
total 12
drwxrwxrwx  4 ftp      root     4096 Jan 24 02:21 ftp
drwxr-xr-- 19 huangwd  huangwd  4096 Feb 26 23:06 huangwd
drwxrwxrwx  2 user1    user1    4096 Jul 19 19:51 test
$
```

实验图 3.8　为其他用户添加写权限

子项目 2：改变文件的所有者。

（1）查看目录 test 及其中文件的所属用户和组，命令执行结果如实验图 3.9 所示。

```
$ ls -l;ls -rl test
total 12
drwxrwxrwx  4 ftp      root     4096 Jan 24 02:21 ftp
drwxr-xr-- 19 huangwd  huangwd  4096 Feb 26 23:06 huangwd
drwxrwxrwx  2 user1    user1    4096 Jul 19 19:51 test
total 0
-rwx-w---- 1 user1 user1 0 Jul 19 19:51 file1
$
```

实验图 3.9　查看目录及其中文件的所属用户和组

（2）把目录 test 及其下的所有文件的所有者都改成 huangwd，查看设置结果，命令执行结果如实验图 3.10 所示。

```
root@ubuntu:/home# chown huangwd -R test/
root@ubuntu:/home# ls -l;ls -rl test/
总用量 12
drwxrwxrwx  4 ftp      root     4096 Jan 24 02:21
drwxr-xr-- 19 huangwd  huangwd  4096 Feb 26 23:06 huangwd
drwxrwxrwx  2 huangwd  user1    4096 Jul 19 19:51
总用量 0
-rwx-w---- 1 huangwd user1 0 Jul 19 19:51 file1
root@ubuntu:/home#
```

实验图 3.10　改变目录及其中文件的所有者

（3）删除目录 test 及其下的文件，如实验图 3.11 所示。

```
root@ubuntu:/home# rm -r test/
root@ubuntu:/home# ls -l
总用量 8
drwxrwxrwx  4 ftp      root     4096 Jan 24 02:21
drwxr-xr-- 19 huangwd  huangwd  4096 Feb 26 23:06 huangwd
root@ubuntu:/home#
```

实验图 3.11　删除目录 test 及其下的文件

四、实验思考

（1）个人工作目录应考虑哪些安全性？

（2）超级用户在系统管理中对权限的设置和改变应注意哪些情况？

（3）特殊权限应如何设置？

（4）权限屏蔽起到什么作用？

五、实验小结

（1）超级用户权力至高无上，可改变文件和目录的权限及拥有者，应慎重使用。

（2）普通用户可将自己建立的文件及目录开放给其他用户使用。

（3）数字权限的设定会覆盖原有的权限，文字权限的设定方法可单独改变一个权限位。

（4）把不同用户纳入同一个组，可实现批量控制。

（5）x 权限用在文件和目录上，效果是不一样的。用在文件上表示可执行，用在目录上表示可进入该目录。

实验 4 用户和组的管理

一、实验目的

- 熟悉 Linux 用户的访问权限。
- 掌握在 Linux 系统中增加、修改、删除用户或用户组的方法。
- 掌握用户账户管理及安全管理。

二、实验内容

某单位现有 10 名工作人员，分别在 3 个部门工作。需要在服务器上为每个人创建不同的账户，例如 user01～user10。同一部门人员分入一个工作组中，每个用户都有自己的工作目录，对每个部门和每个用户在服务器上的工作目录进行限制。单位工作人员会出现变动，要考虑人员的增加或减少，以及人员可能在不同部门的流动。

完成下列内容：

（1）账户的创建、修改、删除。

（2）用户的访问权限。

（3）自定义组的创建与删除。

三、实验步骤

子项目 1：用户的管理。

（1）创建一个新用户 user01，设置其主目录为/home/user01，命令执行效果如实验图 4.1 所示。

实验图 4.1 创建一个新用户 user01

（2）查看/etc/passwd 文件的最后一行，看看是如何记录的，如实验图 4.2 所示。
#cat /etc/passwd

实验图 4.2 查看/etc/passwd 文件

（3）查看/etc/shadow 文件的最后一行，看看是如何记录的，如实验图 4.3 所示。

```
user1:$6$.kkGeApe$pKOVvglLNszHlxEr6Mwh.IIF8FU.RaCDmv8d3mCShVg/wgu7.qsok23f
RooZEahOlBDWt9aWunrAxjV.:17367:0:99999:7:::
user01:!:17367:0:99999:7:::
```

实验图 4.3　查看/etc/shadow 文件

（4）给用户 user01 设置密码：#passwd user01，如实验图 4.4 所示。

```
root@ubuntu:/home# passwd user01
输入新的 UNIX 密码：
重新输入新的 UNIX 密码：
passwd: 已成功更新密码
root@ubuntu:/home# cat /etc/shadow
```

实验图 4.4　给用户 user01 设置密码

后续要求自行完成：

● 再次查看/etc/shadow 文件的最后一行，看看有什么变化。
● 使用 user01 用户登录系统，看能否登录成功。
● 锁定用户 user01：#passwd -l user01。
● 查看/etc/shadow 文件的最后一行，看看有什么变化。
● 再次使用 user01 用户登录系统，看能否登录成功。
● 解除对用户 user01 的锁定：#passwd -u user01。
● 更改用户 user01 的账户名为 user02：#usermod -l user02 user01。
● 查看/etc/passwd 文件的最后一行，看看有什么变化。
● 删除用户 user02。

子项目 2：组的管理。

（1）创建一个新组 group01。

（2）查看/etc/group 文件的最后一行，看看是如何设置的，如实验图 4.5 所示。

```
hwd:x:1001:
user1:x:1004:
user01:x:1005:
group01:x:1006:
root@ubuntu:/home#
```

实验图 4.5　查看/etc/group 文件

（3）创建一个新账户 user02，并把其起始组和附属组都设为 group01。

　　#useradd -g group01 -G group01 user02

（4）查看/etc/group 文件的最后一行，看看有什么变化，如实验图 4.6 所示。

```
user1:x:1004:
user01:x:1005:
group01:x:1006:user02
root@ubuntu:/home#
```

实验图 4.6　查看/etc/group

（5）给组 group01 设置组密码：#gpasswd group01。

（6）在组 group01 中删除用户 user02：#gpasswd -d user02 group01。

（7）再次查看/etc/group 文件的最后一行，看看有什么变化。

（8）删除组 group01。

子项目 3：在图形模式下管理用户。

（1）打开"系统设置"→"用户账户"。

（2）单击右上角的"解锁"按钮，输入 root 密码并确认后单击左下角的"+"按钮，如实验图 4.7 所示。

（3）在打开的"添加账户"对话框中输入账户全名，Ubuntu 会根据输入的账户全名设置默认用户名，用户也可以自行修改，然后单击"添加"按钮，如实验图 4.8 所示。

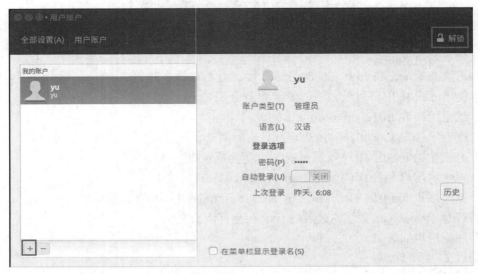

实验图 4.7　添加用户

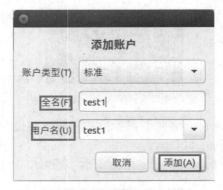

实验图 4.8　输入用户名

四、实验思考

（1）真正删除一个用户，要充分考虑哪些问题？即要删除与用户相关的哪些文件？

（2）如何通过修改文件来增加一个用户？同时应修改哪几个文件？

（3）/etc/passwd 文件和/etc/shadow 文件有什么关系？

五、实验小结

（1）Linux 中与用户及组管理相关的主要的 3 个文件是/etc/group、/etc/passwd 和 /etc/shadow。这 3 个文件确定了系统中的所有用户以及其所在组的信息，包括用户名、用户密码、用户组、用户 ID 和组 ID 等。

（2）/etc/passwd 文件中的用户信息通过 useradd 命令加参数都可以完成。

（3）超级用户可以修改普通用户密码，但是不能查看。

（4）用命令方式或图形方式创建用户或修改用户信息，本质上也是在修改/etc/group、/etc/passwd 和/etc/shadow 这 3 个文件。

实验 5　磁盘管理

一、实验目的

- 掌握虚拟机增加硬盘的步骤。
- 掌握 Linux 中文件系统的创建、挂载与卸载。
- 掌握文件系统的自动挂载。

二、实验内容

某公司运行 Linux 的服务器中新增了一块硬盘，在不影响服务器原有硬盘数据的前提下，要求对新增硬盘进行分区，并能在新增硬盘中使用 VFAT 和 Ext4 文件系统。

在虚拟机中增加一块硬盘，使用 fdisk 命令新建主分区和扩展分区，并在扩展分区中新建逻辑分区，使用 mkfs 命令分别创建 VFAT 和 Ext4 文件系统；然后用 fsck 命令检查这两个文件系统；最后把这两个文件系统挂载到系统上。

三、实验步骤

子项目 1：为运行的虚拟机增加一块硬盘，大小为 10GB。

（1）单击虚拟机的"虚拟机设置"，选中"硬盘"，再单击下方的"添加"按钮，出现如实验图 5.1 所示的"添加硬件向导"对话框。

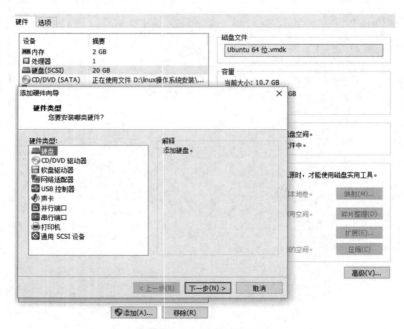

实验图 5.1　选择添加硬盘

（2）单击"下一步"按钮，选择一个磁盘类型，再单击"下一步"按钮，选择"创建新虚拟磁盘"，如实验图 5.2 所示。

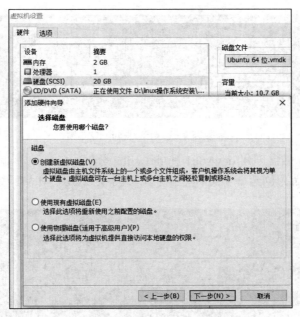

实验图 5.2　选择"创建新虚拟磁盘"

（3）单击"下一步"按钮，为新增磁盘选择一个容量，本实验新增容量为 10GB，并选择"磁盘保存"，最终会成功添加一个 10GB 的新硬盘，如实验图 5.3 所示。

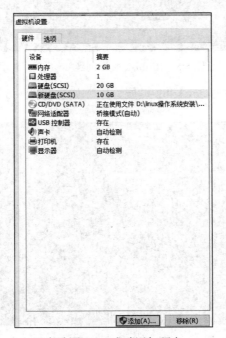

实验图 5.3　成功添加硬盘

（4）重新启动 Linux，使用命令#fdisk -l。可以查看到新磁盘 sdb 的信息，信息显示如实验图 5.4 所示。

```
设备         启动    Start      末尾        扇区    Size Id 类型
/dev/sda1    *       2048  39845887  39843840      19G 83 Linux
/dev/sda2        39847934  41940991   2093058    1022M  5 扩展
/dev/sda5        39847936  41940991   2093056    1022M 82 Linux 交换 / Solaris


Disk /dev/sdb: 10 GiB, 10737418240 bytes, 20971520 sectors
Units: sectors of 1 * 512 = 512 bytes
Sector size (logical/physical): 512 bytes / 512 bytes
I/O size (minimum/optimal): 512 bytes / 512 bytes
```

实验图 5.4　新磁盘 sdb 的信息

子项目 2：在 sdb 磁盘创建/dev/sdb1 和/dev/sdb2 分区。

（1）使用 fdisk 命令创建/dev/sdb1 主分区，大小为 5GB，如实验图 5.5 所示。

```
root@ubuntu:/home/huangwd# fdisk /dev/sdb
Welcome to fdisk (util-linux 2.28.2).
Changes will remain in memory only, until you decide to write them.
Be careful before using the write command.

命令(输入 m 获取帮助): n
Partition type
   p   primary (0 primary, 0 extended, 4 free)
   e   extended (container for logical partitions)
Select (default p): p
分区号 (1-4, default 1): 1
First sector (2048-20971519, default 2048):
Last sector, +sectors or +size{K,M,G,T,P} (2048-20971519, default 20971519): 10000000

Created a new partition 1 of type 'Linux' and of size 4.8 GiB.

命令(输入 m 获取帮助): w
The partition table has been altered.
Calling ioctl() to re-read partition table.
Syncing disks.
```

实验图 5.5　用 fdisk 命令创建/dev/sdb1 主分区

（2）使用 fdisk 命令创建/dev/sdb2 扩展分区，如实验图 5.6 所示。

```
root@ubuntu:/home/huangwd# fdisk /dev/sdb
Welcome to fdisk (util-linux 2.28.2).
Changes will remain in memory only, until you decide to write them.
Be careful before using the write command.

命令(输入 m 获取帮助): n
Partition type
   p   primary (1 primary, 0 extended, 3 free)
   e   extended (container for logical partitions)
Select (default p): e
分区号 (2-4, default 2): 2
First sector (10000001-20971519, default 10000384):
Last sector, +sectors or +size{K,M,G,T,P} (10000384-20971519, default 20971519):

Created a new partition 2 of type 'Extended' and of size 5.2 GiB.
```

实验图 5.6　用 fdisk 命令创建/dev/sdb2 扩展分区

（3）使用 fdisk 命令创建/dev/sdb5、/dev/sdb6 逻辑分区，如实验图 5.7 所示。

```
命令(输入 m 获取帮助)：n
All space for primary partitions is in use.
Adding logical partition 5
First sector (10002432-20971519, default 10002432):
Last sector, +sectors or +size{K,M,G,T,P} (10002432-20971519, default 20971519):
 15000000

Created a new partition 5 of type 'Linux' and of size 2.4 GiB.

命令(输入 m 获取帮助)：n
All space for primary partitions is in use.
Adding logical partition 6
First sector (15002049-20971519, default 15003648):
Last sector, +sectors or +size{K,M,G,T,P} (15003648-20971519, default 20971519):


Created a new partition 6 of type 'Linux' and of size 2.9 GiB.

命令(输入 m 获取帮助)：w
The partition table has been altered.
Calling ioctl() to re-read partition table.
Syncing disks.
```

实验图 5.7　用 fdisk 命令创建/dev/sdb5、/dev/sdb6 逻辑分区

（4）查看分区情况：#fdisk -l，如实验图 5.8 所示。

```
设备          启动    Start      末尾       扇区   Size Id 类型
/dev/sda1     *       2048  39845887  39843840    19G 83 Linux
/dev/sda2         39847934  41940991   2093058  1022M  5 扩展
/dev/sda5         39847936  41940991   2093056  1022M 82 Linux 交换 / Solaris


Disk /dev/sdb: 10 GiB, 10737418240 bytes, 20971520 sectors
Units: sectors of 1 * 512 = 512 bytes
Sector size (logical/physical): 512 bytes / 512 bytes
I/O size (minimum/optimal): 512 bytes / 512 bytes
Disklabel type: dos
Disk identifier: 0xc02524b5

设备          启动    Start      末尾       扇区   Size Id 类型
/dev/sdb1             2048  10000000   9997953   4.8G 83 Linux
/dev/sdb2         10000384  20971519  10971136   5.2G  5 扩展
/dev/sdb5         10002432  15000000   4997569   2.4G 83 Linux
/dev/sdb6         15003648  20971519   5967872   2.9G 83 Linux
```

实验图 5.8　查看分区情况

（5）用 mkfs 命令在上述刚刚创建的分区上创建 Ext4 文件系统，如实验图 5.9 所示。

```
root@ubuntu:/home/huangwd# mkfs -t ext4 /dev/sdb1
mke2fs 1.43.3 (04-Sep-2016)
创建含有 1249744 个块（每块 4k）和 312624 个inode的文件系统
文件系统UUID：8e031a09-e272-4807-9ea1-3ce5dff7e3a9
超级块的备份存储于下列块：
        32768, 98304, 163840, 229376, 294912, 819200, 884736

正在分配组表：完成
正在写入inode表：完成
创建日志（16384 个块）完成
写入超级块和文件系统账户统计信息：已完成
```

实验图 5.9　用 mkfs 命令创建 Ext4 文件系统

子项目 3：挂载/dev/sdb1 和/dev/sdb5。

（1）在/mnt 目录下建立挂载点，即建立目录/mnt/mountpoint1 和/mnt/mountpoint2。

```
root@ubuntu:/# mkdir /mnt/mountpoint1 /mnt/mountpoint2
root@ubuntu:/#
```

（2）将新建分区/dev/sdb1 挂载到目录/mnt/mountpoint1 上。

```
root@ubuntu:/# mount -t ext4 /dev/sdb1 /mnt/mountpoint1
root@ubuntu:/#
```

（3）把上述新创建的 vfat 分区挂载到/mnt/mountpoint2 上。

```
root@ubuntu:/# mount -t vfat /dev/sdb5 /mnt/mountpoint2
root@ubuntu:/#
```

（4）利用 mount 命令列出挂载到系统上的分区，查看挂载是否成功。

```
/dev/sdb1 on /mnt/mountpoint1 type ext4 (rw,relatime,data=ordered)
/dev/sdb5 on /mnt/mountpoint2 type vfat (rw,relatime,fmask=0022,dmask=0022,codepage=437,
iocharset=iso8859-1,shortname=mixed,errors=remount-ro)
```

（5）利用 umount 命令卸载上面的两个分区。

```
root@ubuntu:/# umount /mnt/mountpoint1
root@ubuntu:/# umount /mnt/mountpoint2
```

子项目 4：实现/dev/sdb1 和/dev/sdb5 的自动挂载。

（1）编辑系统文件/etc/fstab，把上面两个分区加入此文件中，如实验图 5.10 所示。

实验图 5.10   /dev/sdb1 和/dev/sdb5 的自动挂载

（2）重新启动系统，显示已经挂载到系统上的分区，检查设置是否成功。

子项目 5：自行完成挂载光盘和 U 盘。

（1）取一张光盘放入光驱中，将光盘挂载到/media/cdrom 目录下。查看光盘中的文件。

（2）利用与上述相似的命令完成 U 盘的挂载与卸载。

四、实验思考

（1）Linux 系统中进行磁盘管理的常用命令有哪些？分别有什么功能？

（2）写出实现将/dev/hdb1 分区自动挂载到/mnt/hdb1 挂载点下的配置步骤。

（3）系统挂载表的文件名是什么？系统挂载表的作用是什么？其文件格式是什么？

（4）利用 mount 命令挂载一个文件系统和将其写入/etc/fstab 文件的区别是什么？

五、实验小结

（1）利用虚拟机可方便地增加多个硬盘，实际增加硬盘时要注意数据线的连接。

（2）一个全新的磁盘，首先需要分区。一块磁盘的 MBR 分区表中最多只能包括 4 个分区的记录（主分区或者扩展分区的记录）。如果需要更多的分区，则需要建立一个扩展分区，然后在该扩展分区上建立逻辑分区。

（3）使用 fdisk 命令创建主分区和逻辑分区。

（4）有了分区以后再使用 mkfs 命令在创建的分区上创建文件系统。

（5）创建的文件系统需要用 mount 命令挂载到 Linux 系统中的某个目录下。

实验 6　进程管理命令

一、实验目的

- 理解和熟悉进程的概念，掌握有关进程的管理机制。
- 掌握每个进程动态分配的系统资源、内存、安全属性和与之相关的状态。
- 掌握查看和删除进程的正确方法。
- 掌握命令在后台运行的用法。
- 掌握进程调度启动的方法。

二、实验内容

熟练使用以下常用命令：
- who：查看当前在线用户。
- top：监视系统状态。
- ps：查看进程。
- kill：向进程发信号。
- bg：把进程变成后台运行。
- &：把进程变成后台运行。
- fg：把后台进程变成前台运行。
- jobs：显示处于后台的进程。
- at：在指定的时刻执行指定的命令或命令序列。

以上命令的具体用法请参阅本书第 8 章、PPT 课件和 man 手册。

三、实验步骤

（1）用 top 命令查看当前系统的状态，并识别各进程的有关栏目。

（2）用 ps 命令查看系统当前的进程，并把系统当前的进程保存到文件 process 中。用 ps aux>process 命令写入。

（3）用 ps 命令查看系统当前有没有 init 进程。用 ps -aux|grep init 查看。

（4）输入 cat 并回车。

按 Ctrl+Z 组合键转入后台运行，输入 fg 命令把后台进程移回前台。

按 Ctrl+C 组合键终止命令。

（5）输入 find / -name ls*>temp &，该命令的功能如下：

1）查看该进程。

2）查找所有硬盘中以 ls 开头的文件，并把文件名定向到 temp 中。

3）输入 kill all find 命令后，再查看该进程。

（6）输入 find / -name ls*>temp &。

输入 jobs 命令，查看这个 Shell 中放在后台运行的程序或命令。输入 fg 命令，调出后台运行的进程放到前台。

（7）指定上午 XX（小时）:XX（分钟）执行某命令。在上午 10:20 分执行 mkdir 命令。

（8）查阅资料，了解 batch 命令与 at 命令的关系。

● 　batch：系统有空时才进行背景任务。

● 　at：定时进行任务。

（9）每逢星期一下午 5:50 将/data 目录下的所有目录和文件归档并压缩为 backup.tar.gz，放在/home/backup 目录下（先新建/data 目录，并在目录中随意生成几个文件）。

四、实验思考

（1）如果删除进程号为 1 的进程（即初始化程序 init），将会发生什么情况？请在系统中执行并观察实验结果。

（2）输入 cat 并回车，按 Ctrl+Z 组合键。

运行 cat，然后挂起。用 ps 查看发现进程仍然存在。然后用 kill 命令 cat 进程号，再次 ps，发现 cat 仍然在。再次用 fg cat 发现操作说明 cat 已终止。请说明为什么。

五、实验小结

（1）at 命令把任务放到/var/spool/at 目录中，到指定时间让特定任务运行一次。

（2）一个系统定时任务，必须将其放到/etc/crontab 文件中。要和 root 用户创建的定时任务区别开。

实验 7　vim 编辑器

一、实验目的

● 掌握 vim 编辑器的启动与退出。
● 掌握 vim 编辑器的三种模式及使用方法。
● 熟练使用 vim 编辑器建立、编辑、显示及加工处理文本。

二、实验内容

某公司程序开发人员需要在 Linux 系统中用 C 语言开发程序，要求使用 vim 编辑器完成程序的编辑工作。

（1）练习 vim 编辑器的启动与退出，练习 vim 编辑器的使用方法。

（2）在 Linux 操作系统中设计一个 C 语言程序，当程序运行时显示如实验图 7.1 所示的运行效果。

实验图 7.1　C 语言程序运行效果

三、实验步骤

（1）打开 vim 编辑器，如实验图 7.2 所示。

```
#vi
```

（2）练习 vim 编辑器的使用，输入如下程序并保存为 test.c。

```
#include<stdio.h>        /*用 C 语言打印九九乘法表*/

int main()
{
    int i,j;
    printf("九九乘法表如下：\n");
    for(i=1;i<10;i++)
    {
        for(j=1;j<=i;j++)
            printf("%d*%d=%-3d",j,i,i*j);
```

```
        printf("\n");
    }
    return 0;
}
```

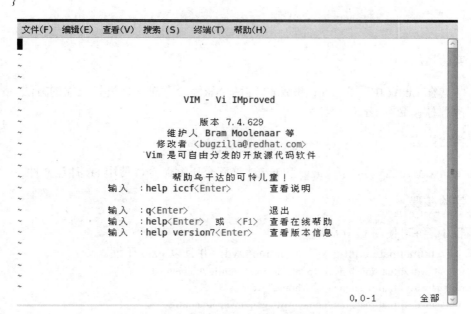

实验图 7.2　vim 编辑器

四、实验思考

比对微软公司的 Word 编辑软件以及图形模式的 gedit 等编辑软件，了解 vi 的优缺点，然后回答为什么说 vim 编辑器是一棵常青树？

五、实验小结

文本编辑器有很多，比如图形模式的 gedit、KWrite、OpenOffice 等，文本模式的 vim（vi 的增强版本）和 nano 等。vim 是 Linux 中最常用的编辑器，常用来创建文本文件或编辑修改 Bash 配置文件。其优点是具有文本编辑所需的所有功能，适用于各种版本的 UNIX/ Linux，适用于各种类型的终端，使用灵活快捷。

实验 8 文件的压缩与打包

一、实验目的

● 掌握在 Linux 中使用 gzip 和 bzip2 这两个压缩命令对文件进行压缩的方法。
● 掌握打包命令 tar。

二、实验内容

练习 Linux 系统目前常用的 gzip 和 bzip2 这两个压缩命令，使用 tar 打包文件。

三、实验步骤

子项目 1：练习使用 gzip 命令。

（1）将/etc/manpath.config 复制到/home/hwd，并且以 gzip 压缩。

```
root@hwd-virtual-machine:/# cp /etc/manpath.config /home/hwd
root@hwd-virtual-machine:/# cd /home/hwd
root@hwd-virtual-machine:/home/hwd# gzip manpath.config
root@hwd-virtual-machine:/home/hwd# ls
a1.txt    aa.txt                VMwareTools-10.0.10-4301679.tar.gz    图片    桌面
a2.txt    examples.desktop      公共的          文档
a3.txt    manpath.config.gz     模板            下载
```

此时 manpath.config 会变成 manpath.config.gz。

（2）将 manpath.config.gz 的文件内容读出来。

```
root@hwd-virtual-machine:/home/hwd# zcat manpath.config.gz
# manpath.config
#
# This file is used by the man-db package to configure the man and cat paths.
…
```

此时屏幕上会显示 manpath.config.gz 解压缩之后的文件内容。

（3）将 manpath.config.gz 文件解压缩。

```
root@hwd-virtual-machine:/home/hwd# gzip -d manpath.config.gz
```

（4）将 man.config 用最佳的压缩比压缩，并保留原本的文件。

```
root@hwd-virtual-machine:/home/hwd#    gzip -9 -c manpath.config > manpath.config.gz
```

子项目 2：练习使用 bzip2 命令。

（1）将/home/hwd/manpath.config 以 bzip2 压缩。

```
root@hwd-virtual-machine:/home/hwd# bzip2 manpath.config
root@hwd-virtual-machine:/home/hwd# ls
a1.txt    aa.txt                VMwareTools-10.0.10-4301679.tar.gz
a2.txt    examples.desktop      a3.txt    manpath.config.bz2
```

此时 manpath.config 变成 manpath.config.bz2。

（2）将 manpath.config.bz2 的文件内容读出来。

　　root@hwd-virtual-machine:/home/hwd# bzcat manpath.config.bz2

　　# manpath.config

　　# This file is used by the man-db package to configure the man and cat paths.

此时屏幕上会显示 man.config.bz2 解压缩之后的文件内容。

（3）将 manpath.config.bz2 文件解压缩。

　　root@hwd-virtual-machine:/home/hwd# bzip2 -d manpath.config.bz2

（4）将上例解开的 manpath.config 用最佳的压缩比压缩，并保留原本的文件。

　　root@hwd-virtual-machine:/home/hwd# bzip2 -9 -c manpath.config>manpath.config.bz2

　　root@hwd-virtual-machine:/home/hwd# ls

　　a1.txt　aa.txt　vm　　a2.txt　examples.desktop　　VMwareTools-10.0.10-4301679.tar.gz　图片　桌面

　　a3.txt　manpath.config　　a4.txt　manpath.config.bz2　模板

子项目 3：练习使用命令 tar。

（1）将整个/home/hwd1 目录下以 a 开头的文件全部打包成 a.tar。

　　root@hwd-virtual-machine:/home/hwd1# tar -cvf a.tar a*

　　a1.txt

　　a2.txt

　　a3.txt

　　a4.txt

　　aa.txt

　　root@hwd-virtual-machine:/home/hwd1# ls

　　a1.txt　a2.txt　a3.txt　a4.txt　aa.txt　a.tar

（2）将整个/home/hwd1 目录下以 a 开头的文件全部打包成 a.tar，打包后以 gzip 压缩。

　　root@hwd-virtual-machine:/home/hwd1# tar -zcvf a.tar.gz a*

　　a1.txt

　　a2.txt

　　a3.txt

　　a4.txt

　　aa.txt

　　a.tar

　　root@hwd-virtual-machine:/home/hwd1# ls

　　a1.txt　a2.txt　a3.txt　a4.txt　aa.txt　a.tar　a.tar.gz

（3）将整个/home/hwd1 目录下以 a 开头的文件全部打包成 a.tar，打包后以 bzip2 压缩。

　　root@hwd-virtual-machine:/home/hwd1# tar -jcvf a.tar.bz2 a*

　　a1.txt

　　a2.txt

　　a3.txt

　　a4.txt

　　aa.txt

　　a.tar

　　a.tar.gz

　　root@hwd-virtual-machine:/home/hwd1# ls

　　a1.txt　a2.txt　a3.txt　a4.txt　aa.txt　a.tar　a.tar.bz2　a.tar.gz

特别注意，在参数 f 之后的文件名是自己取的，习惯上都用.tar 来作为辨识。

（4）查阅上述 a.tar.gz 文件内有哪些文件。

```
[root@linux ~]# tar -ztvf /tmp/etc.tar.gz
root@hwd-virtual-machine:/home/hwd1# tar -ztvf a.tar.gz
-rw-r--r-- root/root               8 2017-01-17 12:07 a1.txt
-rw-r--r-- root/root               7 2017-01-17 12:07 a2.txt
-rw-r--r-- root/root               7 2017-01-17 12:07 a3.txt
-rw-r--r-- root/root              44 2017-01-17 12:07 a4.txt
-rw-r--r-- root/root              40 2017-01-17 12:07 aa.txt
-rw-r--r-- root/root           10240 2017-01-17 12:08 a.tar
```

由于使用 gzip 压缩，因此要查阅该 tar file 内的文件时就要加上 z 这个参数，这是很重要的。

（5）将/home/hwd1/a.tar.gz 文件解压缩到/home/hwd2 下。

```
root@hwd-virtual-machine:/home#mkdir hwd2
root@hwd-virtual-machine:/home#cd hwd2
root@hwd-virtual-machine:/home/hwd2# tar -zxvf /home/hwd1/a.tar.gz
a1.txt
a2.txt
a3.txt
a4.txt
aa.txt
a.tar
root@hwd-virtual-machine:/home/hwd2# ls
a1.txt   a2.txt   a3.txt   a4.txt   aa.txt   a.tar
```

在预设的情况下，可以将压缩文档在任何目录中解开。

（6）在/hwd3 下，只将 a.tar.gz 内的 a1.txt 解开。

```
root@hwd-virtual-machine:/home/hwd3# tar -zxvf /home/hwd1/a.tar.gz a1.txt
a1.txt
root@hwd-virtual-machine:/home/hwd3# ls
a1.txt
```

（7）打包/home/hwd 目录下以 a 开头的文件，但不要 aa.txt。

```
root@hwd-virtual-machine:/home/hwd5# tar --exclude /home/hwd/aa.txt -zcvf myfile.tar.gz
/home/hwd/a*
/home/hwd/a1.txt
/home/hwd/a2.txt
/home/hwd/a3.txt
/home/hwd/a4.txt
```

（8）将/home/hwd 中的文件打包后直接解压缩到/home/hwd5 下。

```
root@hwd-virtual-machine:/home/hwd5# tar -cvf- /home/hwd |tar -xvf-
```

四、实验思考

（1）如果想让在 Linux 中创建的 zip 压缩文件在 Windows 中解压后没有任何问题，那么还需要对命令做哪些修改？

（2）在 Windows 系统中创建的压缩文件，在 Linux 中直接解压可能会出现中文乱码，如何解决？

五、实验小结

各种压缩文件在解压缩时总结如下：

（1）*.tar：用 tar -xvf 解压。

（2）*.gz：用 gzip -d 或 gunzip 解压。

（3）*.tar.gz 和*.tgz：用 tar -xzf 解压。

（4）*.bz2：用 bzip2 -d 或 bunzip2 解压。

（5）*.tar.bz2：用 tar -xjf 解压。

（6）*.Z：用 uncompress 解压。

（7）*.tar.Z：用 tar -xzf 解压。

（8）*.rar：用 unrar e 解压。

（9）*.zip：用 unzip 解压。

实验 9   Shell 编程

一、实验目的

● 掌握 Shell 环境变量、管道、输入输出重定向的使用方法。
● 熟悉 Shell 程序设计。

二、实验内容

在 Linux 操作系统中，如果插入一个 USB 设备，需要用 mount 挂载命令才能实现这个设备的加载，写一个 USB 设备挂载与文件复制的 Shell 程序，需求如下：

（1）运行时，提示用户输入 y 或者 Y，确定是否挂载 USB 设备。

（2）U 盘文件/dev/sda1 确定是否复制文件到/root。最好用$?判断一下是否复制成功，$? -eq 0 表示复制成功。

（3）确定是否复制文件到 USB 设备中。

（4）卸载 USB 设备时要有提示 Y 或者 y。

三、实验步骤

（1）在 Linux 系统的图形界面下利用 gedit 编辑器输入程序代码，部分主要程序代码如下：

```
#!/bin/bash
#autousb
echo "Welcome to use AUTOUSB!"
echo "Do you want load USB(Y/N)"
read ANS
if [ $ANS="Y" -o $ANS="y" ]
    then
    mkdir /mnt/usb
    mount -t vfat /dev/sda1 /mnt/usb
    echo "Do you want to copy files to /root(y/n)?"
    read ANS
    while [ $ANS="Y" -o $ANS="y" ]
    do
        ls -lha /mnt/usb
        echo "type the filename you want to copy"
        read FILE
        cp /mnt/usb/"$FILE" /root
        if [ $? -eq 0];then
            echo "Finished"
            else
```

```
                echo "Error"
            fi
        echo "any other files(Y/N)"
        read ANS
        done
fi
echo "Do you want to copy files to USB(y/n)"
read ANS
while [$ANS="Y" -o $ANS="y"]
    do
        ls -lh /root
        echo "type the filename you want to copy"
        read FILE
        cp /root/"$FILE" /mnt/usb
        if [ $? -eq 0];then
            echo "Finished"
            else
            echo "Error"
        fi
        echo "any other files(Y/N)"
        read ANS
    done
echo "Do you want to umount?(y/n)"
read ANS
if [$ANS="Y" -o $ANS="y"] then
        umount /mnt/usb
else
    echo "umount error"
fi
echo "GoodBye!!"
```

（2）将文件保存为 test，并利用 chmod 命令修改 test 的权限，使其可以执行。

四、实验思考

（1）本实验物理机的 USB 设备如何连接到虚拟机上？

（2）如何修改系统的配置文件，使得 test 文件在用户每次登录系统时可以自动执行？

五、实验小结

Shell 编程就是将各类命令预先放入其中，方便一次性执行一个脚本文件，主要用于方便管理员进行系统设置或者管理。深入地了解和熟练地掌握 Shell 编程，是每一个 Linux 用户的必修功课之一。

实验 10　Linux 网络配置

一、实验目的

● 掌握 Linux 中使用命令方式对 TCP/IP 网络的设置方法。
● 学会使用命令检测网络配置。
● 学会启用和禁用系统服务。

二、实验内容

练习 Linux 系统下 TCP/IP 网络设置和网络检测方法。注意，本实验是在虚拟机环境下进行的，以太网卡的标识名为 ens33。

三、实验步骤

子项目 1：设置 IP 地址及子网掩码。
（1）查看网络接口的配置信息，如实验图 10.1 所示。

实验图 10.1　网络接口的配置信息

（2）更改网络接口，设置 IP 地址为 192.168.1.2、子网掩码为 255.255.255.0、广播地址为 192.168.1.255，并启动此网络接口。利用 ifconfig 命令查看系统中已经启动的网络接口，如实验图 10.2 所示。

实验图 10.2　用 ifconfig 命令查看已启动的网络接口

子项目 2：设置网关和主机名。
（1）显示系统的路由设置，如实验图 10.3 所示。

```
root@ubuntu:~# route
内核 IP 路由表
目标            网关             子网掩码           标志    跃点    引用   使用 接口
default         gateway         0.0.0.0           UG     100    0       0 ens33
link-local      0.0.0.0         255.255.0.0       U      1000   0       0 ens33
192.168.1.0     0.0.0.0         255.255.255.0     U      100    0       0 ens33
root@ubuntu:~#
```

实验图 10.3　系统的路由设置

（2）显示当前的主机名设置，并以自己的姓名缩写重新设置主机名。再次显示当前的主机名设置，确认修改成功，如实验图 10.4 所示。

```
root@ubuntu:~# hostname
ubuntu
root@ubuntu:~# hostname ubuntu64
root@ubuntu:~# hostname
ubuntu64
root@ubuntu:~#
```

实验图 10.4　显示当前的主机名

子项目 3：网络配置检测。

（1）ping 网关的 IP 地址，检测网络是否连通，如实验图 10.5 所示。

```
root@ubuntu:~# ping 192.168.1.1
PING 192.168.1.1 (192.168.1.1) 56(84) bytes of data.
64 bytes from 192.168.1.1: icmp_seq=1 ttl=64 time=56.6 ms
64 bytes from 192.168.1.1: icmp_seq=2 ttl=64 time=69.4 ms
64 bytes from 192.168.1.1: icmp_seq=3 ttl=64 time=83.8 ms
64 bytes from 192.168.1.1: icmp_seq=4 ttl=64 time=106 ms
```

实验图 10.5　检测网络

（2）用 netstat 命令显示系统核心路由表，如实验图 10.6 所示。

```
root@ubuntu:~# netstat -r
内核 IP 路由表
Destination     Gateway         Genmask           Flags  MSS Window  irtt Iface
default         gateway         0.0.0.0           UG     0 0            0 ens33
link-local      0.0.0.0         255.255.0.0       U      0 0            0 ens33
192.168.1.0     0.0.0.0         255.255.255.0     U      0 0            0 ens33
root@ubuntu:~#
```

实验图 10.6　显示系统核心路由表

（3）用 netstat 命令查看系统开启的 TCP 端口，如实验图 10.7 所示。

```
root@ubuntu:~# netstat -lt
激活Internet连接（仅服务器）
Proto Recv-Q Send-Q Local Address          Foreign Address         State
tcp        0      0 ubuntu:domain          0.0.0.0:*               LISTEN
tcp        0      0 0.0.0.0:ftp            0.0.0.0:*               LISTEN
tcp        0      0 localhost:domain       0.0.0.0:*               LISTEN
tcp        0      0 0.0.0.0:ssh            0.0.0.0:*               LISTEN
tcp        0      0 localhost:ipp          0.0.0.0:*               LISTEN
tcp        0      0 0.0.0.0:57881          0.0.0.0:*               LISTEN
tcp        0      0 0.0.0.0:59163          0.0.0.0:*               LISTEN
tcp        0      0 0.0.0.0:microsoft-ds   0.0.0.0:*               LISTEN
tcp        0      0 0.0.0.0:40159          0.0.0.0:*               LISTEN
tcp        0      0 0.0.0.0:nfs            0.0.0.0:*               LISTEN
```

实验图 10.7　查看系统开启的 TCP 端口

子项目 4：设置域名解析。

（1）编辑/etc/hosts 文件，加入要进行静态域名解析的主机的 IP 地址和域名。

（2）#vi /etc/hosts 添加一行：192.168.1.1 ubuntugateway，如实验图 10.8 所示。

```
127.0.0.1          localhost
127.0.1.1          ubuntu
192.168.1.1        ubuntugateway
# The following lines are desirable for IPv6 capable hosts
::1      ip6-localhost ip6-loopback
fe00::0 ip6-localnet
ff00::0 ip6-mcastprefix
ff02::1 ip6-allnodes
ff02::2 ip6-allrouters
```

实验图 10.8　/etc/hosts 文件

（3）用 ping 命令检测上面设置好的网关的域名，测试静态域名解析是否成功，如实验图 10.9 所示。

```
root@ubuntu:~# ping ubuntugateway
PING ubuntugateway (192.168.1.1) 56(84) bytes of data.
64 bytes from ubuntugateway (192.168.1.1): icmp_seq=1 ttl=64 time=22.5 ms
64 bytes from ubuntugateway (192.168.1.1): icmp_seq=2 ttl=64 time=42.3 ms
64 bytes from ubuntugateway (192.168.1.1): icmp_seq=3 ttl=64 time=68.5 ms

[15]+ 已停止               ping ubuntugateway
root@ubuntu:~#
```

实验图 10.9　测试静态域名解析

子项目 5：启动和停止守护进程。

（1）用 service 命令查看守护进程 sshd 的状态，如实验图 10.10 所示。

```
root@ubuntu:~# service sshd status
 ssh.service - OpenBSD Secure Shell server
   Loaded: loaded (/lib/systemd/system/ssh.service; enabled; vendor preset: enabled)
   Active: active (running) since Wed 2017-07-19 23:33:39 PDT; 1 weeks 0 days ago
 Main PID: 1017 (sshd)
    Tasks: 1 (limit: 19660)
   CGroup: /system.slice/ssh.service
           └─1017 /usr/sbin/sshd -D

Jul 27 00:57:31 ubuntu64 systemd[1]: Reloading OpenBSD Secure Shell server.
```

实验图 10.10　守护进程 sshd

（2）可以试着用 ssh 命令来连接本地系统，看看是否能登录，如实验图 10.11 所示。

```
root@ubuntu:~# ssh localhost
The authenticity of host 'localhost (127.0.0.1)' can't be established.
ECDSA key fingerprint is SHA256:x/o6mgFEUHHKAOjPFVU1DxjaNqt5mU0FRzxgOw3vcos.
Are you sure you want to continue connecting (yes/no)? yes
Warning: Permanently added 'localhost' (ECDSA) to the list of known hosts.
root@localhost's password:
```

实验图 10.11　用 ssh 命令来连接本地系统

（3）用 service 命令停止 sshd 守护进程，如实验图 10.12 所示。

```
root@ubuntu:~# service sshd stop
root@ubuntu:~# ssh localhost
ssh: connect to host localhost port 22: Connection refused
root@ubuntu:~#
```

实验图 10.12　停止 sshd 守护进程

（4）然后用 service 命令启动 sshd，再用 ssh 命令连接本地系统，看看 sshd 服务是否真的已经启动，如实验图 10.13 所示。

```
root@ubuntu:~# service sshd start
root@ubuntu:~# ssh localhost
root@localhost's password: ▮
```

实验图 10.13　service 命令启动 sshd

四、实验思考

静态域名解析和动态域名解析有什么区别？分别在哪些文件里进行设置？系统如何决定用哪种方式对一个域名进行解析？

五、实验小结

（1）在做本实验之前，应该对 IP 地址的划分、子网掩码及网关的概念非常熟悉。本实验是在虚拟机环境下完成设置的，应考虑虚拟机与物理主机的 3 种不同的连接方式，或采用自动分配 IP 地址的方式，也可以自行规划 IP 网段。

（2）ping 命令很重要，可以检测自身环路或与其他网络设备的连接是否通畅。

（3）ifconfig 命令既可查看也可设置网络适配器，是常用命令。

（4）各种网络设置或修改最终都会体现到系统中的一系列网络配置文件中。

实验 11 NFS 的配置

一、实验目的

● 掌握 Linux 系统之间的资源共享和互访方法。
● 掌握 NFS 服务器和客户端的安装与配置方法。

二、实验内容

有一个局域网，网内有一台 Linux 的共享资源服务器 share server。现要在 share server 上配置 NFS 服务器，使局域网内的所有主机都可以访问 share server 服务器/home/hwd 共享目录中的内容，但不允许客户机更改共享资源的内容。根据要求练习 Linux 系统 NFS 服务器与 NFS 客户端的配置方法。

三、实验步骤

（1）NFS 服务器的配置。
检测系统是否安装了 NFS 服务器对应的软件包，如果没有安装的话，进行安装。
安装 NFS 的命令如下：

    root@ubuntu:/# at-get install nfs
    Reading package lists... Done
    Building dependency tree
    Reading state information... Done
    …

按照项目背景的要求配置 NFS 服务器。

    #vi /etc/exports
    /home/hwd   *(ro)

启动服务，如实验图 11.1 所示。

实验图 11.1　启动 NFS 服务

（2）查看 NFS 服务器共享的目录。
客户端使用 showmount 命令查询 NFS 的共享状态，如实验图 11.2 所示。

    # showmount -e NFS 服务器 IP

```
root@localhost ~]# showmount -e 192.168.1.111
export list for 192.168.1.111:
home/hwd *
```

实验图 11.2　查询 NFS 的共享状态

（3）挂载共享目录到本机文件系统。

NFS 客户端的设定。

在客户端创建挂载目录。

　　　#mkdir /mnt/hwd2

将服务器端共享目录挂载到客户机上。

　　　#mount -t nfs 192.168.1.111:/home/hwd /mnt/hwd2

具体执行实例如实验图 11.3 所示。

```
root@localhost /]# mkdir /mnt/hwd2
root@localhost /]# mount -t nfs 192.168.1.111:/home/hwd /mnt/hwd2
root@localhost /]# cd /mnt/hwd2
root@localhost hwd2]# ls
1.txt  a.txt
root@localhost hwd2]# █
```

实验图 11.3　挂载共享目录

（4）卸载 NFS 挂载的共享目录。

　　　#umount /mnt/hwd2

（5）开机自动挂载 NFS 共享目录。

　　　#vi /etc/fstab

格式：

NFS 共享目录	本机挂载点	文件系统	权限	是否检测	检测顺序
192.168.1.111:/homehwd	/mnt/hwd2	nfs	rw	0	0

如果要马上生效，在命令行输入/etc/rc.d/rc.local 后回车即可。

四、实验思考

（1）在 NFS 客户端利用命令 mount 和通过配置/etc/fstab 文件挂载 NFS 服务器的共享目录的区别是什么？

（2）Windows 系统中的网络磁盘映射和 NFS 的 mount 挂载有什么区别？

五、实验小结

（1）NFS 可用于在不同机器和不同操作系统之间通过网络互相分享各自的文件。

（2）NFS 服务器提供的共享目录的使用权限还受本身属性的限制。

实验 12 Samba 的配置

一、实验目的

- 掌握 Linux 与 Windows 的资源共享和互访方法。
- 掌握 Samba 服务器的安装和配置方法。
- 了解使用 Samba 共享用户认证和文件系统。

二、实验内容

练习 Linux 系统 Samba 服务器的配置与访问方法。

三、实验步骤

（1）安装实例。

```
root@ubuntu:/home/hwd# apt-get install samba
Reading package lists... Done
Building dependency tree
Reading state information... Done
The following additional packages will be installed:
attr libaio1 python-crypto python-dnspython python-ldb python-samba
python-tdb samba-common samba-common-bin samba-dsdb-modules
samba-vfs-modules tdb-tools
Suggested packages:
python-crypto-dbg python-crypto-doc bind9 bind9utils ctdb ldb-tools ntp
smbldap-tools winbind heimdal-clients
The following NEW packages will be installed:
attr libaio1 python-crypto python-dnspython python-ldb python-samba
python-tdb samba samba-common samba-common-bin samba-dsdb-modules
samba-vfs-modules tdb-tools
0 upgraded,13 newly installed,0 to remove and 136 not upgraded.
Need to get 3452 KB of archives.
After this operation,26.1 MB of additional disk space will be used.
```

（2）创建一个共享目录并修改其权限。

```
#mkdir -p /data/share
#chmod 777 /data/share
```

（3）创建一个用户并加入到 Samba 用户，命令执行如实验图 12.1 和实验图 12.2 所示。

```
root@ubuntu:/# mkdir -p /data/share
root@ubuntu:/# useradd smbuser
root@ubuntu:/# passwd smbuser
输入新的 UNIX 密码：
重新输入新的 UNIX 密码：
```

实验图 12.1 创建一个 Samba 用户

```
root@ubuntu:/# smbpasswd -a smbuser
New SMB password:
Retype new SMB password:
```

实验图 12.2　设置 Samba 用户密码

（4）修改 Samba 配置文件。

> \# vim /etc/samba/smb.conf
> 输入
> security = user
> [myshare]
> comment = my share samba
> browseable = yes
> path = /data/share
> writeable=yes
> 保存

（5）重新启动 Samba 服务器。

> \# service smbd restart

（6）打开 Windows，在"运行"对话框中输入\\192.168.1.107（本实验的虚拟机 IP 地址），如实验图 12.3 所示。

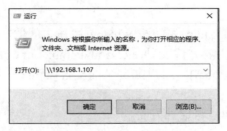

实验图 12.3　在 Windows 中打开 IP

（7）单击共享目录 myshare，然后输入用户名 smbuser 及设定的密码，如实验图 12.4 和实验图 12.5 所示。

实验图 12.4　在 Windows 中访问共享目录

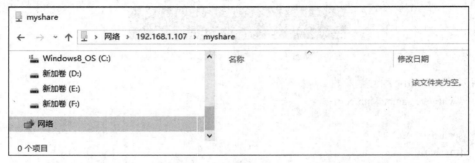

实验图 12.5　共享目录 myshare 的内容

四、实验思考

（1）Samba 服务的主要守护进程有哪些？Samba 服务的功能是什么？

（2）建立 Samba 服务器，并根据要求配置 Samba 服务器。设置 Samba 服务器所述的群组名称为 student，可访问 Samba 服务器的子网为 192.168.0.0/24，Samba 服务器监听的网卡为 eth0。

五、实验小结

（1）Samba 主要完成在 Linux 系统与 Window 系统之间的文件共享。

（2）Samba 服务器端主要完成文件 etc/samba/smb.conf 的配置。配置文件主要分 3 个部分：全局参数设置部分[global]、用户家目录的配置[home]、用户自定义共享目录的配置信息。

（3）安全等级是需要重点考虑的方面。

实验 13　FTP 的配置

一、实验目的

● 掌握 vsftpd 服务器的配置方法。
● 熟悉 FTP 客户端工具的使用。
● 掌握常见 FTP 服务器的故障排除。

二、实验内容

练习 Linux 系统下 vsftpd 服务器的配置方法及 FTP 客户端工具的使用。

三、实训步骤

子项目 1：安装 FTP 服务器。

```
root@ubuntu:~# apt-get install vsftpd
Reading package lists... Done
Building dependency tree
Reading state information... Done
The following additional packages will be installed:
libeatmydata1
The following NEW packages will be installed:
libeatmydata1 vsftpd
0 upgraded,2 newly installed,0 to remove and 136 not upgraded.
Need to get 123 KB of archives.
After this operation,366 KB of additional disk space will be used.
Do you want to continue? [Y/n] y
Get:1 http://us.archive.ubuntu.com/ubuntu yakkety/main amd64 libeatmydata1 amd64 105-3 [7280 B]
Get:2 http://us.archive.ubuntu.com/ubuntu yakkety/main amd64 vsftpd amd64 3.0.3-7 [116 KB]
Fetched 123 KB in 4s (25.5 KB/s)
Preconfiguring packages ...
…
```

启动 vsftp 服务：

```
#service vsftpd start
```

重启 vsftp 服务：

```
#service vsftpd restart
```

停止 vsftp 服务：

```
#ervice vsftpd stop
```

子项目 2：设置匿名账户具有上传、创建目录的权限。

创建一个匿名用户目录，并将此目录拥有者改为 FTP 用户。FTP 服务器的匿名用户访问时的根目录位置在/srv/ftp。

（1）配置 vsftpd.conf。

```
#gedit /etc/vsftpd.conf
anonymous_enable=YES                //允许匿名用户登录
local_enable=YES                    //允许本地用户登录
write_enable=YES                    //开启全局上传
anon_upload_enable=YES              //允许匿名用户上传文件
anon_mkdir_write_enable=YES         //允许匿名用户新建文件夹
```

（2）建立匿名用户使用目录。

作为匿名用户根目录，vsftpd 有特殊处理。vsftpd 对此 FTP 根目录有两点特殊要求：①该目录所有者必须是 root；②该目录的权限对其他用户不能为 w。也就是对匿名用户来说，FTP 是根目录，且只能是只读的，不能上传，不能更改。如下为官方解释：

1）匿名用户就是 FTP，想要匿名用户写入，必须文件夹的权限为 FTP 可写。

2）匿名用户的根目录不允许写入，所以根目录的权限绝对不能是 FTP 可写或其他用户可写，如果根目录所有者为 FTP，则所有者的权限也不能为可写。因为 vsftp 规定用户不能在其根目录下有写权限，所以匿名用户不能直接在/srv/ftp 目录上传文件或建目录。因此要在/srv/ftp 目录下再建立一个目录用于匿名用户上传文件，并更改其权限。

```
#cd /srv/ftp
#mkdir pub
#chown ftp:ftp pub
#chmod 777 pub
```

vsftpd 的默认主目录是/srv/ftp/，主配置文件是/etc/vsftpd.conf。

```
root@ubuntu:/etc# gedit vsftpd.conf
```

添加如下内容：

```
listen=YES
anonymous_enable=YES
anon_upload_enable=YES
anon_mkdir_write_enable=YES
anon_root=/srv/ftp
local_enable=YES
write_enable=YES
```

anonymous_enable=YES 表示允许匿名用户访问。vsftpd 中的匿名用户有两个：anonymous 和 ftp，在客户端可以用这两个匿名用户中的任意一个访问服务器。

local_enable=YES 表示允许使用系统用户访问，但是系统用户在访问时默认只能访问自己的主目录。

write enable=YES 表示允许写入。这项设置只是一个开关，要使匿名用户或系统用户具有写入权限，还得进行其他的设置。

（3）启动 FTP 服务。

```
#service vsftpd start
```

（4）关闭 FTP 服务器防火墙。

```
#ufw disable
```

（5）在另一 Red Hat Linux 端测试，如实验图 13.1 所示。

```
[root@localhost root]# ftp 192.168.1.107
Connected to 192.168.1.107 (192.168.1.107).
220 (vsFTPd 3.0.3)
Name (192.168.1.107:root): ftp
331 Please specify the password.
Password:
230 Login successful.
Remote system type is UNIX.
Using binary mode to transfer files.
ftp> ls
227 Entering Passive Mode (192,168,1,107,232,82).
150 Here comes the directory listing.
drwxrwxrwx    2 126          133              4096 Jul 30 03:46 pub
226 Directory send OK.
ftp> cd pub
250 Directory successfully changed.
ftp> mkdir kk
257 "/pub/kk" created
ftp>
```

实验图 13.1　Linux 端测试 FTP

（6）在 Windows 端测试，如实验图 13.2 所示。

实验图 13.2　Windows 端测试 FTP

子项目 3：设置禁止本地 user1 用户登录 FTP 服务器。

增加一个实验用户 user1，操作如实验图 13.3 所示。

```
root@ubuntu:/home# adduser user1
正在添加用户"user1"...
正在添加新组"user1" (1002)...
正在添加新用户"user1" (1004) 到组"user1"...
创建主目录"/home/user1"...
正在从"/etc/skel"复制文件...
输入新的 UNIX 密码:
重新输入新的 UNIX 密码:
passwd: 已成功更新密码
正在改变 user1 的用户信息
请输入新值，或直接敲回车键以使用默认值
        全名 []:
        房间号码 []:
        工作电话 []:
        家庭电话 []:
        其它 []:
这些信息是否正确？ [Y/n] y
root@ubuntu:/home#
```

实验图 13.3　增加一个用户

没设定限制时，user1 可以登录 FTP 服务器。在另一 Linux 端登录，如实验图 13.4 所示。

```
[root@localhost root]# ftp 192.168.1.107
Connected to 192.168.1.107 (192.168.1.107).
220 (vsFTPd 3.0.3)
Name (192.168.1.107:root): user1
331 Please specify the password.
Password:
530 Login incorrect.
Login failed.
ftp> quit
421 Timeout.
[root@localhost root]# ftp 192.168.1.107
Connected to 192.168.1.107 (192.168.1.107).
220 (vsFTPd 3.0.3)
Name (192.168.1.107:root): user1
331 Please specify the password.
Password:
230 Login successful.
Remote system type is UNIX.
Using binary mode to transfer files.
ftp>
```

实验图 13.4   无限制 user1 登录 FTP 服务器

设置文件/etc/vsftpusers，加入 user1 用户并保存，如实验图 13.5 所示。

```
# /etc/ftpusers: list of users disallowed FTP access. See ftpusers(5).

root
daemon
bin
sys
sync
games
man
lp
mail
news
uucp
nobody
user1
```

实验图 13.5   设置文件/etc/vsftpusers

再次重复在 Linux 端用 user1 用户登录，失败，如实验图 13.6 所示。

```
[root@localhost root]# ftp 192.168.1.107
Connected to 192.168.1.107 (192.168.1.107).
220 (vsFTPd 3.0.3)
Name (192.168.1.107:root): user1
331 Please specify the password.
Password:
230 Login successful.
Remote system type is UNIX.
Using binary mode to transfer files.
ftp> quit
421 Timeout.
[root@localhost root]# ftp 192.168.1.107
Connected to 192.168.1.107 (192.168.1.107).
220 (vsFTPd 3.0.3)
Name (192.168.1.107:root): user1
331 Please specify the password.
Password:
530 Login incorrect.
Login failed.
ftp>
```

实验图 13.6   user1 用户登录失败

子项目 4：设置将所有本地用户都锁定在家目录中。

修改/etc/vsftpd.conf 文件，添加如下两行：

    chroot_list_enable=NO

    chroot_local_user=YES

重新启动 vsftpd 服务即可，测试部分略。

子项目 5：设置只有指定的本地用户 user1 和 user2 可以访问 FTP 服务器。

设置及测试可自己进行。

四、实验思考

（1）FTP 服务器中的文件在 Linux 系统本身的权限和通过 FTP 访问时的权限之间有什么关系？

（2）真实账户和虚拟账户的区别是什么？

五、实验小结

（1）匿名账户登录的是/home/ftp 目录，是否具有写入权限，还要设定。

（2）匿名用户访问 FTP 服务器之前，要将 FTP 服务器端的防火墙关闭。

实验 14   DNS 的配置

一、实验目的

- 掌握 Linux 系统中安装 BIND 的方法。
- 掌握 Linux 系统中主 DNS 服务器的配置。
- 实现域名解析。

二、实验内容

配置一台主 DNS 服务器，要求能解析 hwd.example.com 192.168.1.109 和 www.example.com 192.168.1.110。

三、实验步骤

（1）安装 DNS 服务器 BIND。

```
root@ubuntu:/home/hwd# apt-get install bind9
Reading package lists... Done
Building dependency tree
Reading state information... Done
The following additional packages will be installed:
bind9utils libirs141
Suggested packages:
bind9-doc
The following NEW packages will be installed:
bind9 bind9utils libirs141
…
```

（2）配置文件/etc/named.conf.local。

在文件 named.conf 中添加：

```
zone "example.com" IN {
type master;
file "/etc/bind/db.example.com";    //正向配置文件
};

zone"1.168.192.in-addr.arpa" IN {
type master;
file"/etc/bind/db.192.168.1";        //反向配置文件
};
```

（3）配置正向解析文件/etc/bind/db.example.com。

```
;;
; BIND data file for local loopback interface
;
```

```
$TTL604800
@    IN    SOA example.com. root.localhost. (
                    2          ; Serial
              604800           ; Refresh
               86400           ; Retry
             2419200           ; Expire
              604800 )  ; Negative Cache TTL
;
@    IN    NS    example.com.
@    IN    A    127.0.0.1
@    IN    AAAA    ::1
 hwd       IN       A        192.168.1.109
 www       IN       A        192.168.1.110
```

（4）配置反向解析文件/etc/bind/db.192.168.1。

```
;
; BIND data file for local loopback interface
;
$TTL604800
@    IN    SOA localhost. root.localhost. (
                    2          ; Serial
              604800           ; Refresh
               86400           ; Retry
             2419200           ; Expire
              604800 )  ; Negative Cache TTL
 ;
@    IN    NS    localhost.
@    IN    A    127.0.0.1
@    IN    AAAA    ::1
109 IN PTR hwd.example.com
110 IN PTR www.example.com
```

（5）测试端客户机 DNS 的 IP 设置。

客户机 DNS 的 IP 地址一定要设置为实验 DNS 服务器的 IP 地址。

例如，在 resolv.conf 文件中加入 nameserver 192.168.1.112（设置 DNS 服务器主机的 IP），如实验图 14.1 所示。

```
$ sudo gedit /etc/resolv.conf
```

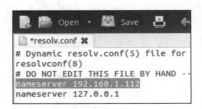

实验图 14.1　修改 resolv.conf 文件

（6）启动 DNS 服务。

```
huangwd@ubuntu:~$ sudo service bind9 start
```

```
                * Starting domain name service... bind9                              [ OK ]
                huangwd@ubuntu:~$
```

（7）本机测试。

```
                huangwd@ubuntu:~$ host hwd.example.com
                hwd.example.com has address 192.168.1.109
                huangwd@ubuntu:~$ host 192.168.1.110
                110.1.168.192.in-addr.arpa domain name pointer www.example.com.1.168.192.in-addr.arpa.
                huangwd@ubuntu:~$ host 192.168.1.109
                109.1.168.192.in-addr.arpa domain name pointer hwd.example.com.1.168.192.in-addr.arpa.
```

四、实验思考

（1）简述各配置文件之间的关系及作用。

（2）解决辅助 DNS 服务器的设置。

五、实验小结

（1）安装 BIND 9 后会生成 3 个配置文件，其中 named.conf 是主配置文件，可以看出里面包含了 named.conf.options 和 named.conf.local。在搭建本地 DNS 时，只需改动 named.conf.local 即可。

（2）可以将正向和反向两个解析文件放在文件 named.conf.local 中。

实验 15　Linux 下的 C 语言编程

一、实验目的

● 熟练掌握在 Linux 环境下 C 程序的编辑、编译与运行。
● 熟悉 makefile 的编写规则并能使用。
● 掌握调试工具 GDB 的使用方法。

二、实验内容

（1）编写 3 个文件：add.h 用于声明 add 函数，add.c 提供两个整数相加的函数体，在 main.c 中调用 add 函数。
（2）使用 GDB 调试一个程序。

三、实验步骤

子项目 1：实现实验内容（1）的要求。
（1）编写 add.h 文件，如实验图 15.1 所示。

　　#gedit add.h

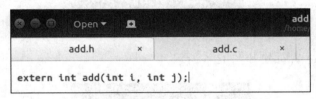

实验图 15.1　编写 add.h 文件

（2）编写 add.c 文件，如实验图 15.2 所示。

　　#gedit add.c

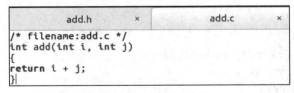

实验图 15.2　编写 add.c 文件

（3）编写 main.c 文件，如实验图 15.3 所示。

　　#gedit main.c

（4）编写 makefile 文件，如实验图 15.4 所示。

　　#gedit makefile

```
/* filename:main.c */
#include"add.h"
#include "stdio.h"
int main()
{

int a, b;
a = 2;
b = 3;
printf("the sum of a+b is %d",add(a,b));
return 0;
}
```

实验图 15.3　编写 main.c 文件

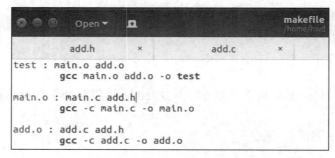

实验图 15.4　编写 makefile 文件

（5）运行 make，如实验图 15.5 所示。

```
root@ubuntu:/home/hwd# make
gcc -c add.c -o add.o
gcc main.o add.o -o test
```

实验图 15.5　运行 make

（6）执行程序 test，如实验图 15.6 所示。

```
root@ubuntu:/home/hwd# make
gcc -c main.c -o main.o
gcc main.o add.o -o test
root@ubuntu:/home/hwd# ./test
the sum of a+b is 5
root@ubuntu:/home/hwd#
```

实验图 15.6　执行程序 test

子项目 2：使用 GDB 调试工具。

（1）安装 GDB。

　　　root@ubuntu:/home/hwd# apt-get install gdb

　　　Reading package lists... Done

　　　Building dependency tree

　　　Reading state information... Done

（2）GDB 基本命令。

编写程序 test2.c 如下并编译运行：

　　　#include<stdio.h>

　　　　int func(int n)

　　　　{

```
        int sum=0,i;
            for(i=0; i<n; i++)
            {
                sum+=i;
            }
            return sum;
    }
int main()
{
    int i;
    int result= 0;
    for(i=1; i<=20; i++)

     result += i;
        printf("result[1-20] = %d\n",result );
        printf("result[1-20] = %d\n",func(20) );
     return 0;
}
```

编译生成执行文件：

```
root@ubuntu:/home/hwd# gcc -g test2.c -o test2
```

（3）启动 GDB。

```
root@ubuntu:/home/hwd# gdb
GNU gdb (Ubuntu 7.11.90.20161005-0ubuntu1) 7.11.90.20161005-git
Copyright (C) 2016 Free Software Foundation,Inc.
License GPLv3+: GNU GPL version 3 or later <http://gnu.org/licenses/gpl.html>
This is free software: you are free to change and redistribute it.
There is NO WARRANTY,to the extent permitted by law.    Type "show copying"
 and "show warranty" for details.
 This GDB was configured as "x86_64-Linux-gnu".
 Type "show configuration" for configuration details.
 For bug reporting instructions,please see:
 <http://www.gnu.org/software/gdb/bugs/>.
Find the GDB manual and other documentation resources online at:
<http://www.gnu.org/software/gdb/documentation/>.
For help,type "help".
Type "apropos word" to search for commands related to "word".
(gdb)
```

这样便可以和 GDB 进行交互了。

（4）启动 GDB，并且分屏显示源代码。

```
#gdb -tui
```

使用-tui 选项，启动 GDB 可以直接将屏幕分成两个部分，上面显示源代码，比用 list 方便很多。这时候使用上下方向键可以查看源代码。

（5）启动 GDB 调试指定程序 gdb app。

```
root@ubuntu:/home/hwd# gdb test2
GNU gdb (Ubuntu 7.11.90.20161005-0ubuntu1) 7.11.90.20161005-git
```

这样就在启动 GDB 之后直接载入了可执行程序 app。需要注意的是，载入的 app 程序必须在编译的时候有 GDB 调试选项，例如 gcc -g app app.c。

下面是进入 GDB 后的使用命令。

（6）载入指定的程序。

```
(gdb) file app
```

实例：

```
(gdb) file test2
Reading symbols from test2...done.
(gdb)
```

这样就在 GDB 中载入了想要调试的可执行程序 app。如果刚开始运行 gdb 而不是用 gdb app 启动的话可以这样载入 app 程序，当然编译 app 的时候要加入-g 调试选项。

（7）重新运行调试的程序。

```
(gdb) run
```

实例：

```
(gdb) run
Starting program: /home/hwd/test2
result[1-20] = 210
result[1-20] = 190
[Inferior 1 (process 8950) exited normally]
(gdb)
```

要想运行准备调试的程序，可以使用 run 命令，在它后面可以跟随发给该程序的任何参数，包括标准输入和标准输出说明符（<和>）与 Shell 通配符（*、？、[、]）。

```
(gdb) l      #include<stdio.h>          \\ l 命令相当于 list，从第一行开始列出源码
2            int func(int n)
3            {
4                int sum=0,i;
5                    for(i=0; i<n; i++)
6                    {
7                            sum+=i;
```

```
8                    }
9                    return sum;
10          }
11
12
(gdb)                                \\直接回车表示重复上一次命令
13
14      int main()
15        {
16          int i;
17            int result= 0;
18            for(i=1; i<=20; i++)
19            {
20                    result += i;
21            }
22        }
(gdb) break 16                       \\设置断点，在源程序第 16 行处
Breakpoint 1 at 0x5555555546d6: file test2.c,line 16.
(gdb) info break                     \\查看断点信息
Num     Type        Disp Enb Address            What
1       breakpoint    keep y    0x00005555555546d6 in main at test2.c:16
(gdb) r                              \\运行程序，run 命令简写
Starting program: /home/hwd/test2

Breakpoint 1,main () at test2.c:17   \\在断点处停住
17                    int result= 0;
(gdb) n                              \\单步执行，next 命令简写
18            for(i=1; i<=20; i++)
(gdb) n
20                    result += i;
(gdb) n
18            for(i=1; i<=20; i++)
(gdb) n
20                    result += i;
(gdb) c                              \\继续运行程序，continue 命令简写
Continuing.
result[1-20] = 210
result[1-20] = 190
[Inferior 1 (process 8956) exited normally]
(gdb) q                              \\退出
root@ubuntu:/home/hwd#
```

四、实验思考

（1）简述 makefile 的作用。

（2）GDB 能完成哪些方面的工作？

五、实验小结

（1）维护一个大型程序一定需要 makefile 文件，在 makefile 中自顶向下说明各模块之间的依赖关系及实现方法。

（2）make 是自动执行当前目录下 makefile 文件里面的指令的。

（3）注意，GDB 进行调试的是可执行文件，因此要调试的是 test 而不是 test.c。

附录

Linux 操作系统应用实验报告

班　级			
姓　名		学　号	
实验名称			
实验目的			
实验内容			
实验步骤			
实验中的问题 和解决方法			
回答实验思考题			
心得与体会			
建议与意见			

参考文献

[1]   刘遄. Linux 就该这么学[M]. 北京：人民邮电出版社，2017.

[2]   刘忆智，等. Linux 从入门到精通[M]. 2 版. 北京：清华大学出版社，2014.